多时滞离散系统性能分析

王　卓　李攀硕　鲁仁全　王成红　著

科学出版社
北　京

内 容 简 介

本书研究了一般时滞离散系统解的存在性和收敛性问题，以及多时滞线性定常/时变离散系统的可控可观性问题，得到了若干新结果；将状态扩维与非负矩阵理论相结合，提出了一套全新的研究思路和基于矩阵谱半径的分析方法，在多整数时滞线性定常离散系统、非整数时滞线性定常离散系统、多整数时滞线性时变离散系统、自治非线性离散系统、时变非线性离散系统以及线性区间离散系统的稳定性判据方面得到了一系列充分必要条件和充分条件。本书中的绝大部分研究成果都非常新颖、简洁和易于验证，初步形成了一套有别于现有分析方法的较为完整的理论体系，为相关研究和应用奠定了理论基础。

本书可作为自动控制、应用数学及相关专业的研究生教材或教学参考书，也可供相关专业的教学、科研和工程技术人员参考使用。

图书在版编目（CIP）数据

多时滞离散系统性能分析/王卓等著. —北京：科学出版社，2022.8
ISBN 978-7-03-072793-0

Ⅰ. ①多…　Ⅱ. ①王…　Ⅲ. ①时滞系统–离散系统–性能分析
Ⅳ. ①O231

中国版本图书馆 CIP 数据核字（2022）第 138092 号

责任编辑：姚庆爽　纪四稳 / 责任校对：崔向琳
责任印制：吴兆东 / 封面设计：蓝正设计

科学出版社 出版
北京东黄城根北街 16 号
邮政编码：100717
http://www.sciencep.com
北京中石油彩色印刷有限责任公司 印刷
科学出版社发行　各地新华书店经销
*
2022 年 8 月第　一　版　开本：720×1000　B5
2024 年 2 月第三次印刷　印张：13 1/2
字数：265 000

定价：108.00 元

（如有印装质量问题，我社负责调换）

前　言

时滞现象广泛存在于各种控制系统中，如机电控制系统中的间隙和死区、化工控制系统中的物料传输与反应，以及网络控制系统中的信号传输时延等。大规模复杂系统一般会有多个时滞环节，相应的系统模型一般为多时滞模型。时滞的存在一方面会对系统的稳定性和可控可观性等产生影响，另一方面会增大系统性能分析的难度。信息技术的普遍使用使得工程实际中的控制系统可视为一种离散时间系统。在以数字控制智能的数字经济时代，多时滞离散时间系统性能分析研究具有重要的理论意义和应用前景。

近 30 年来，时滞系统稳定性分析与镇定控制等方面的研究已取得了丰硕的理论成果，形成了若干可行的分析方法，包括鲁棒分析法、Lyapunov-Krasovskii(L-K)泛函法和 Lyapunov-Razumikhin(L-R)函数法等。此外，多种用于改进稳定性条件保守性的技术，如模型变换法、詹森不等式法和自由权矩阵法等也陆续出现。上述研究的鲜明特色是，通过不断构造各种形式的 L-K/L-R 函数和采用不同的矩阵不等式缩放技巧来获得新的保守性更低的稳定性条件。但条件保守性的日渐降低却导致了条件复杂性的日渐提升、条件的可解释性和易验证性大幅度下降，这反而降低了所得条件的实用性。目前，关于多时滞离散时间系统可控可观性方面的研究成果还比较少，且仅限于多整数时滞线性定常离散系统。

本书的特色与贡献在于：研究了一般多整数时滞线性离散系统的可控可观性问题，得到了若干个较现有结果更加简洁且易验证的判定条件；提出了采样频率变换方法，该方法可将多有理数时滞线性定常离散系统转化成多整数时滞线性定常离散系统且保证稳定性条件不变；提出了一种新的稳定鲁棒性定义，该定义可用于分析多无理数时滞线性定常离散系统的稳定性问题；将状态扩张方法与非负矩阵理论相结合，提出了一套全新的研究思路和基于矩阵谱半径的分析方法，将该思路和方法用于研究一般多时滞线性离散系统、一般多时滞非线性离散系统以及一般多时滞线性区间离散系统的稳定性问题，得到了一系列新颖、简洁且易验证的稳定性判据。总之，本书建立了一套有别于现有分析方法和较为完整的理论体系，为多时滞离散系统性能分析、控制器设计及相关应用奠定了坚实的理论基础。

感谢邢玛丽老师、刘洋博士后在部分定理证明方面的建议，特别是在部分算例和计算机仿真等方面的贡献，没有他们的辛勤劳动，本书不可能在短时间内完成。

限于作者水平，书中难免存在疏漏或不足之处，恳请广大读者不吝指正。

作　者

2021年11月

目　　录

符 号 说 明

符号	含义
$\exists$	存在
$\forall$	任意
$\mathbb{R}$	全体实数的集合
$\mathbb{R}^n$	全体 n 维实数向量的集合
$\mathbb{R}_+^n$	全体 n 维正实数向量的集合
$\mathbb{R}^{n\times m}$	全体 $n\times m$ 维实数矩阵的集合
$\mathbb{C}$	全体复数的集合
$\mathbb{C}^{n\times m}$	全体 $n\times m$ 维复数矩阵的集合
$\mathbb{N}$	全体非负整数的集合
$\mathbb{N}^+$	全体正整数的集合
$I_{n\times n}$	$n\times n$ 维单位矩阵
$0_{n\times m}$	$n\times m$ 维零矩阵
$\neq$	不等于
$\equiv$	恒等于
$\stackrel{\text{def}}{=}$	定义为
$>(\geqslant)$	大于(大于或等于)
$<(\leqslant)$	小于(小于或等于)
$x\in(\notin)X$	元素 x 属于(不属于)集合 X
$X\subset Y$	集合 X 包含于集合 Y
$A(a_{ij})$	元素为 a_{ij} 的矩阵 A
$[A]_{ij}$	矩阵 A 的第 i 行第 j 列元素
$\lvert A\rvert$	矩阵 A 的所有元素的行列式

续表

符号	含义
A^n	矩阵 A 的 n 次幂
$A^{(k)}$	矩阵元素的 k 次幂构成的矩阵
A^{T}	矩阵 A 的转置
A^{-1}	矩阵 A 的逆
$A>0(A\geqslant 0)$	矩阵 A 的所有元素大于(大于或等于)零
$A<0(A\leqslant 0)$	矩阵 A 的所有元素小于(小于或等于)零
$A\succ 0(A\succeq 0)$	矩阵 A 正定(半正定)
$\lambda(A)$	矩阵 A 的特征值
$\mathrm{Re}\,\lambda(A)$	矩阵 A 的特征值的实部
$\rho(A)$	矩阵 A 的谱半径
$r(A)$	矩阵 A 的秩
$\det(A)$	矩阵 A 的行列式
$\dim(A)$	矩阵 A 的维数
$\mathrm{tr}(A)$	矩阵 A 的迹
$\mathrm{diag}(\bullet)$	对角矩阵
$\max X$	实数集合 X 的最大值
$\min X$	实数集合 X 的最小值
$\sup X$	实数集合 X 的上确界
$\sum_{i=1}^{n} a_i$	$a_1,a_2,\cdots,a_n$ 的和
$\prod_{i=1}^{n} A_i$	$A_1,A_2,\cdots,A_n$ 的乘积
$\Vert\bullet\Vert$	范数
$\Vert\bullet\Vert_1$	1-范数
$\Vert\bullet\Vert_2$	2-范数
$\Vert\bullet\Vert_\infty$	∞-范数

续表

符号	含义
$f: X \to Y$	f 是从集合 X 到集合 Y 的映射
$\dfrac{\partial f(x,y)}{\partial x}$	$f(x,y)$ 对 x 的偏导数
$\lim\limits_{x \to x_0} f(x)$	x 趋近于 x_0 时，$f(x)$ 的极限

第1章 绪　　论

1.1 引　　言

计算机在现代控制系统的实现和构成中已成为一种不可或缺的工具。计算机仅能处理离散的数字信号，因此使用计算机对系统进行在线控制与模拟或离线分析与设计时，都需要将连续变量转化成离散变量。这使得诸多专家和学者对离散系统的研究产生了极大的兴趣，离散系统的分析与控制问题得到了广泛关注。

时滞现象广泛存在于各种控制系统中，如机电控制系统中的间隙和死区、化工过程控制中的物料传输与反应，以及网络控制系统中的信号传输时延等。就控制系统而言，时滞的存在将严重影响系统的性能，甚至造成系统失稳或引发重大生产安全事故。近年来，越来越多的学者投入时滞系统的分析与控制研究中，对时滞系统的稳定性分析、镇定与输出控制等问题的研究已取得了相当多的理论成果，并形成了若干可行的分析方法，包括鲁棒分析法、Lyapunov-Krasovskii(L-K)泛函法和 Lyapunov-Razumikhin(L-R)函数法等。同时，多种用于改进所获条件的技术，如模型变换法、詹森不等式法和自由权矩阵法等也陆续出现。

鉴于控制系统日臻复杂，含有多个时滞的离散系统模型成为当代工程应用中更为普遍的描述模型。针对多时滞离散系统的研究工作已有诸多成果报道，但从工程应用的便捷性与实用性角度看，现有的多时滞离散系统的研究仍存在一些局限性和不足。

相对于时滞连续系统的丰富成果，时滞离散系统的研究成果较少。受限于目前可用的方法与工具，现有时滞离散系统的结果形式非常复杂，不便于工程实现。因此，面向多时滞离散系统，提出新的分析方法并给出形式简洁的分析结果对于理论研究抑或工程应用均具有重大意义。另外，现有的研究主要关注整数时滞线性定常离散系统，但工程实际中的情况要复杂得多。例如，在多时滞离散系统中，当某些时滞参数不是采样周期的整数倍时，该系统将成为非整数时滞离散系统；若系统本身的参数和结构具有时变特性，则整个系统就是时变系统；系统零部件的非线性或子系统之间的非线性耦合等因素将导致系统整体的非线性；工况反复变化和长时间运行，系统参数将偏离设计值并在一个有限区间内变化。不难理解，整数时滞线性定常离散系统的相关结果不再适用于上述具有复杂动力学特性的多时滞离散系统。因此，发展和建立一套完整的多时滞离散系统性能分析理论具有重要的理论与应用价值。

1.2 时滞系统性能分析研究概况

根据本书章节安排，下面分别就时滞系统可控可观性分析以及时滞系统稳定性分析两个方面的发展状况进行简要叙述。

1.2.1 可控可观性研究概况

除稳定性之外，现代控制理论的发展得益于两个基本概念，即卡尔曼提出的系统可控性和可观性概念[1,2]。可控性和可观性是控制系统的内禀属性，是控制律设计和状态估计的重要基石。目前已有大量关于系统可控性和可观性的研究成果，具体可见文献[1]、文献[2]以及其中的参考文献。

在线性定常系统的可控可观性分析中，常用的方法有两种：①基于可控/可观性矩阵的方法，只要判定可控/可观性矩阵是否行满秩，就可判定系统是否可控/可观；②格拉姆(Gram)矩阵法，只要判定格拉姆矩阵是否奇异，就可判断系统是否可控/可观。随着研究的展开和深入，针对不同类型系统的可控可观性判据被相继提出。文献[3]参照时域内格拉姆法则的定义，给出了频域内系统可控/可观性格拉姆法则的定义，并给出了相应的判据。文献[4]研究了一类特殊系统——Jordan 标准型描述的系统可控性问题，利用系统结构的特殊性，得到了关于矩阵列向量线性无关的可控性判据。借助李代数，文献[5]研究了双线性连续切换系统的可控性、弱可控性和渐近可控性问题。此外，文献[6]给出了离散时间跳变系统的直接可控性概念，并给出了相应的可控性条件。针对范数有界不确定性，文献[7]构建了系统可控/可观的鲁棒性判据，但仅得到了充分条件。文献[8]研究了通信资源约束下的系统可控可观性问题。文献[9]研究了随机离散系统的可控可观性问题。为了应对数据丰富时代带来的机遇和挑战，文献[10]～[12]研究了基于数据的系统可控可观性问题。文献[13]和[14]揭示了分数阶系统可控性与整数阶系统可控性之间的关系，给出了分数阶离散系统可控性秩条件。

关于时滞系统的可控可观性研究，目前已有大量成果报道，具体可见文献[15]和其中的参考文献。时滞系统可分为输入时滞、状态时滞和输入-状态时滞三种类型。针对输入时滞系统，在某些假设下，文献[16]得到了网络拥堵引起的时滞不影响原系统的可控可观性的结论。文献[17]证明了具有输入时滞的切换系统的可控性与没有时滞情况下的可控性是等价的，并给出了相应的定义和判据。文献[18]研究了具有输入时滞的脉冲系统的可控性，并指出时滞有助于获得所研究模型的能控性。由于输入时滞和状态时滞的解决方案及处理方法完全不同，文献[19]基于矩阵 Lambert 函数推导出了具有单时滞的状态可控可观性准则及相应的格拉姆判定方法。就状态时滞系统而言，文献[20]给出了格拉姆矩阵判据，文献[21]给出了相应的代数判据。文献[22]揭示了时滞系统可控性与非时滞系统可控性之间的关系，指出只要非时滞系统可控，则相应的状态时滞系统也可控。文献[23]基于空间分解的方法，给出了状态时滞系统的可控可观性判据。从图论的角度出发，文献[24]提出了时滞插值方法并将其用于解决系统的可控可观性判定问题。针对输入-状态时滞系统，文献[25]给出了系统可控可观性判据。为减少计算量，文献[26]提出了基于数据的方法。利用扩维方法，文献[27]给出了一种可控可观性判定方法。尽管文献[25]～[27]给出了输入-状态时滞型系统的可控可观性判据，但这些方法的计算量均很大且不易检验。

系统的可控可观性是控制理论研究中的一个经典问题，已产生了诸多判据和方法。当这些方法直接用于多时滞离散系统的可控可观性判定时，难免会遇到矩阵维数剧增、计算量大幅度增加等问题。

1.2.2 稳定性研究概况

下面分别对时滞线性定常系统稳定性、非整数时滞系统稳定性、时滞线性时变系统稳定性、时滞非线性系统稳定性以及时滞线性区间系统稳定性几个方面的研究状况进行概述。

1. 时滞线性定常系统稳定性

稳定性是时滞系统中一个极为重要的问题[28]。根据时滞是否随时间变化，时滞系统可分为时不变时滞系统和时变时滞系统[29,30]；根据状态是否连续，时滞系统可分为时滞连续系统和时滞离散系统[31]；根据时滞环节的数量，时滞系统可分为无时滞系统和多时滞系统[31,32]。时滞系统的稳定性分析方法主要有两类，即基于传递函数的频域法和基于状态空间的时域法[33-36]。所得稳定性条件依据其是否与时滞相关可分为时滞无关条件和时滞相关条件[37,38]，通常(并非全部)情况下，时滞无关稳定性条件比时滞相关稳定性条件保守。一段时期以来，部分时滞系统稳定性研究工作的关注点在于获取保证系统稳定的时滞最大上界，目的在于尽可能得到保守性小的稳定性条件[39,40]。

在频域法中，线性定常连续系统是否稳定，取决于系统特征根是否位于复平面左半平面[41]或复 Lyapunov 矩阵方程的解是否为哈密顿矩阵[42]，其中，著名的方法有劳斯-赫尔维茨判据；线性定常离散系统是否稳定，取决于系统特征根是否位于复平面单位圆内，其中，著名的方法有朱利判据。劳斯-赫尔维茨判据和朱利判据的伟大贡献在于不求解特征根便可判定系统是否稳定。当系统中仅有单个常数时滞或多个相等的常数时滞时，文献[43]得出了时滞无关稳定性充要条件，但该条件需要复杂的迭代程序，仅宜判定低阶系统的稳定性。虽然频域法容易获得稳定性充要条件，但难以应对时变时滞系统和时滞不确定系统，因此常被用于常数时滞系统的稳定性判定。为分析时滞不确定系统的稳定性，文献[44]和[45]给出了基于积分二次约束(integral quadratic constraint，IQC)的方法，文献[46]和[47]给出了基于小增益定理的结构化奇异值(μ)方法。基于μ方法，文献[47]得到了未知常数时滞系统的时滞无关稳定性条件；基于 IQC 框架与μ方法，文献[48]和[49]分别得到了未知常数时滞系统的时滞相关稳定性条件。进一步，针对含有有界时变时滞的系统，文献[50]将时变时滞系统转化为线性定常部分与时滞相关部分反馈互联的形式，给出了连续时滞系统与离散时滞系统的简易稳定性判据。在此基础上，文献[51]和[52]将时变时滞的影响视为系统中的不确定性，通过 IQC 框架分析推导出了有界不确定时变时滞系统的稳定性条件。

与频域法相比，基于状态空间的时域法在分析非线性与时变时滞系统的稳定性方面更具优势。时域法主要分为鲁棒分析法和 L-K 泛函法[53]。在鲁棒分析法框架下，时滞系统被描述为一个具有时滞相关扰动的系统，该扰动可进一步描述为范数有界的不确定参数。基于此种描述，并依据 IQC[45]和小增益定理[46]等鲁棒分析方法，可以得到系统稳定性充分条件。为了进一步降低所得稳定性条件的保守性，文献[54]提出了一种状态扩张方法。仿照文献[50]中的反馈形式，文献[46]将与时滞相关的积分项视为运算符，基于小增益定理构建了范数上界估计方法。文献[55]基于文献[54]的状态扩张方法并引入新的运算符以描述系统中出现的状态二阶微分，通过 Cauchy-Schwartz 不等式进行放缩，降低了文献[54]所给条件的保守性。

L-K 泛函法的要点是，通过构造 L-R 函数[56-58]或 L-K 泛函[59]以得到时滞系统稳定性充分条件。这两种方法所得的稳定性条件均为线性矩阵不等式(linear matrix inequality，LMI)[60]，凸优化方法与科学计算软件的发展极大地简化了利用 LMI 对时滞系统分析的步骤，并极大地促进了 L-K 泛函法的应用与发展[35]。相较于 L-K 泛函，L-R 函数较少涉及系统的时滞信息，在应用上易于实现[56]，但其所得稳定性条件的保守性也较大，所以当前的研究主流是 L-K 泛函法。需要注意的是，目前仅能通过 L-R 函数推导出具有快变时滞系统的时滞无关稳定性条件[56]。为了降低 L-K 泛函法所得稳定性条件的保守性，部分学者从 L-K 泛函的构造以及 L-K 泛函导数的处理两方面进行了深入研究。

L-K 泛函的构造类型大致可分为简单型、增广型、完全型[61,62]、离散型与时滞分割型。其中，简单型是考虑时滞信息后对经典 Lyapunov 二次函数的简单推广。文献[63]和[64]在简单 L-K 泛函的基础上提出了增广型 L-K 泛函法。该方法对 L-K 泛函项进行增广，从而减小了所得稳定性条件的保守性。针对文献[61]中完全型 L-K 泛函难以求解的问题，文献[65]提出了离散化 L-K 泛函法，将线性时变时滞不确定系统转换为分段线性离散化确定系统，将受限 LMI 问题转换为线性常规 LMI 问题，降低了系统稳定性条件的保守性。针对时滞随机变化情况，与离散型方法将时滞区间等分不同，时滞分割型方法[66]将时滞区间分成若干个不等的子区间，选择合适的权函数对不同子区间上的 L-K 泛函赋予相应的权重，如此构造的 L-K 泛函可以得到保守性更小的稳定性条件。无论离散型方法还是时滞分割型方法，时滞区间分割数量的增加都会增大判定算法的计算复杂度。L-K 泛函导数的处理方法主要体现在对 Lyapunov 函数和泛函求导(差分)过程中所得不等式进行合理的缩放，最终目的是获得尽可能大的时滞容许上界。

文献[67]提出了一种模型转换与交叉项界定相结合的方法，其基本思想是通过牛顿-莱布尼茨公式重新表述时滞项并引入 L-K 泛函的导数中，然后通过 Park 不等式或 Moon 不等式[68,69]等对引入的时滞相关积分项进行放缩，借以消除 L-K 泛函导数中的积分项并最终得到时滞相关稳定性条件。模型转换法可分为一阶模型转换法[70]、参数化一阶模型转换法[71]、二阶模型转换法[72]、中立模型转换法[73]和描述子方法[74]。然而，一阶模型转换、参数化一阶模型转换和二阶模型转换后将产生新的特征值，存在转换模型与原模型不等价问题[75,76]，中立模型转换存在增加额外约束[76]等问题。针对以上问题，文献[77]和[78]提出了自由权矩阵方法，通过引入一些自由变量构造等式，并将该等式引入 L-K 泛函的导数中，避免了模型转换时遇到的麻烦，有效地降低了所获稳定条件的保守性，但自由权矩阵数量的增加会导致 LMI 计算复杂度的上升。文献[79]和[80]保留了 L-K 泛函导数中的有用项，提出了保守性更低的自由权矩阵改进方法；相较于模型转换与交叉项界定相结合的方法，该方法还可以直接通过积分不等式消除 L-K 泛函中的二次积分项，避免了因模型转换与交叉项界定而产生的保守性。常用的积分不等式方法有两种，即 Moon 不等式[69]与自由权矩阵相结合的方法[81]和基于 Jenson 不等式的方法[82,83]。基于 Wirtinger 不等式，文献[53]提出了 Wirtinger-based 积分不等式，通过获取比 Jenson 不等式更精确的边界值降低了稳定条件的保守性。针对降低 L-K 泛函法保守性的问题，还有在 L-K 泛函中增加时滞乘积项的时滞积类型法[84]以及增加状态高阶导数构成新的状态向量的状态扩张方法[54]。

近年来，针对 L-K 泛函法的研究工作主要是通过不断构造各种形式的 L-K 函数以及采用不同的数学工具来获得新的保守性更低的稳定性条件。但应该看到，稳定条件保守性的日渐降低是以 LMI 为主要表现形式的稳定条件的日渐繁杂为代价的，随着条件中矩阵数量和维数的不断增大，算法复杂度急剧增加，如此却限制了所得条件的实用性。

2. 非整数时滞系统稳定性

在工程实际中，若时滞不是采样周期的整数倍，则会产生非整数时滞现象。

目前，非整数时滞离散系统稳定性的研究成果主要体现在频域法和时域法两个方面。非整数时滞离散系统的特征方程为分数阶方程，特征根的求解较为困难，因此频域法在判定非整数时滞线性定常离散系统稳定性方面受到了较大的限制。针对这一问题，刘永清等提出了将系统特征方程分为无时滞特征方程 $f(\lambda,a_i,0)=0$ 和含非整数时滞的特征方程 $f(\lambda,a_i,\tau_i)_{|\lambda|=1}=0$；当 $f(\lambda,a_i,0)=0$ 的根均位于复平面单位圆内且对一切 $\tau_i \geqslant 0$，$f(\lambda,a_i,\tau_i)_{|\lambda|=1}=0$ 无解时，非整数时滞离散系统渐近稳定。这种方法降低了部分计算难度，但 $f(\lambda,a_i,\tau_i)_{|\lambda|=1}=0$ 本质上仍是分数阶方程。文献[85]利用欧拉公式并根据棣莫弗定理，将 $f(\lambda,a_i,\tau_i)_{|\lambda|=1}=0$ 表示成三角函数形式，再通过适当放缩，得到该等式无解时系数 a_i 应满足的条件。随着 Riccati 方程求解技术的成熟，基于二次型性能指标的系统最优镇定方法越来越多。文献[86]借助 Riccati 方程给出了使无时滞线性定常离散系统渐近稳定的最优控制律，将该控制律用到非整数时滞线性定常离散系统，并利用闭环系统特征方程的性质，得到了闭环系统渐近稳定的充分条件。针对由多个子系统互联的非整数时滞离散大系统，文献[87]研究了相关的镇定问题并得到了使离散大系统渐近稳定的条件。因镇定的前提和镇定的结果都需要稳定性判定，故在非整数时滞系统的稳定性理论还没有很好地建立之前就开展镇定研究，难免会出这样或那样的问题。

在频域法研究受挫时，基于 Lyapunov 函数的时域法受到了更多的关注。但时域法研究主要集中在系统镇定，在稳定性分析方面并没有系统性的跨越式进展。类似于文献[86]，文献[88]将无时滞线性时变离散系统渐近稳定控制律应用到有界非整数时滞线性时变离散系统，通过构造单调递减的 Lyapunov 函数得到了闭环系统渐近稳定的充分条件。文献[85]～[88]的主要结果是依据刘永清等提出的比较原理并借助合适的辅助系统而得到的，需要一些技巧但没有具体统一的方法，存在一定的局限性。为了解决时滞对系统稳定性产生的影响，时滞补偿法引起了一些研究者的关注。然而，无论是连续系统还是离散系统，时滞补偿法大多基于时滞的逼近或时滞的估计，且所考察的时滞均被假设为采样周期的整数倍，非整数时滞补偿的研究较少。文献[89]考虑了扰动存在情况下两种时变非整数时滞，即传感器到控制器的时滞和控制器到执行器的时滞，利用 Thiran 技术估计时滞并在滑模面中补偿非整数时滞对系统的影响，得到了离散滑模控制律；在通信网络不理想的情况下，利用 Lyapunov 函数推导出了满足系统闭环稳定的充分条件。不同于文献[89]，文献[90]考虑的是确定性非整数时滞，将传感器处理数据时产生的时滞、控制器计算时产生的时滞以及执行器产生的时滞引入控制律设计中，在数据丢包和网络扰动情况下，得到了系统鲁棒稳定的充分条件。上述方法均假设系统的状态信息是完全可获取的，在控制器无法获得完整状态信息的情况下，Shah 提出了补偿非整数时滞的新思路。文献[91]利用多速率输出反馈滑模控制器补偿非整数时滞，对输入和输出进行不同频率的采样，使系统具有鲁棒性的同时也克服了传统输出反馈控制器的缺点，利用 Lyapunov 函数推导出了使闭环系统稳定的充分条件。不同于在滑模面补偿非整数时滞的常规方法，文献[92]利用广义预测控制(generalized predictive control，GPC)方法直接补偿非整数时滞，控制器利用GPC 算法和线性插值方法，计算并补偿从传感器到控制器的时滞，执行器以较高频率读取控制器缓存区中的控制指令，以便尽可能地减少控制器到执行器的等待时间。常规预测控制将控制器和执行器均设置为固定采样模式，将非整数时滞转化成整数时滞，人为地增大了时滞。因此，常规预测控制在补偿非整数时滞的同时也降低了系统的灵敏性。

从以上概述可知，现有针对非整数时滞系统稳定性的研究成果仍然较少，频域法受制于特征方程求根，时域法则主要关注基于时滞补偿的控制器设计，而非整数时滞系统稳定性分析方面的系统性研究成果还未见文献报道。另外需要注意的是，现有的研究也仅涉及了有理数(分数)时滞系统的分析，而无理数时滞系统的稳定性分析仍然是一个无人问津的开放问题。

3. 时滞线性时变系统稳定性

时滞线性时变系统的稳定性分析相比时滞线性定常系统的稳定性分析要困难得多，相关研究成果也少得多。究其原因，主要有两点[93]：①线性时变系统的动态特性远比线性定常系统复杂，如线性时变系统有多种稳定性定义，而线性定常系统则仅有传统微分(差分)方程定义的稳定性和 Lyapunov 稳定性；②状态转移矩阵作为分析状态轨迹的关键要素，在线性时变系统中很难得到封闭形式的解。此外，线性定常系统的稳定性可以通过系统特征值的分布加以判断，而线性时变系统矩阵特征值的分布不足以作为系统稳定的充分条件。文献[94]给出了一个例子，即使系统时变矩阵的特征值与时间无关，且存在有正实部的特征值，系统仍有可能是渐近稳定的。由于以上原因，时变系统稳定性研究相对缓慢，但是有一些特殊形式的时变系统稳定性研究结果出现。对于形如 $x_i(k+1)=\sum_{j=1}^{n}a_{ij}h_{ij}(k)x_j(k)+\sum_{j=1}^{n}b_{ij}u_j(k)$ $(|h_{ij}(k)|\leqslant 1)$的线性时变系统，文献[95]给出了该系统渐近稳定的充要条件。针对含状态反馈的周期线性时变系统，通过求解一类具有周期时变参数的 Lyapunov 微分方程，文献[96]给出了可行镇定控制器存在的充要条件。针对周期分段时变系统，基于平均驻留时间方法和时变 Lyapunov 泛函，文献[97]给出了指数稳定性条件并设计了周期时变镇定器。

对于一般形式的线性时变系统，目前主要有两种方法用来处理系统的时变特性：

(1) 将线性时变系统近似为一个线性时不变系统，构造 Lyapunov 函数证明其稳定性，并确保近似程度不会对判定结果造成影响。文献[98]用传统的 Lyapunov 稳定性分析方法，找出令 Lyapunov 函数的导数始终小于零的条件，给出了使线性时变系统指数稳定的系统矩阵范数的上界。针对一种对于任意时刻均具有负实部的线性时变系统，文献[99]将连续时间离散化，用所得的定常系统矩阵序列构造相应的 Lyapunov 矩阵序列，然后证明当初始状态在一定范围内时每个离散分段的 Lyapunov 函数均单调递减，进而得到了系统渐近稳定的充分条件。比起约束在全时间域上的矩阵范数的上界，该方法具有更低的保守性。

(2) 视时变项为时不变项与摄动项的叠加，将原问题转换为鲁棒控制问题。针对含时变有界参数的线性系统，通过求解代数 Riccati 方程，文献[100]得到了全阶观测器与控制器。文献[101]研究了具有非线性时变扰动的时滞系统的鲁棒稳定边界，给出了以 LMI 表示的稳定性充分条件。针对慢时变线性系统，文献[102]利用 Bellman-Gronwall 不等式得到了可使系统指数稳定的系统矩阵导数的范数上界。针对时变离散区间系统，利用时变区间内系统矩阵元素绝对值的最大值构造新的矩阵，文献[95]证明了该矩阵对角稳定即可保证系统在零初始条件下指数稳定。通过寻找一种稳定函数并基于 Lyapunov 稳定性分析方法，文献[93]得到了线性连续时变系统渐近稳定和一致指数稳定的充要判据，该判据具有不要求 Lyapunov 函数的导数始终为负的特点。在具体应用中，该判据需要首先构造出满足特定条件的稳定函数。基于状态转移矩阵和 Lyapunov 差分不等式，文献[103]给出了一般线性时变离散系统渐近稳定的充要条件，但仍需首先构造稳定函数。此外，时变系统的有限时间稳定性也得到了研究。针对线性时变系统，文献[104]提出了一种求解有限时间镇定控制器的数值方法，该方法具有计算量小的优点。

由前述可见，时变系统的稳定性分析比定常系统困难很多，若在时变系统中再考虑时滞问题，则其稳定性分析将更加困难，目前此类研究成果还不多。针对一类常数时滞线性时变系统，文献[105]推导出了使 L-K 泛函导数小于零的条件，进而给出了使系统状态和系统输出同时渐近稳定的充分条件。针对形如 $x_i(k+1)=\sum_{j=1}^{N}a_{ij}(k)x_j(k-T_{ij})$ 的时滞系统，文献[106]证明了若系统矩阵每一行元素绝对值的加权和满足 $\sum_{j=1}^{N}(d_j/d_i)\left|a_{ij}(n)\right|<1$（$d_i$、$d_j$ 为与行和列相关的正常数)，则系统指数稳定。文献[107]研究了具有标称时滞的时变奇异系统的鲁棒容许性问题，利用线性矩阵不等式得到了一个容许条件，该条件可保证所考虑的时变奇异时滞系统是正则、无脉冲和稳定的。针对含时变时滞的非线性离散系统的增益调度控

制问题，通过构造与时变时滞相关的 L-K 泛函，文献[108]通过求解与时变时滞上下界相关的线性矩阵不等式设计出了状态反馈和输出反馈控制器。针对含输入时变时滞的线性时变系统，文献[109]提出了基于序贯预报器的指数镇定控制器设计方法。该设计方法可以处理具有任意上界的时变时滞，当时滞上界变大时，可根据时变时滞的导数与上界增加预报器。针对带时变时滞的非线性时变系统，文献[110]提出了一系列对 Lyapunov 函数导数与哈密顿算子的约束条件，结合状态范数在最大时滞段上的最大值，给出了与哈密顿算子相关的指数镇定控制律。需要指出的是，以上文献主要关注的是系统控制器设计问题。

目前，绝大部分时变线性时滞系统的稳定性研究均基于 Lyapunov 方法，所得充分性条件非常复杂，不利于工程应用；其中，将时变系统转化为定常系统来处理的方法，必然会增加所得结果的保守性。因此，无论从理论层面还是从应用层面上讲，仍需进一步深入开展多时滞时变系统的稳定性研究。

4. 时滞非线性系统稳定性

数字计算机技术的普遍使用使得控制系统可被视为一种离散时间系统。从理论研究，特别是从实际应用的角度，非线性离散时间系统的稳定性分析具有更大的意义和价值。

在非线性系统稳定性分析中，根据非线性系统能否被线性化，研究方法相应地也有所不同。对于可被线性化的非本质非线性系统，可以借助现有的线性系统稳定性分析方法；对于不能被线性化的本质非线性系统，需要发展新的非线性系统稳定性分析方法和工具。非线性系统稳定性常用的分析方法有以下几种：

(1) 时域相平面法。用平面上的线段表示一阶或二阶非线性方程的解，从所得图形观察和判断系统的稳定性。

(2) Lyapunov 第一方法。Lyapunov 第一方法又称间接法，它使用非线性系统在平衡点处的线性化模型来分析非线性系统的局部稳定性。

(3) Lyapunov 第二方法。该方法的关键是寻找或构造一个可以恰当表征系统“能量”的正函数，考察该函数沿状态轨迹的增减特性就可判断系统平衡点的稳定性。

时域相平面法适用于一阶或二阶非线性系统；Lyapunov 第一方法适用于可被线性化的非线性系统；Lyapunov 第二方法适用于一切连续或分段连续的非线性系统，但 Lyapunov 函数的寻找或构造并不总是一件容易的事情。

不同的非线性系统具有不同的稳定性判据。文献[111]和[112]给出了满足全局 Lipschitz 条件的非线性系统稳定性判据。文献[83]、[113]～[115]得到了扇形 Lipschitz 条件下的非线性系统稳定性判据。文献[116]给出了单边 Lipschitz 条件约束下的稳定性判据。文献[117]和[118]研究了多项式增长条件下的非线性系统稳定性问题。文献[119]研究了 Lyapunov 意义下的一类非线性系统的稳定性判据。文献[120]研究了用神经网络逼近系统非线性模型的稳定性问题。文献[121]研究了用模糊函数逼近系统非线性模型的稳定性问题。非线性时滞系统稳定性分析常需借助改进的 Lyapunov 泛函、Razumikhin 技巧[122,123]、Halanay 不等式及其推广形式[124,125]等，利用相关不等式的放缩方法，降低所得判据的保守性。文献[126]通过构建 Lyapunov 泛函，并利用自由权矩阵方法研究了非线性系统的稳定性。文献[127]构建了时滞相关的 Lyapunov 泛函，得到了使非线性系统渐近稳定的判据。

上述研究大多针对非线性连续系统，而非线性离散系统的稳定性分析结果目前还较少。文献[128]用 K 类函数定义非线性离散系统的一致稳定和一致渐近稳定，给出了离散系统的比较原理、Lyapunov 稳定性判据及其逆定理。文献[129]利用状态扩张、状态变换和 M 矩阵的性质，给出了时滞非线性离散系统的稳定性判据。文献[130]给出了时滞非线性离散系统输入-状态稳定的充分条件。通过对系统非线性模型解耦和构造离散型 Gronwall 不等式，文献[131]研究了时滞非线性离散系统的弱稳定性和渐近稳定性。在假设系统非线性模型无穷范数有界的条件下，文献[132]给出了时滞非线性离散系统的稳定性判据。通过构建离散型 Halanay 不等式及其改进形式，文献[133]～[138]研究了时滞非线性离散系统的稳定性判据。将 Lyapunov 函数法与 Halanay 不等式相结合，文献[139]得到了时滞非线性离散系统的稳定性判据。利用 H 表示算子，文献[140]研究了随机非线性离散系统的矩稳定性。通过构建 Lyapunov 泛函并结合新的有限和不等式，文献[115]和[141]给出了基于线性矩阵不等式的时滞非线性离散系统的稳定性判据。

尽管时滞非线性离散系统的稳定性研究已有较大进展，但现有结果有一定局限性。一方面，建立在复杂不等式上的稳定性判据较难使用；另一方面基于 Lyapunov 泛函的分析方法存在构造麻烦，所得判据计算量大和保守性强等问题。

5. 时滞线性区间系统稳定性

在工程实际中，由于工况变化和运行时间延长等，系统的结构和参数将发生变化并在某些区间内取值，整个系统可描述为区间系统。带有时滞的区间系统由于其广泛的工程背景，吸引了学者的研究兴趣。利用比较原理开展时滞区间系统稳定性研究成为一种常用方法。文献[142]和[143]分别就无时滞及单时滞线性区间离散系统的鲁棒稳定性进行了研究，通过构建 Lyapunov 函数和相关辅助系统，得到了若干个鲁棒稳定性判据；为了解决判据中矩阵维数大和难以计算问题，作者利用模型集结等方法降低了系统维数并在一定程度上降低了所得判据的计算难度。文献[85]将时滞区间系统化为多组时滞定常系统，利用比较原理获得了时滞无关稳定性条件。基于比较原理和 Rouche 定理，文献[144]研究了时滞中立型线性区间系统的镇定问题，得到了相关镇定控制律。针对时滞线性区间正系统，文献[145]通过状态扩张将系统转化成无时滞的离散正系统，证明了时滞区间系统的渐近稳定性等价于状态系数全部取区间右端点值时无时滞正系统的渐近稳定性。文献[146]部分地推广了文献[145]的结果，得到了区间正系统鲁棒渐近稳定的必要条件和充分条件。由于正系统的特殊性，上述条件并不能推广至一般多时滞线性区间系统中。

6. 现有结果和分析方法的局限性

现有线性时变离散系统的可控/可观性判据、时滞离散系统稳定性方面的研究成果与分析方法存在如下局限性和不足之处：

(1) 多时滞线性定常离散系统须经状态扩张后方可使用现有的可控/可观性判据，但状态扩张后检验可控/可观性判据的计算量也会急剧增加，如何寻找简单易行的充分性判据借以减少验证计算量成为需要解决的问题。就多时滞线性时变离散系统而言，当系统维数很高时，依据现有判据检验系统的可控/可观性条件是一件困难的事情，如何寻找常数矩阵判据借以判定系统的可控/可观性是理论，特别是实际应用需要解决的问题。

(2) 现有时滞离散系统稳定性分析的主要方法是通过构造 L-K 泛函/L-R 函数以得到蕴含系统稳定性的线性矩阵不等式，再利用各种不等式缩放技巧得到系统稳定性条件。这种方法所得的稳定性条件大多为充分条件，保守性大，可检验或可计算性差。针对保守性大的问题，不少学者将精力集中在寻找或构造新的不等式以及偏差更小的缩放技巧，以期得到保守性更小的稳定性条件。这种研究范式的后果是稳定性条件的保守性不断降低的同时，稳定性条件的表达式却日渐复杂和不易计算。除上述分析方法和研究成果外，其他散见于文献中的各种分析方法和研究成果虽有一定的理论意义或实用价值，但终因散碎或独特而难以成为体系性成果。

(3) 离散时滞系统的稳定性研究成果多是针对线性定常离散时滞系统的。非整数时滞离散系统、多时滞时变离散系统、多时滞非线性离散系统以及时滞区间离散系统的稳定性研究成果相对较少。导致这种现状的原因在于现有的稳定性分析方法或者很难用于上述系统，或者很难得到简洁且易验证的稳定性条件。

1.3 本书特色与贡献

与现有的时滞系统分析专著相比，本书的特色和贡献可概括为如下几个方面：

(1) 本书是一部关于多时滞离散系统性能分析的专著。时滞系统性能分析的研究现状是时滞连续系统性能分析的成果多于时滞离散系统性能分析的成果。时滞连续系统稳定性分析与控制方面的专著已出版了多部，但时滞离散系统性能分析的研究成果多集中在稳定性方面，且散见于各种学术期刊、专著和教材中，尚没有一部系统性的研究专著。本书介绍和研究了一般时滞离散系统解的存在性和收敛性问题，以及多时滞线性定常/时变系统的可控可观性问题；将状态扩张方法与非负矩阵理论相结合，提出了一套全新的研究思路和基于矩阵谱半径的分析方法，将该思路和方法用于研究一般多时滞线性离散系统、一般多时滞非线性离散系统和一般多时滞线性区间离散系统的稳定性问题，得到了一系列形式简洁、容易验证且与众不同的稳定性判据。

(2) 本书提出了用于分析多有理数时滞离散系统稳定性的采样频率变换方法。针对状态扩张方法不能直接用于多有理数时滞离散系统这一困难问题，本书提出了一种采样频率变换方法。该方法可将多有理数时滞线性定常离散系统转化成多整数时滞线性定常离散系统，并保证转化后的系统与原系统稳定性等价；获得了一般多有理数时滞线性定常离散系统的稳定性判据，且这些判据多为充分必要条件。因数字传感器的测量值均为有理数，故实际工程系统中的时滞均为有理数时滞。从实际应用的角度看，本书中的结论已完整地解决了非整数时滞线性定常离散系统的稳定性判定问题。

(3) 本书提出了一种新的稳定鲁棒性定义及相关概念。这种稳定鲁棒性定义及相关概念十分直观和易于理解，且便于系统的稳定鲁棒性分析。使用本书所提的稳定鲁棒性定义，多无理数时滞线性定常离散系统的稳定性分析问题可转化为多有理数时滞线性定常离散系统的稳定性分析问题，再使用多有理数时滞线性定常离散系统的稳定性分析方法，就可得到多无理数时滞线性定常离散系统的稳定性判据。基于上述定义和方法，本书得到了若干多无理数时滞线性定常离散系统的稳定性判据，丰富和发展了相关的研究成果。

总之，本书建立了一套有别于 L-K 泛函法及其他分析方法的较为完整的理论体系，为时滞离散系统性能分析、控制器设计及相关应用奠定了坚实的理论基础。

1.4 本书章节安排

第 2 章回顾与时滞离散系统性能分析相关的一些基本概念和定义；介绍和研究一般多时滞离散系统解的存在性和唯一性；重点介绍和研究线性定常离散系统和线性时变离散系统解的收敛性。除此之外，还引入部分非负矩阵理论、矩阵谱半径定义及与之相关的矩阵级数收敛性理论，为后续内容的展开奠定基础。

第 3 章和第 4 章重点研究多时滞线性离散系统的可控可观性问题。针对多时滞线性离散系统，采用状态扩张方法将多时滞离散系统转换为无时滞离散系统，从而将多时滞系统的可控可观性问题转化为无时滞系统的可控可观性问题。利用增广矩阵的结构特殊性和矩阵秩的性质，将高维矩阵的可控可观性问题转化为低维矩阵的可控对与可观对的存在问题；提出一组多时滞线性离散系统的可控可观性判据，极大地减少了检验判据所需的计算量；深入分析现有多时滞线性时变离散系统的可控可观性条件，得到若干个用常数矩阵表示的可控可观性判据，与现有的时变可控可观性判据相比，所得判据更容易验证。

第 5 章给出一种全新的离散系统稳定鲁棒性定义及相关概念，包括点稳定鲁棒性、系数稳定鲁棒性和时滞稳定鲁棒性等。在此基础上，进一步给出稳定鲁棒度、最大稳定鲁棒度以及最大稳定鲁棒点的定义，实现对离散系统稳定鲁棒性的精准刻画，为无理数时滞离散系统的稳定鲁棒性分析提供工具。

第 6 章针对多整数时滞线性定常离散系统，引入并讨论非负矩阵谱半径的相关性质，给出一系列稳定性新判据。当状态系数非负或者系数矩阵非负不可约时，多时滞线性定常离散系统的稳定性可通过状态系数的和或者系数矩阵和的谱半径直接进行判定，极大地简化了稳定性判断过程，为理论研究和工程应用提供了新工具。

第 7 章针对多有理数时滞线性定常离散系统，提出采样频率变换方法，该方法可将有理数时滞系统转化为整数时滞系统；利用状态扩张和第 6 章的结果，得到多有理数时滞系统的稳定性条件；对已得到的稳定性条件进行降维，得到更易计算的稳定性条件；进一步，当状态系数非负或系数矩阵非负不可约时，得到由状态系数的和或者系数矩阵和的谱半径表示的稳定性判据，使验证判据的计算量达到最小值。针对无理数时滞线性定常离散系统，利用第 5 章提出的稳定鲁棒性定义及相关概念，将无理数时滞系统的稳定性问题转换为有理数时滞系统的稳定性问题；基于有理数时滞系统稳定性分析方法和所得结果，得到一系列多无理数时滞线性定常离散系统的稳定性条件。该章给出的稳定性分析方法和相关结果极大地丰富和发展了非整数时滞线性离散系统的稳定性理论，为非整数时滞非线性离散系统的稳定性分析提供了有力支撑。

第 8 章针对线性时变离散系统，利用矩阵范数与谱半径之间的关系，给出一种新的可使系统一致渐近稳定的充分条件。针对多时滞线性时变离散系统，证明原系统与状态扩张后无时滞线性时变离散系统的稳定性等价；在此基础上，给出一系列多时滞线性时变离散系统一致渐近稳定的判别条件。依据这些条件，系统的稳定性可以轻松判断，可显著降低多时滞线性时变离散系统稳定性检验的计算复杂度。

第 9 章研究无时滞/多时滞自治非线性离散系统的稳定性问题：将满足全局/局部 Lipschitz 条件的无时滞/多时滞自治非线性离散系统的稳定性问题转化为无时滞/多时滞线性定常离散系统的稳定性问题，得到一系列容易验证的稳定性判据。

第 10 章研究无时滞/多时滞非自治非线性离散系统的稳定性问题。类似于第 9 章的假设和分析方法，得到若干个无时滞/多时滞非自治非线性离散系统的稳定性判据，这些判据同样容易验证。

第 11 章研究无时滞/多时滞线性区间离散系统的稳定性问题。利用系统区间矩阵的一个特殊顶点矩阵和非负矩阵谱半径的相关性质，给出若干个无时滞线性区间离散系统稳定性分析方法和稳定性判据；分别考虑单状态与多状态情况，给出相应的多时滞线性区间离散系统的稳定性充要条件和充分条件，并可直接推广至系统矩阵元素不确定的多时滞线性离散系统。该章所得结果十分便于工程实际应用。

第 2 章　相关概念与基础知识

2.1　多整数时滞离散系统基本概念

理论上讲，输入、状态、输出、目标函数和约束条件均是离散时间函数的控制系统，称为离散时间控制系统。离散时间通常具有等间隔离散时间(对应等周期采样)、不等间隔离散时间(对应非周期采样)和随机间隔离散时间(对应随机采样)三种形式。本书讨论整数的各种离散时间控制系统均是等间隔离散时间控制系统。时滞是采样周期整数倍的系统为离散系统，称为整数时滞离散系统。为叙述方便起见，将多时滞离散时间控制系统简称为多时滞离散系统。

多时滞离散系统具有如下一般形式：

$$\begin{aligned} X(k+1) &= F(k, X(k), X(k-1), \cdots, X(k-N_X), U(k), U(k-1), \cdots, U(k-N_U)) \\ Y(k) &= G(k, X(k), X(k-1), \cdots, X(k-N_Y), U(k), U(k-1), \cdots, U(k-N_D)) \end{aligned} \tag{2.1}$$

其中，$X \in \mathbb{R}^n$ 为状态向量，$U \in \mathbb{R}^m$ 为输入向量，$Y \in \mathbb{R}^q$ 为输出向量，$k \in \mathbb{N}$；N_X，N_U，N_Y，$N_D \in \mathbb{N}$，$N_X \geqslant N_U \geqslant N_D$，$N_X \geqslant N_Y$；$F$ 关于 $k, X(k), X(k-1), \cdots, X(k-N_X)$ 以及 $U(k), U(k-1), \cdots, U(k-N_U)$ 有定义，G 关于 $k, X(k), X(k-1), \cdots, X(k-N_Y)$ 以及 $U(k), U(k-1), \cdots, U(k-N_D)$ 有定义。

这里的有定义是指任给一组确定且有界的自变量($k, X(k), X(k-1), \cdots, U(k), U(k-1), \cdots$)，$F$ 和 G 均有唯一确定且有界的值。

当 N_X、N_U、N_Y 和 N_D 均为零时，系统(2.1)称为无时滞离散系统(简称离散系统)，离散系统的理论成果已相当丰富，发展比较成熟。当 $N_X \geqslant 1$ 时，系统(2.1)称为多时滞离散系统，多时滞离散系统的理论成果还比较少，有待进一步发展和完善。本书的大部分章节均会涉及多时滞离散系统。

系统(2.1)中的第一个方程称为状态方程，第二个方程称为输出方程，这两个方程合起来称为动态方程或动力学方程。

在控制系统的分析和设计中，线性系统理论具有重要的地位和作用。这不仅是因为线性系统便于分析，可以得到精确简洁的理论成果，更是由于线性系统的控制器设计相对容易、物理意义明确且在工程上得到了广泛应用。为便于今后的分析和讨论，现给出两种多时滞线性离散系统的一般表达式。

单状态多时滞线性离散系统可表示为

$$
\begin{aligned}
x(k+1) &= \sum_{i=1}^{n} a_i(k)x(k-i+1) + \sum_{j=1}^{m} b_j(k)u(k-j+1) \\
y(k) &= \sum_{i=1}^{n} c_i(k)x(k-i+1) + \sum_{j=1}^{m} d_j(k)u(k-j+1)
\end{aligned}
\tag{2.2}
$$

其中，$x\in\mathbb{R}$ 为系统状态，$u\in\mathbb{R}$ 为系统输入，$y\in\mathbb{R}$ 为系统输出，$k\in\mathbb{N}$；$n\geqslant 2$，$n\geqslant m\geqslant 1$；状态系数 $a_i(k)$ 和输出系数 $c_i(k)$ $(1\leqslant i\leqslant n)$ 均为 k 的有界函数，$a_n(k)\neq 0$；输入系数 $b_j(k)$ 和 $d_j(k)$ $(1\leqslant j\leqslant m)$ 均为 k 的有界函数。

多状态多时滞线性离散系统可表示为

$$
\begin{aligned}
X(k+1) &= \sum_{i=1}^{N} A_i(k)X(k-i+1) + \sum_{j=1}^{M} B_j(k)U(k-j+1) \\
Y(k) &= \sum_{i=1}^{N} C_i(k)X(k-i+1) + \sum_{j=1}^{M} D_j(k)U(k-j+1)
\end{aligned}
\tag{2.3}
$$

其中，$X\in\mathbb{R}^n$ 为状态向量，$U\in\mathbb{R}^m$ 为输入向量，$Y\in\mathbb{R}^q$ 为输出向量，$k\in\mathbb{N}$；$N\geqslant 2$，$N\geqslant M\geqslant 1$；对于 $\forall k\in\mathbb{N}$，$\det(A_N(k))\neq 0$；系统矩阵 $A_i(k)\in\mathbb{R}^{n\times n}$、输出矩阵 $C_i(k)\in\mathbb{R}^{q\times n}$、输入矩阵 $B_j(k)\in\mathbb{R}^{n\times m}$ 和 $D_j(k)\in\mathbb{R}^{q\times m}$ $(1\leqslant i\leqslant N$，$1\leqslant j\leqslant M$，$n\geqslant 2$，$n\geqslant m\geqslant 1)$ 均为范数有界矩阵。

2.2 多整数时滞离散系统解的存在唯一性

就系统(2.1)～(2.3)而言，输出方程仅是系统状态和控制输入的代数方程，故对于 $\forall k\in\mathbb{N}$，输出方程的解总是存在的，且其解的唯一性依赖于状态方程解的唯一性。下面重点分析系统(2.1)～(2.3)中状态方程解的存在性与唯一性。

状态方程的解通常分为零输入解和非零输入解，下面一并加以讨论。

定理 2.1 对于任意给定的初始时刻 $k_0\in\mathbb{N}$、初始状态 $X(k_0),X(k_0-1),\cdots,X(k_0-N_X)$，以及任意给定的有界输入 $U(k_0),U(k_0-1),\cdots,U(k_0-N_U)$，系统(2.1)状态方程的解存在且唯一。

证明 因状态方程为迭代方程，故对一切 $k_0\in\mathbb{N}$，以及任意给定的初始状态 $X(k_0),X(k_0-1),\cdots,X(k_0-N_X)$ 和有界输入 $U(k_0),U(k_0-1),\cdots,U(k_0-N_U)$，系统(2.1)状态方程的解存在。设对某个 $k_0\in\mathbb{N}$，以及一组任意给定的初始状态 $X(k_0)$，$X(k_0-1),\cdots,X(k_0-N_X)$ 和有界输入 $U(k_0),U(k_0-1),\cdots,U(k_0-N_U)$，系统(2.1)的状态方程有两个解 $X_1(k)\neq X_2(k)$ $(k>k_0)$。如此可以推出，$X_1(k_0+1)\neq X_2(k_0+1)$，$F(k_0,X(k_0),\cdots,X(k_0-N_X),U(k_0),\cdots,U(k_0-N_U))$ 有两个不同的值，这与 F 有定义

相矛盾。故对一切 $k > k_0$，$X_1(k) = X_2(k)$，系统(2.1)状态方程的解唯一。综上可知，系统(2.1)状态方程的解存在且唯一。 □

因系统(2.2)和系统(2.3)均是系统(2.1)的特例，故可得到下面的推论。

推论 2.1　对于任意给定的初始状态 $x(k_0), x(k_0-1), \cdots, x(k_0-n+1)$，以及任意给定的有界输入 $u(k_0), u(k_0-1), \cdots, u(k_0-m+1)$ ($\forall k_0 \in \mathbb{N}$)，系统(2.2)状态方程的解存在且唯一。

推论 2.2　对于任意给定的初始状态 $X(k_0), X(k_0-1), \cdots, X(k_0-N+1)$，以及任意给定的有界输入 $U(k_0), U(k_0-1), \cdots, U(k_0-M+1)$ ($\forall k_0 \in \mathbb{N}$)，系统(2.3)状态方程的解存在且唯一。

需要说明的是，在考察状态方程解的存在与唯一性时，状态方程右边的初始状态必须相继给出，一个不能少，且在时刻上不能超过 $k=0$，否则解的存在性和唯一性将得不到保证。

例 2.1　讨论如下零输入状态方程解的存在性与唯一性：

$$x(k+1) = (1-\mathrm{e}^{-k})x(k) + x(k-1)$$

(1) 给定初始状态 $x(-1)=0$， $x(1)=1$；

(2) 给定初始状态 $x(-1)=1$， $x(1)=1$。

解　(1)当 $k=0$ 时，状态方程的解为 $x(1)=x(-1)=0$，这与给定的 $x(1)=1$ 相矛盾。故状态方程满足初始状态的解不存在。

(2) 当 $k=0$ 时，状态方程的解为 $x(1)=x(-1)=1$， $x(0)$ 可取任意值。如此，状态方程满足初始状态的解存在但不唯一。

例 2.1 中状态方程的解不存在或解不唯一的原因在于：$x(-1)$ 和 $x(1)$ 不是相继值； $x(1)$ 是 $k=1$ 时的值，在时刻上超过了 $k=0$。

虽然本节的讨论和分析是针对多时滞离散系统的，但相关结论(定理 2.1、推论 2.1 和推论 2.2)也适用于无时滞离散系统。

2.3　矩阵级数及其收敛性

系统(2.2)和系统(2.3)状态方程解的收敛性分析需要用到非负矩阵、非负矩阵性质、矩阵级数及其收敛性方面的知识，现将与本章密切相关的基础知识介绍如下[147-157]。

定义 2.1　设 $A=[a_{ij}] \in \mathbb{R}^{n\times n}$：①若 $a_{ij} \geqslant 0\,(1 \leqslant i, j \leqslant n)$，则称 A 为非负矩阵，记为 $A \geqslant 0$；②若 $a_{ij} > 0\,(1 \leqslant i, j \leqslant n)$，则称 A 为正矩阵，记为 $A > 0$。

定义 2.2　设 $A=[a_{ij}] \in \mathbb{C}^{n\times n}$，称 $|A|=[|a_{ij}|]$ 是以 a_{ij} 的模 $|a_{ij}|$ 为元素的矩阵。

引理 2.1　设$A,B,C,D\in\mathbb{C}^{n\times n}$，$\alpha\in\mathbb{C}$，$X\in\mathbb{C}^n$，则

(1) $|A|\geqslant 0$，$|A|=0$ 当且仅当 $A=0$；

(2) $|\alpha A|=|\alpha||A|$；

(3) $|A+B|\leqslant|A|+|B|$；

(4) $|AX|\leqslant|A||X|$；

(5) $|AB|\leqslant|A||B|$；

(6) $\left|A^m\right|\leqslant|A|^m$，$m=1,2,\cdots$。

引理 2.2　设$A,B,C,D\in\mathbb{R}^{n\times n},X\in\mathbb{R}^n,\alpha,\beta\in\mathbb{R}$，有:

(1) 若$A\geqslant 0$，$B\geqslant 0$，且$\alpha,\beta\geqslant 0$，则$\alpha A+\beta B\geqslant 0$。

(2) 若$A\geqslant B$，$C\geqslant D$，则$A+C\geqslant B+D$。

(3) 若$A\geqslant B$，$B\geqslant C$，则$A\geqslant C$。

(4) 若$0\leqslant A\leqslant B$，$0\leqslant C\leqslant D$，则$0\leqslant AC\leqslant BD$。

(5) 若$0\leqslant A\leqslant B$，则$0\leqslant A^m\leqslant B^m$，$m=1,2,\cdots$。

(6) 若$A\geqslant 0$，则$A^m\geqslant 0$；若$A>0$，则$A^m>0$，$m=1,2,\cdots$。

(7) 若$A>0$，$X\geqslant 0$且$X\neq 0$，则$AX>0$。

(8) 若$A\geqslant 0$，$X>0$且$AX=0$，则$A=0$。

(9) 若$|A|\leqslant|B|$，则$\|A\|_F\leqslant\|B\|_F$，其中，$\|A(a_{ij})\|_F=\left(\sum_{i=1}^{n}\sum_{j=1}^{n}|a_{ij}|^2\right)^{1/2}$。

(10) $\||A|\|_F=\|A\|_F$。

定义 2.3　设$\{A^{(k)}\}$为矩阵序列，其中$A^{(k)}=(a_{ij}^{(k)})\in\mathbb{C}^{n\times n}$：①若$k\to\infty$时$a_{ij}^{(k)}\to a_{ij}$，则称$\{A^{(k)}\}$收敛，并称矩阵$A=A(a_{ij})\in\mathbb{C}^{n\times n}$为$\{A^{(k)}\}$的极限，或称$\{A^{(k)}\}$收敛于$A$，记作$\lim_{k\to\infty}A^{(k)}=A$或$A^{(k)}\to A$；②当$k\to\infty$时，只要有一个$a_{ij}^{(k)}\to\infty$，则称$\{A^{(k)}\}$发散；③若$k\to\infty$时，$a_{ij}^{(k)}$的极限不存在但$\forall k\in\mathbb{N}$，$\sup_{i,j}\{|a_{ij}^{(k)}|\}<M<\infty$，$M>0$为常数，则称$\{A^{(k)}\}$有界。

由定义 2.3 可知，收敛必有界，但有界未必收敛。

定义 2.4　给定$A\in\mathbb{C}^{n\times n}$和矩阵级数$\sum_{k=0}^{\infty}A^k$。设$S_N=\sum_{k=0}^{N}A^k$，若$\lim_{N\to\infty}S_N=B\in\mathbb{C}^{n\times n}$，则称$\sum_{k=0}^{\infty}A^k$收敛于$B$，记作$\sum_{k=0}^{\infty}A^k=B$；否则称$\sum_{k=0}^{\infty}A^k$发散。

定义 2.5　给定$A\in\mathbb{C}^{n\times n}$和矩阵级数$\sum_{k=0}^{\infty}A^k\left(\sum_{k=0}^{\infty}A^{(k)}\right)$，若矩阵级数$\sum_{k=0}^{\infty}|A^k|$

$\left(\sum_{k=0}^{\infty}|A^{(k)}|\right)$收敛，则称$\sum_{k=0}^{\infty}A^k\left(\sum_{k=0}^{\infty}A^{(k)}\right)$绝对收敛。

引理 2.3　设$\forall k\in\mathbb{N}$，$A^k=\left[a_{ij}^{\{k\}}\right]\in\mathbb{C}^{n\times n}$，则矩阵级数$\sum_{k=0}^{\infty}A^k$绝对收敛的充要条件是$\sum_{k=0}^{\infty}\left\|A^k\right\|$收敛，其中$\left\|A^k\right\|=\max_{i,j}|a_{ij}^{\{k\}}|$。

定义 2.6　设$A\in\mathbb{C}^{n\times n}$，称$\rho(A)=\max_{1\leqslant i\leqslant n}|\lambda_i(A)|$为$A$的谱半径。

引理 2.4　设幂级数$\sum_{k=0}^{\infty}c_k z^k$（$c_k,z\in\mathbb{C}$）的收敛半径为$r$，$A\in\mathbb{C}^{n\times n}$：①当$\rho(A)<r$时，$\sum_{k=0}^{\infty}c_k A^k$绝对收敛；②当$\rho(A)>r$时，$\sum_{k=0}^{\infty}c_k A^k$发散。

因幂级数$\sum_{k=0}^{\infty}z^k$的收敛半径为$r=1$，由引理 2.4 立即可以得到下面的推论。

推论 2.3　给定$A\in\mathbb{C}^{n\times n}$和矩阵级数$\sum_{k=0}^{\infty}A^k$，则：

(1) 当$\rho(A)<1$时，$\sum_{k=0}^{\infty}A^k$绝对收敛；

(2) 当$\rho(A)>1$时，$\sum_{k=0}^{\infty}A^k$发散。

引理 2.5　设$A,B\in\mathbb{R}^{n\times n}$，$|A|\leqslant B$，则$\rho(A)\leqslant\rho(|A|)\leqslant\rho(B)$。

由推论 2.3 和引理 2.5 立即可以得到下面的推论。

推论 2.4　给定$A\in\mathbb{C}^{n\times n}$和矩阵级数$\sum_{k=0}^{\infty}A^k$，若$\rho(|A|)<1$，则$\sum_{k=0}^{\infty}A^k$绝对收敛。

引理 2.6　设$A\in\mathbb{C}^{n\times n}$：

(1) 若$\sum_{k=0}^{\infty}A^k$绝对收敛，则$\sum_{k=0}^{\infty}A^k$一定收敛，反之不一定成立；

(2) 若$\sum_{k=0}^{\infty}A^k$收敛(绝对收敛)，则$\forall P,Q\in\mathbb{C}^{n\times n}$，$\sum_{k=0}^{\infty}PA^kQ$也收敛(绝对收敛)，且$\sum_{k=0}^{\infty}PA^kQ=P\left(\sum_{k=0}^{\infty}A^k\right)Q$。

引理 2.7　设$A\in\mathbb{R}^{n\times n}$，当$k\to\infty$时，$A^k\to 0$的充要条件是$\rho(A)<1$。

引理 2.8　设$A\in\mathbb{R}^{n\times n}$，$\sum_{k=0}^{\infty}A^k$收敛的充要条件是$\rho(A)<1$，且收敛时，有

$\sum\limits_{k=0}^{\infty} A^k = (I-A)^{-1}$ 。

2.4 多整数时滞离散系统解的收敛性

本节首先讨论无时滞离散系统解的收敛性[148,149,153,154,157]，然后将相关结果推广到多时滞离散系统中。

2.4.1 无时滞线性定常系统解的收敛性

考虑如下线性定常离散系统：

$$\begin{aligned} X(k+1) &= AX(k) + BU(k) \\ Y(k) &= CX(k) \end{aligned} \tag{2.4}$$

其中，$X \in \mathbb{R}^n$ 为状态向量，$U \in \mathbb{R}^m$ 为输入向量，$Y \in \mathbb{R}^q$ 为输出向量，$k \in \mathbb{N}$；$A \in \mathbb{R}^{n \times n}$ 和 $B \in \mathbb{R}^{n \times m}$ 为相关系数矩阵。

定义 2.7 给定系统(2.4)，对任意给定的初始状态 $X(0)$ 和有界控制输入 $U(k)$，设状态方程的解为 $X(k)$：①若 $k \to \infty$ 时，$X(k)$ 的极限存在，且 $\lim\limits_{k\to\infty} X(k) = \tilde{X} \in \mathbb{R}^n$，则称 $X(k)$ 收敛且收敛于 $\tilde{X}$；②若 $k \to \infty$ 时，$\|X(k)\| \to \infty$ ($\|X\| = \max\limits_i |x_i|$)，则称 $X(k)$ 发散；③$\forall k \in \mathbb{N}$，若 $\|X(k)\| \leqslant M_x < \infty$ ($M_x > 0$ 为常数)且部分分量为 k 的周期函数，则称 $X(k)$ 有界。

例 2.2 讨论如下状态方程的解：

$$\begin{bmatrix} x_1(k+1) \\ x_2(k+1) \\ x_3(k+1) \end{bmatrix} = \begin{bmatrix} -c & 0 & 0 \\ 0 & a & -b \\ 0 & b & a \end{bmatrix} \begin{bmatrix} x_1(k) \\ x_2(k) \\ x_3(k) \end{bmatrix}, \quad \begin{bmatrix} x_1(0) \\ x_2(0) \\ x_3(0) \end{bmatrix} = \begin{bmatrix} 1 \\ 1 \\ 1 \end{bmatrix}$$

其中，$c \neq 0$、$a > 0$、$b > 0$，$a^2 + b^2 = 1$。

解 上述状态方程满足初始条件的解为 $C \in \mathbb{R}^{q \times n}$：

$$\begin{bmatrix} x_1(k) \\ x_2(k) \\ x_3(k) \end{bmatrix} = \begin{bmatrix} (-1)^k c^k & 0 & 0 \\ 0 & \cos(k\varphi) & -\sin(k\varphi) \\ 0 & \sin(k\varphi) & \cos(k\varphi) \end{bmatrix} \begin{bmatrix} x_1(0) \\ x_2(0) \\ x_3(0) \end{bmatrix}, \quad \cos\varphi = a$$

$$\begin{bmatrix} x_1(k) & x_2(k) & x_3(k) \end{bmatrix} = \begin{bmatrix} (-1)^k c^k & \cos(k\varphi) - \sin(k\varphi) & \cos(k\varphi) + \sin(k\varphi) \end{bmatrix}$$

由 $x_1(k) = (-1)^k c^k$ 可知：①若 $|c| > 1$，则当 $k \to \infty$ 时，$|x_1(k)| \to \infty$，状态方程

的解发散；②若$|c|=1$，则$x_1(k)=(-1)^{k+1}$（$c=-1$）或$x_1(k)=(-1)^k$（$c=1$）为周期函数，状态方程的解有界；③若$|c|<1$，则当$k\to\infty$时，$|x_1(k)|\to 0$，但$x_2(k)$和$x_3(k)$为周期函数，所以状态方程的解有界。

例 2.2 表明，线性定常离散时间状态方程的周期解仅由两类基本函数构成，即k的三角函数和$(-1)^k$或$(-1)^{k+1}$。

1. 零输入时系统解的收敛性

引理 2.9　设$U(k)\equiv 0$，任给初始状态$X(0)\neq 0$，则：

(1) 系统(2.4)状态方程的解$X(k)$收敛到零（$k\to\infty$，$X(k)\to 0$）的充要条件是$\rho(A)<1$；

(2) 当$\rho(A)>1$时，系统(2.4)状态方程的解$X(k)$发散。

证明　(1)任给初始状态$X(0)\neq 0$，当$U(k)\equiv 0$时，系统(2.4)状态方程的解为$X(k)=A^k X(0)$。不难理解，$k\to\infty$，$X(k)\to 0$的充要条件是$A^k\to 0$。由引理 2.7 可知$k\to\infty$，$A^k\to 0$的充要条件是$\rho(A)<1$。如此，$k\to\infty$，$X(k)\to 0$的充要条件是$\rho(A)<1$。

(2) 设$A=P^{-1}JP$，$J=\mathrm{diag}(J_1,J_2,\cdots,J_s)$为$A$的 Jordan 标准形，其中

$$J_l=\begin{bmatrix}\lambda_l & 1 & & \\ & \lambda_l & \ddots & \\ & & \ddots & 1 \\ & & & \lambda_l\end{bmatrix}_{n_l\times n_l},\quad l=1,2,\cdots,s,\quad \sum_{l=1}^{s}n_l=n$$

设$\varphi_k(\lambda)=\lambda^k$，$\varphi_k^{(1)}(\lambda)=\dfrac{\mathrm{d}\varphi_k(\lambda)}{\mathrm{d}\lambda}$，$\varphi_k^{(2)}(\lambda)=\dfrac{\mathrm{d}^2\varphi_k(\lambda)}{\mathrm{d}\lambda^2}$，…，则

$$J_l^k=\begin{bmatrix}\varphi_k(\lambda_l) & \varphi_k^{(1)}(\lambda_l) & \cdots & \dfrac{\varphi_k^{(n_l-1)}(\lambda_l)}{(n_l-1)!} \\ & \varphi_k(\lambda_l) & \ddots & \vdots \\ & & \ddots & \varphi_k^{(1)}(\lambda_l) \\ & & & \varphi_k(\lambda_l)\end{bmatrix}_{n_l\times n_l}=\begin{bmatrix}\lambda_l^k & c_k^1\lambda_l^{k-1} & \cdots & c_k^{n_l-1}\lambda_l^{k-n_l+1} \\ & \lambda_l^k & \ddots & \vdots \\ & & \ddots & c_k^1\lambda_l^{k-1} \\ & & & \lambda_l^k\end{bmatrix}_{n_l\times n_l}$$

$$|J_l^k|=\begin{bmatrix}|\lambda_l^k| & |c_k^1\lambda_l^{k-1}| & \cdots & |c_k^{n_l-1}\lambda_l^{k-n_l+1}| \\ & |\lambda_l^k| & \ddots & \vdots \\ & & \ddots & |c_k^1\lambda_l^{k-1}| \\ & & & |\lambda_l^k|\end{bmatrix}_{n_l\times n_l},\quad 1\leqslant l\leqslant s$$

不妨设 $\rho(A)=|\lambda_1|$，由引理 2.1 中的(2)可得

$$\left|J_1^k\right|=\begin{bmatrix}\rho^k(A) & c_k^1\rho^{k-1}(A) & \cdots & c_k^{n_1-1}\rho^{k-n_1+1}(A)\\ 0 & \rho^k(A) & \ddots & \vdots\\ \vdots & \ddots & \ddots & c_k^1\rho^{k-1}(A)\\ 0 & \cdots & 0 & \rho^k(A)\end{bmatrix}_{n_1\times n_1}$$

因 $\rho(A)>1$，故当 $k\to\infty$ 时，$\left\|J_1^k\right\|\to\infty$ ($\|\cdot\|$ 为任意一种矩阵范数)，$\left\|J^k\right\|\to\infty$。因 $J^k=PA^kP^{-1}$，$\left\|J^k\right\|\leqslant\|P\|\left\|A^k\right\|\left\|P^{-1}\right\|$，故当 $\left\|J^k\right\|\to\infty$ 时，$\left\|A^k\right\|\to\infty$，$\left\|A^kX(0)\right\|\to\infty$ ($AX(0)\neq0$)，$\|X(k)\|\to\infty$。由定义 2.7 可知，系统(2.4)状态方程的解 $X(k)$ 发散。□

引理 2.9 中 $X(k)\to0$ 对应稳定性理论中的系统渐近稳定，$X(k)$ 发散对应稳定性理论中的系统不稳定。

定义 2.8 设 $A\in\mathbb{C}^{n\times n}$ 有 r 个互异特征值 $\lambda_1,\lambda_2,\cdots,\lambda_r$：

(1) 若 $\lambda_1,\lambda_2,\cdots,\lambda_r$ 分别是特征多项式 $\det(\lambda I-A)$ 的 $n(\lambda_1),n(\lambda_2),\cdots,n(\lambda_r)$ 重根，$\det(\lambda I-A)=\prod\limits_{i=1}^{r}(\lambda-\lambda_i)^{n(\lambda_i)}$，$\sum\limits_{i=1}^{r}n(\lambda_i)=n$，则称 $n(\lambda_i)$ 为 λ_i 的代数重数；

(2) 若将 A 属于 λ_i 的线性无关特征向量的个数记作 $m(\lambda_i)$，$m(\lambda_i)=n-r(\lambda_iI-A)$，则称 $m(\lambda_i)$ 为 λ_i 的几何重数；

(3) 代数重数和几何重数具有关系 $1\leqslant m(\lambda_i)\leqslant n(\lambda_i)\leqslant n$，$1\leqslant i\leqslant r$。

由定义 2.8 可以推知，若特征值 $\lambda_i(A)$ 的代数重数等于其几何重数，则 $\lambda_i(A)$ 对应的 Jordan 标准形中的子块为对角矩阵；若 $\lambda_i(A)$ 的代数重数大于其几何重数，则 $\lambda_i(A)$ 对应的 Jordan 标准形中的子块为非对角矩阵。

定理 2.2 设 $U(k)\equiv0$，任给初始状态 $X(0)\neq0$，则系统(2.4)状态方程的解 $X(k)$ 有界的充要条件是 $\rho(A)=1$，且每个模为 1 的特征值 $\lambda_i(A)$ 的代数重数等于其几何重数。

证明 充分性：设 A 的互异特征值分别为 $\lambda_+,\lambda_-,\lambda_1^\theta,\cdots,\lambda_h^\theta$，$n(\lambda(A))$、$m(\lambda(A))$ 分别表示特征值 $\lambda(A)$ 的代数重数和几何重数。由定理所给条件可得 $\lambda_+=1$，$m(\lambda_+)=n(\lambda_+)=s$ ($s\geqslant0$)；$\lambda_-=-1$，$m(\lambda_-)=n(\lambda_-)=t$ ($t\geqslant0$)；$\lambda_j^\theta=\cos\theta_j\pm\mathrm{i}\sin\theta_j$ ($\theta_j\in\mathbb{R}$，$\theta_j\neq\pm k\pi\pm0.5\pi$，$k\in\mathbb{N}$)，$|\lambda_j^\theta|=1$，$1\leqslant j\leqslant h$；$s+t+2h=n$。设 $P\in\mathbb{R}^{n\times n}$，$A=P^{-1}JP$，$J=\mathrm{diag}(J_+,J_-,J_\theta)$ 为 A 的 Jordan 标准形。由定理所给条件可知，各 Jordan 块具有如下形式：

$$J_+ = \begin{bmatrix} 1 & & \\ & \ddots & \\ & & 1 \end{bmatrix}_{s\times s}, \quad J_- = \begin{bmatrix} -1 & & \\ & \ddots & \\ & & -1 \end{bmatrix}_{t\times t}$$

$$J_\theta = \begin{bmatrix} \begin{bmatrix} \cos\theta_1 & \sin\theta_1 \\ -\sin\theta_1 & \cos\theta_1 \end{bmatrix} & & \\ & \ddots & \\ & & \begin{bmatrix} \cos\theta_h & \sin\theta_h \\ -\sin\theta_h & \cos\theta_h \end{bmatrix} \end{bmatrix}_{2h\times 2h}$$

$$\theta_j \in \mathbb{R}, \quad 1 \leqslant j \leqslant h; \quad s+t+2h=n$$

因 $\lambda_+=1$，$J_+^k=J_+$，故当 $k\to\infty$ 时，$J_+^k \to J_+$ 有界。因 $\lambda_-=-1$，$J_-^k \leqslant |J_-^k|=J_+^k$，故当 $k\to\infty$ 时，J_-^k 有界。因当 $\lambda_j^\theta=\cos\theta_j \pm \mathrm{i}\sin\theta_j$ 时，J_θ 为正交矩阵，故 $\forall k\in\mathbb{N}$，J_θ^k 仍为正交矩阵，且 $\left\|J_\theta^k\right\|_2=1$。如此，$k\to\infty$ 时，J_θ^k 有界。综上可知，$\forall k\in\mathbb{N}$，J^k 有界，从而可以推得 $A^k=P^{-1}J^kP$ 有界，系统(2.4)状态方程的解 $X(k)=A^kX(0)$ 有界。

必要性：假设至少存在一个 $|\lambda_j|=1$（$\lambda_j\in\{\lambda_+,\lambda_-,\lambda_1^\theta,\cdots,\lambda_h^\theta\}$），满足 $m(\lambda_j)<n(\lambda_j)$。进一步，不妨设 $\lambda_j=1$，$m(\lambda_j)=1$，$n(\lambda_j)=2$，则 J 中与 $\lambda_j=1$ 所对应的 Jordan 块为

$$J_j=\begin{bmatrix} 1 & 1 \\ 0 & 1 \end{bmatrix}, \quad J_j^k=\begin{bmatrix} 1 & k \\ 0 & 1 \end{bmatrix}$$

如此，当 $k\to\infty$ 时，J_j^k 发散，进而可以推得 J^k 发散，A^k 发散，系统(2.4)状态方程的解 $X(k)=A^kX(0)$ 发散。当 $\lambda_p=-1$ 且 $m(\lambda_p)<n(\lambda_p)$ 时，同理可证 J_p^k 发散，A^k 发散，$X(k)=A^kX(0)$ 发散。当 $\lambda_{j1}^\theta=\cos\theta_j+\mathrm{i}\sin\theta_j$，$1=m(\lambda_{j1}^\theta)<n(\lambda_{j1}^\theta)=2$，且 $\lambda_{j2}^\theta=\cos\theta_j-\mathrm{i}\sin\theta_j$，$1=m(\lambda_{j2}^\theta)<n(\lambda_{j2}^\theta)=2$ 时，相应的 Jordan 块为

$$J_\theta(2)=\begin{bmatrix} \begin{bmatrix} \cos\theta_j & \sin\theta_j \\ -\sin\theta_j & \cos\theta_j \end{bmatrix} & \begin{bmatrix} 1 & 0 \\ 0 & 1 \end{bmatrix} \\ \begin{bmatrix} 0 & 0 \\ 0 & 0 \end{bmatrix} & \begin{bmatrix} \cos\theta_j & \sin\theta_j \\ -\sin\theta_j & \cos\theta_j \end{bmatrix} \end{bmatrix}$$

由分块矩阵的乘法，不难求得

$$J_\theta^k(2)=\begin{bmatrix}\begin{bmatrix}\cos\theta_j & \sin\theta_j\\ -\sin\theta_j & \cos\theta_j\end{bmatrix}^k & k\begin{bmatrix}\cos\theta_j & \sin\theta_j\\ -\sin\theta_j & \cos\theta_j\end{bmatrix}^{k-1}\\ \begin{bmatrix}0 & 0\\ 0 & 0\end{bmatrix} & \begin{bmatrix}\cos\theta_j & \sin\theta_j\\ -\sin\theta_j & \cos\theta_j\end{bmatrix}^k\end{bmatrix}$$

如此，当$k\to\infty$时，$J_\theta^k(2)$发散，A^k发散，$X(k)=A^kX(0)$发散。由上述分析可知，对于任意的$\lambda\in\{\lambda_+,\lambda_-,\lambda_1^\theta,\cdots,\lambda_h^\theta\}$且$|\lambda|=1$，若要系统(2.4)状态方程的解$X(k)$有界，则必须要$m(\lambda)=n(\lambda)$。 □

状态方程的零解有界对应稳定性理论中的系统稳定。

推论 2.5 设$U(k)\equiv 0$，任给初始状态$X(0)\neq 0$，系统(2.4)状态方程的解$X(k)$收敛于某一非零向量，当且仅当$\rho(A)=1$是A的特征值且$\rho(A)$的代数重数与几何重数相等。

证明 由定理 2.3 的证明过程可知，系统(2.4)状态方程的解$X(k)$收敛于某一非零向量的充要条件是：①$\rho(A)=1$；②$X(k)$的分量中不含有k的周期函数(k的三角函数、$(-1)^k$或$(-1)^{k+1}$，周期函数极限不存在)。因此，模为 1 的特征值不能是复数，也不能是−1。综上考虑可得，$X(k)$收敛于某一非零向量，当且仅当$\rho(A)=1$是A的特征值且$\rho(A)$的代数重数与几何重数相等。 □

例 2.3 讨论如下零输入状态方程解的收敛性：

$$\begin{bmatrix}x_1(k+1)\\ x_2(k+1)\\ x_3(k+1)\end{bmatrix}=\begin{bmatrix}1 & 0 & 0\\ 0 & 0.5 & -0.5\\ 0 & 0.5 & 0.5\end{bmatrix}\begin{bmatrix}x_1(k)\\ x_2(k)\\ x_3(k)\end{bmatrix},\quad \begin{bmatrix}x_1(0)\\ x_2(0)\\ x_3(0)\end{bmatrix}=\begin{bmatrix}1\\ 1\\ 1\end{bmatrix}$$

解 上述状态方程满足初始条件的解为

$$\begin{bmatrix}x_1(k)\\ x_2(k)\\ x_3(k)\end{bmatrix}=\begin{bmatrix}1 & 0 & 0\\ 0 & 2^{-k/2}\cos(k\varphi) & -2^{-k/2}\sin(k\varphi)\\ 0 & 2^{-k/2}\sin(k\varphi) & 2^{-k/2}\cos(k\varphi)\end{bmatrix}\begin{bmatrix}1\\ 1\\ 1\end{bmatrix}$$

当$k\to\infty$时，$[x_1(k)\ \ x_2(k)\ \ x_3(k)]^{\mathrm T}\to[1\ \ 0\ \ 0]^{\mathrm T}$，即$X(k)$收敛于非零向量$[1\ \ 0\ \ 0]^{\mathrm T}$。

2. 非零输入时系统解的收敛性

定理 2.3 设系统(2.4)的状态完全可控，$\forall k\in\mathbb{N}$，$U(k)$有界，则状态方程的解$X(k)$有界的充要条件是$\rho(A)<1$。

证明 充分性：任给初始状态$X(0)\neq 0$，当$k\geqslant 1$时，系统(2.4)状态方程的解

为 $X(k)=A^kX(0)+\sum_{i=0}^{k-1}A^iBU(k-1-i)$。不失一般性，设 A 已是 Jordan 标准形，即 $A=J=\operatorname{diag}(J_1,J_2,\cdots,J_s)$，其中：

$$J_l=\begin{bmatrix}\lambda_l & 1 & & \\ & \lambda_l & \ddots & \\ & & \ddots & 1 \\ & & & \lambda_l\end{bmatrix}_{n_l\times n_l},\quad J_l^i=\begin{bmatrix}\lambda_l^i & C_i^1\lambda_l^{i-1} & \cdots & C_i^{n_l-1}\lambda_l^{i-n_l+1} \\ & \lambda_l^i & \ddots & \vdots \\ & & \ddots & C_i^1\lambda_l^{i-1} \\ & & & \lambda_l^i\end{bmatrix}_{n_l\times n_l}$$

$l=1,2,\cdots,s$；$\sum_{l=1}^{s}n_l=n$。另设 $BU(k-1-i)=[\tilde{u}_1(k-1-i)\quad \tilde{u}_2(k-1-i)\quad \cdots\quad \tilde{u}_n(k-1-i)]^{\mathrm{T}}=\left[\tilde{u}_{1k}\quad \tilde{u}_{2k}\quad \cdots\quad \tilde{u}_{nk}\right]^{\mathrm{T}}=U_{bk}$。依据 n_l ($1\leqslant l\leqslant s$)的取值，对 U_{bk} 进行分块，$\tilde{U}_{n_1k}=\left[\tilde{u}_{1k}\quad \tilde{u}_{2k}\quad \cdots\quad \tilde{u}_{n_1k}\right]^{\mathrm{T}}$，$\tilde{U}_{n_2k}=\left[\tilde{u}_{(n_1+1)k}\quad \tilde{u}_{(n_1+2)k}\quad \cdots\quad \tilde{u}_{(n_1+n_2)k}\right]^{\mathrm{T}}$，…。如此：

$$U_{bk}=\left[\tilde{U}_{n_1k}^{\mathrm{T}}\quad \tilde{U}_{n_2k}^{\mathrm{T}}\quad \cdots\quad \tilde{U}_{n_sk}^{\mathrm{T}}\right]^{\mathrm{T}}$$

$$\left|\sum_{i=0}^{k-1}J_1^i\tilde{U}_{n_1k}\right|=\begin{bmatrix}\left|\sum_{i=0}^{k-1}\lambda_1^i\tilde{u}_{1k}+\sum_{i=1}^{k-1}C_i^1\lambda_1^{i-1}\tilde{u}_{2k}+\cdots+\sum_{i=n_1-1}^{k-1}C_i^{n_1-1}\lambda_1^{i-n_1+1}\tilde{u}_{n_1k}\right| \\ \left|\sum_{i=0}^{k-1}\lambda_1^i\tilde{u}_{2k}+\sum_{i=1}^{k-1}C_i^1\lambda_1^{i-1}\tilde{u}_{3k}+\cdots+\sum_{i=n_1-2}^{k-1}C_i^{n_1-2}\lambda_1^{i-n_1+2}\tilde{u}_{n_1k}\right| \\ \vdots \\ \left|\sum_{i=1}^{k-1}C_i^1\lambda_1^{i-1}\tilde{u}_{n_1k}\right| \\ \left|\sum_{i=0}^{k-1}\lambda_1^i\tilde{u}_{n_1k}\right|\end{bmatrix}$$

$$\leqslant\begin{bmatrix}\sum_{i=0}^{k-1}|\lambda_1|^i|\tilde{u}_{1k}|+\sum_{i=1}^{k-1}C_i^1|\lambda_1|^{i-1}|\tilde{u}_{2k}|+\cdots+\sum_{i=n_1-1}^{k-1}C_i^{n_1-1}|\lambda_1|^{i-n_1+1}|\tilde{u}_{n_1k}| \\ \sum_{i=0}^{k-1}|\lambda_1|^i|\tilde{u}_{2k}|+\sum_{i=1}^{k-1}C_i^1|\lambda_1|^{i-1}|\tilde{u}_{3k}|+\cdots+\sum_{i=n_1-2}^{k-1}C_i^{n_1-2}|\lambda_1|^{i-n_1+2}|\tilde{u}_{n_1k}| \\ \vdots \\ \sum_{i=1}^{k-1}C_i^1|\lambda_1|^{i-1}|\tilde{u}_{n_1k}| \\ \sum_{i=0}^{k-1}|\lambda_1|^i|\tilde{u}_{n_1k}|\end{bmatrix}$$

$$
\leqslant \begin{bmatrix} \tilde{u}_M \left(\sum_{i=0}^{k-1} |\lambda_1|^i + \sum_{i=1}^{k-1} C_i^1 |\lambda_1|^{i-1} + \cdots + \sum_{i=n_1-1}^{k-1} C_i^{n_1-1} |\lambda_1|^{i-n_1+1} \right) \\ \tilde{u}_M \left(\sum_{i=0}^{k-1} |\lambda_1|^i + \sum_{i=1}^{k-1} C_i^1 |\lambda_1|^{i-1} + \cdots + \sum_{i=n_1-2}^{k-1} C_i^{n_1-2} |\lambda_1|^{i-n_1+2} \right) \\ \vdots \\ \tilde{u}_M \sum_{i=1}^{k-1} C_i^1 |\lambda_1|^{i-1} \\ \tilde{u}_M \sum_{i=0}^{k-1} |\lambda_1|^i \end{bmatrix}
$$

其中，$\tilde{u}_M = \max\limits_{1\leqslant i\leqslant n_1} \max\limits_{k\in\mathbb{N}} |\tilde{u}_{ik}|$ ($U(k)$ 有界)。当 $k\to\infty$ 时，上式变为

$$
\left| \sum_{i=0}^{\infty} J_1^i \tilde{U}_{n_1 k} \right| \leqslant \begin{bmatrix} \tilde{u}_M \left(\sum_{i=0}^{\infty} |\lambda_1|^i + \sum_{i=1}^{\infty} C_i^1 |\lambda_1|^{i-1} + \cdots + \sum_{i=n_1-1}^{\infty} C_i^{n_1-1} |\lambda_1|^{i-\eta_1+1} \right) \\ \tilde{u}_M \left(\sum_{i=0}^{\infty} |\lambda_1|^i + \sum_{i=1}^{\infty} C_i^1 |\lambda_1|^{i-1} + \cdots + \sum_{i=n_1-2}^{\infty} C_i^{n_1-2} |\lambda_1|^{i-\eta_1+2} \right) \\ \tilde{u}_M \sum_{i=1}^{\infty} C_i^1 |\lambda_1|^{i-1} \\ \tilde{u}_M \sum_{i=0}^{\infty} |\lambda_1|^i \end{bmatrix}
$$

上式中各无穷级数均为幂级数，且收敛半径均为 1。因 $|\lambda_1| \leqslant \rho(A) < 1$，故上式中各幂级数均收敛。设 $\mu = |\lambda_1|$，$\varphi(\mu) = (1-\mu)^{-1} = \sum_{i=0}^{\infty} \mu^i$，则上式可简写为

$$
\left| \sum_{i=0}^{\infty} J_1^i \tilde{U}_{n_1 k} \right| \leqslant \begin{bmatrix} \tilde{u}_M \left(\varphi(\mu) + \varphi'(\mu) + \cdots + \varphi^{(n_1-1)}(\mu) \right) \\ \tilde{u}_M \left(\varphi(\mu) + \varphi'(\mu) + \cdots + \varphi^{(n_1-2)}(\mu) \right) \\ \vdots \\ \tilde{u}_M \varphi'(\mu) \\ \tilde{u}_M \varphi(\mu) \end{bmatrix}
$$

当 $\mu = |\lambda_1| < 1$ 时，上式各分量均有界，所以 $\left| \sum_{i=0}^{\infty} J_1^i \tilde{U}_{n_1 k} \right|$ 有界。对于 $l = 2,3,\cdots,s$，当 $|\lambda_l| \leqslant \rho(A) < 1$ 时，同样可证 $\left| \sum_{i=0}^{\infty} J_l^i \tilde{U}_{n_l k} \right|$ 有界。如此，当 $k\to\infty$ 时，$\left| \sum_{i=0}^{k-1} A^i BU(k-\right.$

$1-i)\Big| = \left|\sum_{i=0}^{k-1} J^i BU(k-1-i)\right|$ 有界。由引理 2.9 可知，当 $\rho(A)<1$ 且 $k\to\infty$ 时，$A^k X(0) = J^k X(0) \to 0$，$|A^k X(0)| = |J^k X(0)| \to 0$。综上可得，当 $k\to\infty$ 时，系统(2.4)状态方程的解 $|X(k)| \leqslant |A^k X(0)| + \left|\sum_{i=0}^{k-1} A^i BU(k-1-i)\right|$ 有界。

必要性：若系统(2.4)状态完全可控，则对每一个 $|\lambda_l| \neq 0$，相应的 $\tilde{u}_{jk}$ 不能为零（$j\in\{n_1, n_1+n_2, \cdots, n\}$），否则，系统状态 $x_j(k)$ 将不可控。不妨设 $\rho(A) = |\lambda_1| > 0$ 且 $\tilde{u}_{n_1 k} \neq 0$，由前面的证明可知，$\left|\sum_{i=0}^{k-1} J_1^i \tilde{U}_{n_1 k}\right|$ 的第 n_1 个分量 $\left|\sum_{i=0}^{k-1} \lambda_1^i \tilde{u}_{n_1 k}\right| \leqslant \tilde{u}_M \sum_{i=0}^{k-1} |\lambda_1|^i = \tilde{u}_M \sum_{i=0}^{k-1} \rho^i(A)$。因 $\rho(A) \geqslant 1$ 时，$\sum_{i=0}^{\infty} \rho^i(A)$ 发散，故当 $k\to\infty$ 时，$\left|\sum_{i=0}^{k-1} J_1^i \tilde{U}_{n_1 k}\right|$ 发散，$\left|\sum_{i=0}^{k-1} A^i BU(k-1-i)\right| = \left|\sum_{i=0}^{k-1} J^i BU(k-1-i)\right|$ 也发散。这表明，若要 $\left|\sum_{i=0}^{k-1} A^i BU(k-1-i)\right|$ 有界，则必须要 $\rho(A)<1$。其他情况（$\rho(A) = |\lambda_l| > 0$，$l = 2,3,\cdots,s$）也如此。 □

推论 2.6　设系统(2.4)的状态完全可控，$k\to\infty$ 时，$U(k)\to\bar{U}\in\mathbb{R}^m$（$U(k)$ 收敛于 $\bar{U}$），则 $k\to\infty$ 时，状态方程的解 $X(k)\to\bar{X}\in\mathbb{R}^n$ 的充要条件是 $\rho(A)<1$。

由定理 2.3 可知，推论 2.6 的结论成立。

推论 2.7　设系统(2.4)的状态完全可控，$\forall k\in\mathbb{N}$，$U(k) = U\in\mathbb{R}^m$，则 $k\to\infty$ 时，状态方程的解 $X(k)\to(I-A)^{-1}BU$ 的充要条件是 $\rho(A)<1$。

证明　系统(2.4)状态方程的解为 $X(k) = A^k X(0) + \sum_{i=0}^{k-1} A^i BU = A^k X(0) + \left(\sum_{i=0}^{k-1} A^i\right) BU$。由引理 2.8 可知，$k\to\infty$，$\sum_{i=0}^{k-1} A^i \to (I-A)^{-1}$ 的充要条件是 $\rho(A)<1$；由引理 2.9 可知，$k\to\infty, A^k X(0)\to 0$ 的充要条件是 $\rho(A)<1$。如此，当系统(2.4)状态完全可控时，由推论 2.6 可得：$k\to\infty$ 时，$X(k)\to\left(I-A\right)^{-1}BU$ 的充要条件是 $\rho(A)<1$。 □

当系统(2.4)的状态不完全可控时，可以选择适当的变换矩阵将状态空间分解为可控子空间和不可控子空间。

设系统(2.4)的可控性矩阵为 $S_c = \begin{bmatrix} B & AB & \cdots & A^{n-1}B \end{bmatrix}$，$r(S_c) = r < n$。从 S_c 中选出 r 个线性无关的列向量 $\alpha_1, \alpha_2, \cdots, \alpha_r$，另外再任意选取 $n-r$ 个 n 维列向量 $\alpha_{r+1}, \alpha_{r+2}, \cdots, \alpha_n$，并使 $\{\alpha_1, \alpha_2, \cdots, \alpha_r, \alpha_{r+1}, \cdots, \alpha_n\}$ 线性无关。构造非奇异矩阵 $P^{-1} = \begin{bmatrix} \alpha_1 & \alpha_2 & \cdots & \alpha_n \end{bmatrix}$，并进行如下非奇异线性变换：

$$X = P^{-1}\begin{bmatrix} X_c \\ X_{\bar{c}} \end{bmatrix} \tag{2.5}$$

如此，系统(2.4)变为如下形式：

$$\begin{bmatrix} X_c(k+1) \\ X_{\bar{c}}(k+1) \end{bmatrix} = PAP^{-1}\begin{bmatrix} X_c(k) \\ X_{\bar{c}}(k) \end{bmatrix} + PBU(k), \quad Y(k) = CP^{-1}\begin{bmatrix} X_c(k) \\ X_{\bar{c}}(k) \end{bmatrix} \tag{2.6}$$

其中，X_c为r维可控状态子向量，$X_{\bar{c}}$为$n-r$维不可控状态子向量，并且

$$PAP^{-1} = \begin{bmatrix} A_{11} & A_{12} \\ 0 & A_{22} \end{bmatrix}, \quad PB = \begin{bmatrix} B_1 \\ 0 \end{bmatrix}, \quad CP^{-1} = \begin{bmatrix} C_1 & C_2 \end{bmatrix} \tag{2.7}$$

将系统(2.6)展开可得

$$\begin{aligned} &X_c(k+1) = A_{11}X_c(k) + A_{12}X_{\bar{c}}(k) + B_1U(k) \\ &X_{\bar{c}}(k+1) = A_{22}X_{\bar{c}}(k) \\ &Y(k) = C_1X_c(k) + C_2X_{\bar{c}}(k) \end{aligned} \tag{2.8}$$

定理 2.4 设系统(2.4)(系统(2.8))的状态不完全可控，且$\forall k \in \mathbb{N}$，$U(k)$有界，则状态方程的解$X(k)$有界的充要条件是：①$\rho(A_{11}) < 1$；②$\rho(A_{22}) \leqslant 1$，且模为1的特征值$\lambda_i(A_{22})$的代数重数等于其几何重数。

由定理2.2可知，$X_{\bar{c}}(k)$有界。类似定理2.3，可证$X_c(k)$有界。合并考虑便可推出$X(k)$有界。

定理 2.5 设系统(2.4)的状态完全可观，且$\forall k \in \mathbb{N}$，$U(k)$有界，则状态方程的解$X(k)$有界与输出$Y(k)$有界等价。

证明 由$Y(k) = CX(k)$可知，若$X(k)$有界，则$Y(k)$一定有界。现设$Y(k)$有界，则

$$\begin{cases} Y(k) = CX(k) \\ Y(k+1) = CAX(k) + CBU(k) \\ Y(k+2) = CA^2X(k) + CABU(k) + CBU(k+1) \\ \qquad\vdots \\ Y(k+n-1) = CA^{n-1}X(k) + C\sum_{i=0}^{n-2} A^{n-2-i}BU(k+i) \end{cases} \tag{2.9}$$

设$\bar{Y}(k) = Y(k)$，$\bar{Y}(k+1) = Y(k+1) - CBU(k)$，则有

$$\begin{aligned} &\bar{Y}(k+2) = Y(k+2) - CABU(k) - CBU(k+1) \\ &\qquad\vdots \\ &\bar{Y}(k+n-1) = Y(k+n-1) - C\sum_{i=0}^{n-2} A^{n-2-i}BU(k+i) \end{aligned}$$

$$\tilde{Y}^{\mathrm{T}}(k)=\left[\bar{Y}^{\mathrm{T}}(k)\quad \bar{Y}^{\mathrm{T}}(k+1)\quad \cdots\quad \bar{Y}^{\mathrm{T}}(k+n-1)\right]\in\mathbb{R}^{1\times qn}$$

$$S_o^{\mathrm{T}}=\left[C^{\mathrm{T}}\quad A^{\mathrm{T}}C^{\mathrm{T}}\quad \cdots\quad \left(A^{\mathrm{T}}\right)^{n-1}C^{\mathrm{T}}\right]\in\mathbb{R}^{n\times qn}$$

则式(2.9)可简写为 $\tilde{Y}^{\mathrm{T}}(k)=X^{\mathrm{T}}(k)S_o^{\mathrm{T}}$。因为假设系统(2.4)状态完全可观，所以 $\det(S_o^{\mathrm{T}}S_o)\neq 0$，$\tilde{Y}^{\mathrm{T}}(k)=X^{\mathrm{T}}(k)S_o^{\mathrm{T}}$ 有唯一解 $\tilde{Y}^{\mathrm{T}}(k)S_o(S_o^{\mathrm{T}}S_o)^{-1}=X^{\mathrm{T}}(k)$，$X(k)=(S_o^{\mathrm{T}}S_o)^{-1}S_o^{\mathrm{T}}\tilde{Y}(k)$。因 $U(k)$ 和 $Y(k)$ 有界，故 $\tilde{Y}(k)$ 有界，进而推出 $X(k)$ 有界。　□

定理 2.6　设系统(2.4)的状态完全可控可观，且 $\forall k\in\mathbb{N}$，$U(k)$ 有界，则输出 $Y(k)$ 有界的充要条件是 $\rho(A)<1$。

由定理 2.3 和定理 2.5 可以推知，定理 2.6 的结论成立。

有界输入-有界输出对应稳定性理论中的 BIBO(bounded input bounded output)稳定。

推论 2.8　设系统(2.4)的状态完全可控可观，且 $\forall k\in\mathbb{N}$，$U(k)=U\in\mathbb{R}^m$，则 $k\to\infty$ 时，输出 $Y(k)\to C(I-A)^{-1}BU$ 的充要条件是 $\rho(A)<1$。

由推论 2.7 和定理 2.6 可知，推论 2.8 的结论成立。

2.4.2　无时滞线性时变系统解的收敛性

考虑如下线性时变离散系统：

$$\begin{aligned}X(k+1)&=A(k)X(k)+B(k)U(k)\\Y(k)&=C(k)X(k)\end{aligned}\tag{2.10}$$

其中，$X\in\mathbb{R}^n$ 为状态向量，$U\in\mathbb{R}^m$ 为输入向量，$Y\in\mathbb{R}^q$ 为输出向量，$\forall k\in\mathbb{N}$；$A(k)\in\mathbb{R}^{n\times n}$、$B(k)\in\mathbb{R}^{n\times m}$ 和 $C(k)\in\mathbb{R}^{q\times n}$ ($n\geqslant 2,\ n\geqslant m\geqslant 1,\ n\geqslant q\geqslant 1$)均为范数有界矩阵，且 $\forall k\in\mathbb{N}$，$\det(A(k))\neq 0$。

1. 零输入时系统解的收敛性

当 $U(k)\equiv 0$ 时，任给初始状态 $X(0)$，系统(2.10)状态方程的解为

$$X(k)=\prod_{i=0}^{k-1}A(k-1-i)X(0)\tag{2.11}$$

$\forall k\in\mathbb{N}$，当 $\det(A(k))\neq 0$ 时，基本解矩阵可按式(2.12)定义：

$$\begin{cases}\Phi(0)=I\\ \Phi(k)=\prod_{i=0}^{k-1}A(k-1-i),\quad k\geqslant 1\end{cases}\tag{2.12}$$

使用基本解矩阵，式(2.11)可表示成更加简洁的形式：

$$X(k)=\Phi(k)X(0) \tag{2.13}$$

定理 2.7　式(2.12)定义的基本解矩阵具有如下性质。

(1) $\Phi(k+1)=A(k)\Phi(k)$。

(2) 若$\forall k\in\mathbb{N}$，$\det(A(k))\neq 0$。

(3) 若存在某一矩阵范数$\|\bullet\|$和$l\in\mathbb{N}$，使得$\|A(l)\|=\sup\limits_{k\in\mathbb{N}}\{\|A(k)\|\}=\alpha<1$，则：

① $k\to\infty$，$\Phi(k)\to 0$；

② $\sum\limits_{k=0}^{\infty}\Phi(k)$绝对收敛。

(4) 若$k\to\infty$，$A(k)\to A$，则：

① $k\to\infty$，$\Phi(k)\to 0$的充要条件是$\rho(A)<1$；

② $\sum\limits_{k=0}^{\infty}\Phi(k)$收敛的充要条件是$\rho(A)<1$。

证明　(1) 由式(2.12)可得$\Phi(k+1)=\prod\limits_{i=0}^{k}A(k-i)=A(k)\prod\limits_{i=0}^{k-1}A(k-1-i)=A(k)\Phi(k)$，即$\Phi(k+1)=A(k)\Phi(k)$。

(2) 因$\forall k\in\mathbb{N}$，$\det(A(k))\neq 0$，故$\det(\Phi(k))=\det\left(\prod\limits_{i=0}^{k-1}A(k-1-i)\right)=\prod\limits_{i=0}^{k-1}\det(A(k-1-i))\neq 0$。如此，$\forall k\in\mathbb{N}$，$r(\Phi(k))=n$。

(3) ①设存在某一矩阵范数$\|\bullet\|$和$l\in\mathbb{N}$，使得$\|A(l)\|=\sup\limits_{k\in\mathbb{N}}\{\|A(k)\|\}=\alpha<1$，则$\|\Phi(k)\|\leqslant\prod\limits_{i=0}^{k-1}\|A(k-1-i)\|\leqslant\|A(l)\|^k=\alpha^k$。因$\alpha<1$，故当$k\to\infty$时，$\|\Phi(k)\|\to 0$；由矩阵范数的性质可知，$\Phi(k)\to 0$。

② 由①的假设可知，$\left\|\sum\limits_{k=0}^{\infty}\Phi(k)\right\|\leqslant\sum\limits_{k=0}^{\infty}\|\Phi(k)\|\leqslant\sum\limits_{k=0}^{\infty}\|A(l)\|^k=\sum\limits_{k=0}^{\infty}\alpha^k=(1-\alpha)^{-1}<\infty$。这表明$\sum\limits_{k=0}^{\infty}\|\Phi(k)\|$收敛。由矩阵范数的等价性和引理 2.2 中的(10)可知，$\sum\limits_{k=0}^{\infty}\|\Phi(k)\|_F=\sum\limits_{k=0}^{\infty}\|\Phi(k)\|_F$收敛；如此，$\sum\limits_{k=0}^{\infty}|\Phi(k)|$收敛。再由定义 2.5 可知，$\sum\limits_{k=0}^{\infty}\Phi(k)$绝对收敛。

(4) ①因$k\to\infty$，$A(k)\to A$，$\Phi(k+1)=A(k)\Phi(k)$，故存在充分大的正整数N，使得$\Phi(k+N)=A^k\Phi(N)$近似成立。因$\forall k\in\mathbb{N}$，$A(k)$有界，故$\Phi(N)$有界且为常数矩阵。如此，$k\to\infty$时，$\Phi(k)$的收敛性与A^k的收敛性等价。再由引理 2.7 可知，当$k\to\infty$时，$\Phi(k)\to 0$的充要条件是$\rho(A)<1$。

② 因$k\to\infty$，$A(k)\to A$，$\Phi(k+1)=A(k)\Phi(k)$，故存在充分大的正整数N，使得$\Phi(k+N)=A^k\Phi(N)$近似成立，如此，$\sum_{k=0}^{\infty}\Phi(k)=\sum_{k=0}^{N-1}\Phi(k)+\sum_{k=N}^{\infty}\Phi(k)=\sum_{k=0}^{N-1}\Phi(k)+\sum_{k=0}^{\infty}\Phi(k+N)=\sum_{k=0}^{N-1}\Phi(k)+\left(\sum_{k=0}^{\infty}A^k\right)\Phi(N)$近似成立。因$\forall k\in\mathbb{N}$，$A(k)$范数有界，故$\Phi(N)$和$\sum_{k=0}^{N-1}\Phi(k)$均为常数矩阵，$\sum_{k=0}^{\infty}\Phi(k)$的收敛性与$\sum_{k=0}^{\infty}A^k$的收敛性等价。由引理 2.8 可知，$\sum_{k=0}^{\infty}A^k$收敛的充要条件是$\rho(A)<1$，故$\sum_{k=0}^{\infty}\Phi(k)$收敛的充要条件是$\rho(A)<1$。□

推论 2.9　设$U(k)\equiv 0$，若存在某一矩阵范数$\|\bullet\|$和$l\in\mathbb{N}$，使得$\|A(l)\|=\sup_{k\in\mathbb{N}}\{\|A(k)\|\}=\alpha<1$，则对任意给定的初始状态$X(0)\neq 0$，系统(2.10)状态方程的解$X(k)$收敛于零。

证明　任给初始状态$X(0)\neq 0$，当$U(k)\equiv 0$时，由式(2.13)可知，系统(2.10)状态方程的解为$X(k)=\Phi(k)X(0)$。由定理 2.7(3)中的①可知，若$\|A(l)\|=\sup_{k\in\mathbb{N}}\{\|A(k)\|\}=\alpha<1$，则$k\to\infty$时，$\Phi(k)\to 0$。如此，$k\to\infty$时，$X(k)\to 0$。□

推论 2.10　设$U(k)\equiv 0$，$k\to\infty$时，$A(k)\to A$。任给初始状态$X(0)\neq 0$，系统(2.10)状态方程的解$X(k)$收敛于零的充要条件是$\rho(A)<1$。

证明　任给初始状态$X(0)\neq 0$，系统(2.10)状态方程的解为$X(k)=\Phi(k)X(0)$。当$k\to\infty$，$A(k)\to A$时，由定理 2.7(4)中的①可知，$\Phi(k)\to 0$的充要条件是$\rho(A)<1$。如此，$k\to\infty$时，$X(k)\to 0$的充要条件是$\rho(A)<1$。□

定理 2.8　设$U(k)\equiv 0$，$k\to\infty$时，$A(k)\to A$。任给初始状态$X(0)\neq 0$，系统(2.10)状态方程的解$X(k)$有界的充要条件是$\rho(A)\leqslant 1$，且每个模为 1 的特征值$\lambda_i(A)$的代数重数等于其几何重数。

结合定理 2.2 和定理 2.7 中的(4)，可证定理 2.8 的结论成立。

定理 2.9　设$U(k)\equiv 0$，$k\to\infty$时，$A(k)\to A$。任给初始状态$X(0)\neq 0$，系统(2.10)状态方程的解$X(k)$收敛于某一非零向量，当且仅当$\rho(A)=1$是A的特征值且$\rho(A)$的代数重数与几何重数相等。

仿照定理 2.7 中的(4)的证明方法并结合推论 2.5，可证定理 2.9 的结论成立。

例 2.4　讨论如下零输入状态方程解的收敛性：

$$\begin{bmatrix} x_1(k+1) \\ x_2(k+1) \\ x_3(k+1) \end{bmatrix} = \begin{bmatrix} 0.5+2^{-k}\cos(k\pi) & 0 & 0 \\ 0 & 0.3(1+\mathrm{e}^{-k}) & 1 \\ 0 & 0 & 0.3(1+\mathrm{e}^{-k}) \end{bmatrix} \begin{bmatrix} x_1(k) \\ x_2(k) \\ x_3(k) \end{bmatrix}, \quad \begin{bmatrix} x_1(0) \\ x_2(0) \\ x_3(0) \end{bmatrix} = \begin{bmatrix} 1 \\ 1 \\ 1 \end{bmatrix}$$

解 $\forall k \in \mathbb{N}$，$\det(A(k)) = 0.09\left(1+\mathrm{e}^{-k}\right)^2\left(0.5+2^{-k}\cos(k\pi)\right) \neq 0$。当 $k\to\infty$ 时，$A(k)$ 的极限存在，且

$$A(k) \to A = \begin{bmatrix} 0.5 & 0 & 0 \\ 0 & 0.3 & 1 \\ 0 & 0 & 0.3 \end{bmatrix}$$

系统状态方程满足初始条件的解为 $X(k)=\Phi(k)X(0)$。因 $\rho(A)=0.5<1$，由推论 2.10 可知，$k\to\infty$ 时，$X(k)\to 0$。事实上，当 $k\geqslant 10000$ 时，可以认为 $A(k)=A$。如此，$X(k+10000)=\Phi(k+10000)X(0)=A^k\Phi(10000)X(0)$。因 $\Phi(10000)$ 为常数矩阵，$k\to\infty$ 时，$A^k\to 0$，所以 $k\to\infty$ 时，$X(k)$ 收敛到零。

2. 非零输入时系统解的收敛性

当 $U(k)\neq 0$ 时，任给初始状态 $X(0)\neq 0$，系统(2.10)状态方程的解为

$$X(k)=\Phi(k)X(0)+\Phi(k)\sum_{i=0}^{k-1}\Phi^{-1}(i+1)B(i)U(i), \quad k\geqslant 1 \tag{2.14}$$

定理 2.10 设 $\forall k\in\mathbb{N}$，$U(k)$ 有界；存在一种矩阵范数 $\|\bullet\|$ 和 $l\in\mathbb{N}$，使得 $\|A(l)\|=\sup\limits_{k\in\mathbb{N}}\{\|A(k)\|\}=\alpha<1$；则对任意给定的初始状态 $X(0)\neq 0$，系统(2.10)状态方程的解 $X(k)$ 有界。

证明 由式(2.14)可得，$\|X(k)\|\leqslant\|\Phi(k)\|\|X(0)\|+\sum\limits_{i=0}^{k-1}\left\|\Phi(k)\Phi^{-1}(i+1)\right\|\|B(i)U(i)\|$。因 $B(k)$ 和 $U(k)$ 有界，故存在 $0<M_{BU}<\infty$，使 $\forall k\in\mathbb{N}$，$\|B(k)U(k)\|\leqslant M_{BU}$。由定理所给条件可知，$\|X(k)\|\leqslant\|A(l)\|^k\|X(0)\|+\sum\limits_{i=0}^{k-1}\|A(l)\|^i M_{BU}$。因 $\|A(l)\|=\alpha<1$，故当 $k\to\infty$ 时，$\|A(l)\|^k\|X(0)\|\to 0$，$\sum\limits_{i=0}^{k-1}\|A(l)\|^i M_{BU}\to(1-\alpha)^{-1}M_{BU}$，$\|X(k)\|\to\beta$ ($\beta\leqslant(1-\alpha)^{-1}M_{BU}$)。如此，系统(2.10)状态方程的解 $X(k)$ 有界。□

定理 2.11 设 $\forall k\in\mathbb{N}$，$U(k)$ 有界；$k\to\infty$，$A(k)\to A$。若系统(2.10)状态完全可控，则对任意给定的初始状态 $X(0)\neq 0$：①系统(2.10)状态方程的解 $X(k)$ (见式(2.14))有界的充要条件是 $\rho(A)<1$；②当 $\rho(A)>1$ 时，$X(k)$ 发散。

结合定理 2.7 中的(4)和定理 2.10，可证定理 2.11 的结论成立。

定理 2.12　设 $\forall k \in \mathbb{N}$，$U(k)$ 有界；$k \to \infty$，$A(k) \to A$。若系统(2.10)状态完全可观，则对任意给定的初始状态 $X(0) \neq 0$，系统(2.10)状态方程的解 $X(k)$ (见式(2.14))有界与输出 $Y(k)$ 有界等价。

除了需用时变可观性矩阵的相关知识外，定理 2.12 的证明方法与定理 2.5 和定理 2.6 的证明方法基本相同。

定理 2.13　设 $\forall k \in \mathbb{N}$，$U(k)$ 有界；$k \to \infty$，$A(k) \to A$。若系统(2.10)的状态完全可控可观，则对任意给定的初始状态 $X(0) \neq 0$，输出 $Y(k)$ 有界的充要条件是 $\rho(A) < 1$。

仿照定理 2.6 的证明方法并使用定理 2.7 中的(4)，可证该定理的结论成立。

2.4.3　多整数时滞线性定常系统解的收敛性

1. 单状态系统解的收敛性

考虑如下单状态多时滞线性离散系统：

$$
\begin{aligned}
x(k+1) &= \sum_{i=1}^{n} a_i x(k-i+1) + \sum_{j=1}^{m} b_j u(k-j+1) \\
y(k) &= \sum_{i=1}^{n} c_i x(k-i+1)
\end{aligned}
\tag{2.15}
$$

其中，$x \in \mathbb{R}$ 为系统状态，$u \in \mathbb{R}$ 为系统输入，$y \in \mathbb{R}$ 为系统输出；$k \in \mathbb{N}$，$n \geqslant 2$，$n \geqslant m \geqslant 1$；$a_i, c_i, b_j \in \mathbb{R}$ ($1 \leqslant i \leqslant n$，$1 \leqslant j \leqslant m$)为相关系数，$a_n \neq 0$。

系统(2.15)可通过状态扩张的方法化成系统(2.4)的形式，具体做法如下：设 $x_1(k) = x(k)$，$x_2(k) = x(k-1)$，…，$x_n(k) = x(k-n+1)$，$X(k) = [x_1(k) \quad x_2(k) \quad \cdots \quad x_n(k)]^{\mathrm{T}}$；$u_1(k) = u(k)$，$u_2(k) = u(k-1)$，…，$u_m(k) = u(k-m+1)$，$U(k) = [u_1(k) \quad u_2(k) \quad \cdots \quad u_m(k)]^{\mathrm{T}}$；则系统(2.15)变为

$$
\begin{aligned}
X(k+1) &= AX(k) + BU(k) \\
y(k) &= CX(k)
\end{aligned}
\tag{2.16}
$$

其中

$$
A = \begin{bmatrix} a_1 & a_2 & a_3 & \cdots & a_n \\ 1 & 0 & 0 & \cdots & 0 \\ 0 & 1 & 0 & \cdots & 0 \\ \vdots & \ddots & \ddots & \ddots & \vdots \\ 0 & \cdots & 0 & 1 & 0 \end{bmatrix} \in \mathbb{R}^{n \times n}, \quad
B = \begin{bmatrix} b_1 & b_2 & \cdots & b_m \\ 0 & 0 & \cdots & 0 \\ 0 & \ddots & \ddots & \vdots \\ \vdots & \ddots & \ddots & 0 \\ 0 & \cdots & 0 & 0 \end{bmatrix} \in \mathbb{R}^{n \times m}
$$

$$C=\left[c_1,c_2,\cdots,c_n\right]\in\mathbb{R}^{1\times n} \tag{2.17}$$

不难证明，当$a_n\neq 0$时，$\det(A)=(-1)^{n+1}a_n\neq 0$。

2. 多状态系统解的收敛性

考虑如下多状态多时滞线性定常离散系统：

$$\begin{aligned}&X(k+1)=\sum_{i=1}^{N}A_iX(k-i+1)+\sum_{j=1}^{M}B_jU(k-j+1)\\&Y(k)=\sum_{i=1}^{N}C_iX(k-i+1)\end{aligned} \tag{2.18}$$

其中，$X\in\mathbb{R}^n$为状态向量，$U\in\mathbb{R}^m$为输入向量，$Y\in\mathbb{R}^q$为输出向量，$k\in\mathbb{N}$；$n\geqslant m\geqslant 1$，$n\geqslant 2$，$N\geqslant M\geqslant 1$，$N\geqslant 2$；$A_i\in\mathbb{R}^{n\times n}$、$C_i\in\mathbb{R}^{q\times n}$ $(1\leqslant i\leqslant N)$、$B_j\in\mathbb{R}^{n\times m}$ $(1\leqslant j\leqslant M)$为相关系数矩阵，$\det(A_N)\neq 0$。

使用状态扩张方法，系统(2.18)变为

$$\begin{aligned}&\tilde{X}(k+1)=\tilde{A}\tilde{X}(k)+\tilde{B}\tilde{U}(k)\\&\tilde{Y}(k)=\tilde{C}\tilde{X}(k)\end{aligned} \tag{2.19}$$

其中

$$\begin{aligned}&\tilde{A}=\begin{bmatrix}A_1 & A_2 & A_3 & \cdots & A_N\\ I & 0 & \cdots & \cdots & 0\\ 0 & I & 0 & \cdots & 0\\ \vdots & \ddots & \ddots & \ddots & \vdots\\ 0 & \cdots & 0 & I & 0\end{bmatrix}\in\mathbb{R}^{nN\times nN}\\&\tilde{B}=\begin{bmatrix}B_1 & B_2 & \cdots & B_M\\ 0 & 0 & \cdots & 0\\ 0 & \ddots & \ddots & \vdots\\ \vdots & \ddots & \ddots & 0\\ 0 & \cdots & 0 & 0\end{bmatrix}\in\mathbb{R}^{nN\times mM}\\&\tilde{C}=\left[C_1,C_2,\cdots,C_N\right]\in\mathbb{R}^{q\times nN}\end{aligned} \tag{2.20}$$

可以证明，当$\det(A_N)\neq 0$时，$\det(\tilde{A})=(-1)^{N+1}\det(A_N)\neq 0$。

容易理解，系统(2.15)的有界性和收敛性与系统(2.16)的有界性和收敛性等价；系统(2.18)的有界性和收敛性与系统(2.19)的有界性和收敛性等价。因系统(2.16)和系统(2.19)与系统(2.4)具有完全相同的形式，所以 2.4.1 节中与系统(2.4)有关的一切有界性和收敛性结论(引理、定理和推论)都可相应地照搬到系统(2.16)和系统(2.19)中，且结果的正确性会得到完全保证。

比较系统(2.15)和系统(2.16)、系统(2.18)和系统(2.19)可知，状态扩张方法使得系统的描述更加简洁，从而为系统的分析和设计带来便利。

2.4.4　多整数时滞线性时变系统解的收敛性

1. 单状态系统解的收敛性

考虑如下单状态多时滞线性时变离散系统：

$$\begin{aligned} x(k+1) &= \sum_{i=1}^{n} a_i(k)x(k-i+1) + \sum_{j=1}^{m} b_j(k)u(k-j+1) \\ y(k) &= \sum_{i=1}^{n} c_i(k)x(k-i+1) \end{aligned} \tag{2.21}$$

其中，$x \in \mathbb{R}$ 为系统状态，$u \in \mathbb{R}$ 为系统输入，$y \in \mathbb{R}$ 为系统输出，$k \in \mathbb{N}$；$n \geqslant 2$，$n \geqslant m \geqslant 1$；$a_i(k)$、$c_i(k)$ 和 $b_j(k)$ ($1 \leqslant i \leqslant n$，$1 \leqslant j \leqslant m$)均为有界函数，且 $a_n(k) \neq 0$。

使用状态扩张方法，系统(2.21)变为

$$\begin{aligned} X(k+1) &= A(k)X(k) + B(k)U(k) \\ y(k) &= C(k)X(k) \end{aligned} \tag{2.22}$$

其中

$$\begin{aligned} A(k) &= \begin{bmatrix} a_1(k) & a_2(k) & a_3(k) & \cdots & a_n(k) \\ 1 & 0 & 0 & \cdots & 0 \\ 0 & 1 & \ddots & \ddots & \vdots \\ \vdots & \ddots & \ddots & \ddots & 0 \\ 0 & \cdots & 0 & 1 & 0 \end{bmatrix} \in \mathbb{R}^{n\times n} \\ B(k) &= \begin{bmatrix} b_1(k) & b_2(k) & \cdots & b_m(k) \\ 0 & 0 & \cdots & 0 \\ \vdots & \ddots & \ddots & \vdots \\ 0 & \cdots & 0 & 0 \end{bmatrix} \in \mathbb{R}^{n\times m} \\ C(k) &= \left[c_1(k), c_2(k), \cdots, c_n(k)\right] \in \mathbb{R}^{1\times n} \end{aligned} \tag{2.23}$$

不难证明，$\forall k \in \mathbb{N}$，当 $a_n(k) \neq 0$ 时，$\det(A(k)) = (-1)^{n+1} a_n \neq 0$。

2. 多状态系统解的收敛性

考虑如下多状态多时滞线性时变离散系统：

$$
\begin{aligned}
X(k+1) &= \sum_{i=1}^{N} A_i(k) X(k-i+1) + \sum_{j=1}^{M} B_j(k) U(k-j+1) \\
Y(k) &= \sum_{i=1}^{N} C_i(k) X(k-i+1)
\end{aligned} \tag{2.24}
$$

其中，$X \in \mathbb{R}^n$ 为状态向量，$U \in \mathbb{R}^m$ 为输入向量，$Y \in \mathbb{R}^q$ 为输出向量，$k \in \mathbb{N}$；$n \geqslant m \geqslant 1$，$n \geqslant 2$，$N \geqslant 2$，$N \geqslant M \geqslant 1$；$\forall k \in \mathbb{N}$，$\det(A_N(k)) \neq 0$；$A_i(k) \in \mathbb{R}^{n\times n}$、$C_i(k) \in \mathbb{R}^{q\times n}$ 和 $B_j(k) \in \mathbb{R}^{n\times m}$ ($1 \leqslant i \leqslant N$，$1 \leqslant j \leqslant M$)均为范数有界矩阵。使用状态扩张方法，系统(2.24)变为

$$
\begin{aligned}
\tilde{X}(k+1) &= \tilde{A}(k)\tilde{X}(k) + \tilde{B}(k)\tilde{U}(k) \\
\tilde{Y}(k) &= \tilde{C}(k)\tilde{X}(k)
\end{aligned} \tag{2.25}
$$

其中

$$
\begin{aligned}
\tilde{A}(k) &= \begin{bmatrix} A_1(k) & A_2(k) & A_3(k) & \cdots & A_N(k) \\ I & 0 & 0 & \cdots & 0 \\ 0 & I & \ddots & \ddots & \vdots \\ \vdots & \ddots & \ddots & \ddots & 0 \\ 0 & \cdots & 0 & I & 0 \end{bmatrix} \in \mathbb{R}^{nN\times nN} \\
\tilde{B}(k) &= \begin{bmatrix} B_1(k) & B_2(k) & \cdots & B_M(k) \\ 0 & 0 & \cdots & 0 \\ \vdots & \ddots & \ddots & \vdots \\ 0 & \cdots & 0 & 0 \end{bmatrix} \in \mathbb{R}^{nN\times mM} \\
\tilde{C}(k) &= \left[C_1(k), C_2(k), \cdots, C_N(k) \right] \in \mathbb{R}^{q\times nN}
\end{aligned} \tag{2.26}
$$

可以证明，$\forall k \in \mathbb{N}$，当 $\det(A_N(k)) \neq 0$ 时，$\det(\tilde{A}(k)) = (-1)^{N+1}\det(A_N(k)) \neq 0$。

容易理解，系统(2.21)的有界性和收敛性与系统(2.22)的有界性和收敛性等价；系统(2.24)的有界性和收敛性与系统(2.25)的有界性和收敛性等价。因系统(2.22)和系统(2.25)与系统(2.10)具有完全相同的形式，故 2.4.2 节中与系统(2.10)有关的一切有界性和收敛性结论(定理和推论)都可相应地照搬到系统(2.22)和系统(2.25)中，且结果的正确性会得到完全保证。

第 3 章　多整数时滞线性离散系统可控性

在控制理论中，可控性和可观性是两个十分重要的概念，也是各种控制方法的设计基础。因此，本章将在详细讨论无时滞线性定常离散系统可控性的基础上，分析几类多时滞系统的状态可控性和输出可控性，并给出多时滞系统可控性和无时滞系统可控性的关系[150-154,156-164]。

3.1　线性定常系统可控性

3.1.1　无时滞系统可控性

考虑如下时变无时滞离散系统：

$$\begin{aligned} X(k+1) &= A(k)X(k) + B(k)U(k) \\ Y(k) &= C(k)X(k) \end{aligned} \tag{3.1}$$

其中，$X \in \mathbb{R}^n$ 为状态向量，$U \in \mathbb{R}^m$ 为输入向量，$Y \in \mathbb{R}^q$ 为输出向量；$k \in \mathbb{N}$；$n \geqslant m \geqslant 1$，$n \geqslant q \geqslant 1$；$A(k) \in \mathbb{R}^{n\times n}$、$B(k) \in \mathbb{R}^{n\times m}$ 和 $C(k) \in \mathbb{R}^{q\times n}$ 均为范数有界矩阵。

定义 3.1　给定 $k_0 \in \mathbb{N}$ 和 $X(k_0) \in \mathbb{R}^n$，对于 $\forall X \in \mathbb{R}^n$，若存在 $k \in \mathbb{N}$、$k > k_0$ 和有界输入序列 $U(k_0), U(k_0+1), \cdots, U(k)$，使得 $X(k+1) = X$，则称系统(3.1)的状态在时刻 k_0 可控。给定 $k_0 \in \mathbb{N}$，对于 $\forall X(k_0) \in \mathbb{R}^n$ 和 $\forall X \in \mathbb{R}^n$，若存在 $k \in \mathbb{N}$、$k > k_0$ 和有界输入序列 $U(k_0), U(k_0+1), \cdots, U(k)$，使得 $X(k+1) = X$，则称系统(3.1)的状态在时刻 k_0 完全可控。对于 $\forall k_0 \in \mathbb{N}$、$\forall X(k_0) \in \mathbb{R}^n$ 和 $\forall X \in \mathbb{R}^n$，若存在 $k \in \mathbb{N}$、$k > k_0$ 和有界输入序列 $U(k_0), U(k_0+1), \cdots, U(k)$，使得 $X(k+1) = X$，则称系统 (3.1) 的状态一致完全可控。

虽然定义 3.1 是根据系统(3.1)给出的，但它适合一切无时滞和多时滞离散时间控制系统。

当系统(3.1)中的 $A(k) = A$、$B(k) = B$ 和 $C(k) = C$ 均为常数矩阵时，系统(3.1)变为如下线性定常离散系统：

$$\begin{aligned} X(k+1) &= AX(k) + BU(k) \\ Y(k) &= CX(k) \end{aligned} \tag{3.2}$$

其中，$A\in\mathbb{R}^{n\times n}$、$B\in\mathbb{R}^{n\times m}$和$C\in\mathbb{R}^{q\times n}$为相关系数矩阵。

引理 3.1　系统(3.2)状态完全可控的充要条件是$r(S_c)=n$或$\det\left(S_cS_c^{\mathrm{T}}\right)\neq 0$。其中，$S_c=\begin{bmatrix}B & AB & \cdots & A^{n-1}B\end{bmatrix}\in\mathbb{R}^{n\times mn}$。

引理 3.2　系统(3.2)输出完全可控的充要条件是$r(O_c)=q$或$\det\left(O_cO_c^{\mathrm{T}}\right)\neq 0$。其中，$O_c=\begin{bmatrix}CB & CAB & \cdots & CA^{n-1}B\end{bmatrix}\in\mathbb{R}^{q\times mn}$。

在分析控制系统的可控可观性时，常常需要用到矩阵秩的概念和性质。下面给出若干常用的定义和结论。

定义 3.2　设$A\in\mathbb{R}^{n\times m}$，称$A$的行(列)向量的极大线性无关组所包含的向量个数为$A$的秩，记为$r(A)$。

由定义 3.2 和向量的线性相关性理论，可得如下结论。

引理 3.3　设$A\in\mathbb{R}^{n\times m}$，$A$的秩具有如下性质：

(1) $r(A)=r\left(A^{\mathrm{T}}\right)$；

(2) $\forall\alpha\in\mathbb{R}$，$\alpha\neq 0$，$A$的任意一行(列)乘以$\alpha$，$r(A)$不变；

(3) A的任意两行(列)互换，$r(A)$不变；

(4) $\forall\alpha\in\mathbb{R}$，$A$的任意一行(列)乘以$\alpha$后加到另外一行(列)上，$r(A)$不变；

(5) $\forall A_j\in\mathbb{R}^{n\times m}$，$1\leqslant l\leqslant N$，$r([A_1\ \cdots\ A_l])\leqslant r([A_1\ \cdots\ A_l\ \cdots\ A_N])$。

引理 3.4　设$G\in\mathbb{R}^{n\times m}$，$G=[G_1\ \ G_2]$，$G_1$和$G_2$为$G$的分块矩阵，则有$\max\left\{r(G_1),r(G_2)\right\}\leqslant r(G)\leqslant\min\left\{n,m,r(G_1)+r(G_2)\right\}$。

重复利用引理 3.4，可得如下推论。

推论 3.1　设$B_j\in\mathbb{R}^{n\times m}$($n\geqslant m\geqslant 1$，$1\leqslant j\leqslant N$)，$B=\begin{bmatrix}B_1 & B_2 & \cdots & B_N\end{bmatrix}\in\mathbb{R}^{n\times mN}$，则$\max\limits_{1\leqslant j\leqslant N}\left\{r\left(B_j\right)\right\}\leqslant r(B)\leqslant\min\left\{n,mN,\sum\limits_{j=1}^{N}r\left(B_j\right)\right\}$。

引理 3.5　设$G\in\mathbb{R}^{n\times m}$，$T\in\mathbb{R}^{n\times n}$，$r(T)=n$；$H\in\mathbb{R}^{m\times m}$，$r(H)=m$；则$r(G)=r(TG)=r(GH)=r(TGH)$。

由推论 3.1 和引理 3.5，可得如下推论。

推论 3.2　设$A\in\mathbb{R}^{n\times n}$，$r(A)=n$，$B\in\mathbb{R}^{n\times m}$，$S_c=\begin{bmatrix}B & AB & \cdots & A^{n-1}B\end{bmatrix}\in\mathbb{R}^{n\times mn}$，则$r(B)\leqslant r\left(S_c\right)\leqslant\min\{n,nr(B)\}$。

由引理 3.3 并参照推论 3.2，可以得到下面的推论。

推论 3.3　设$A\in\mathbb{R}^{n\times n}$，$r(A)=n$，$C\in\mathbb{R}^{q\times n}$，$S_o=\begin{bmatrix}C^{\mathrm{T}} & A^{\mathrm{T}}C^{\mathrm{T}} & \cdots & \left(A^{\mathrm{T}}\right)^{n-1}C^{\mathrm{T}}\end{bmatrix}$，$S_o\in\mathbb{R}^{n\times qn}$，则$r(C)\leqslant r\left(S_o\right)\leqslant\min\{n,nr(C)\}$。

引理 3.6　设 $A\in\mathbb{R}^{n\times m}$，则 $r(A)=r\left(AA^{\mathrm{T}}\right)=r\left(A^{\mathrm{T}}A\right)$。

3.1.2　单状态多时滞系统可控性

考虑如下单状态多时滞离散系统：

$$\begin{aligned}x(k+1)&=\sum_{i=1}^{n}a_i x(k-i+1)+\sum_{j=1}^{m}b_j u(k-j+1)\\ y(k)&=\sum_{i=1}^{n}c_i x(k-i+1)\end{aligned}\tag{3.3}$$

其中，$x\in\mathbb{R}$ 为系统状态，$u\in\mathbb{R}$ 为系统输入，$y\in\mathbb{R}$ 为系统输出，$k\in\mathbb{N}$；$n\geqslant 2$，$n\geqslant m\geqslant 1$；$a_i(1\leqslant i\leqslant n)$ 为状态变量系数，$a_n\neq 0$，$b_j(1\leqslant j\leqslant m)$ 为输入增益系数，$c_i(1\leqslant i\leqslant n)$ 为输出增益系数。

通过状态扩张，系统(3.3)变为

$$\begin{aligned}X(k+1)&=AX(k)+BU(k)\\ Y(k)&=CX(k)\end{aligned}\tag{3.4}$$

其中

$$A=\begin{bmatrix}a_1 & a_2 & \cdots & a_{n-1} & a_n\\ 1 & 0 & \cdots & \cdots & 0\\ 0 & 1 & 0 & \cdots & 0\\ \vdots & \ddots & \ddots & \ddots & \vdots\\ 0 & \cdots & 0 & 1 & 0\end{bmatrix}\in\mathbb{R}^{n\times n},\quad B=\begin{bmatrix}b_1 & b_2 & \cdots & b_{m-1} & b_m\\ 0 & 0 & \cdots & 0 & 0\\ \vdots & \vdots & \ddots & \vdots & \vdots\\ \vdots & \vdots & \ddots & \vdots & \vdots\\ 0 & 0 & \cdots & 0 & 0\end{bmatrix}\in\mathbb{R}^{n\times m}\tag{3.5}$$

$$C=\begin{bmatrix}c_1 & c_2 & \cdots & c_n\end{bmatrix}\in\mathbb{R}^{1\times n}$$

不难证明系统(3.3)的状态可控性及输出可控性与系统(3.4)的状态可控性及输出可控性等价。

1. 状态可控性

由引理 3.1，可以直接得到如下推论。

推论 3.4　系统(3.4)(系统(3.3))状态完全可控的充要条件是 $r\left(S_c\right)=n$，或 $\det\left(S_cS_c^{\mathrm{T}}\right)\neq 0$，其中 $S_c=\begin{bmatrix}B & AB & \cdots & A^{n-1}B\end{bmatrix}$。

就状态可控性条件而言，推论 3.4 和引理 3.1 完全相同，但内在含义却不完全相同。

定理 3.1　系统(3.4)(系统(3.3))状态完全可控的充要条件是输入增益系数 $b_j(j=1,2,\cdots,m)$ 不全为零。

证明　必要性显然，这里仅证明充分性。不妨设$b_1 \neq 0$，$B=\begin{bmatrix}B_1 & B_2\end{bmatrix}$，其中

$$B_1=\begin{bmatrix}b_1\\0\\\vdots\\0\end{bmatrix},\quad B_2=\begin{bmatrix}b_2 & b_3 & \cdots & b_m\\0 & 0 & \cdots & 0\\\vdots & \vdots & & \vdots\\0 & 0 & \cdots & 0\end{bmatrix}$$

如此，系统(3.4)的状态可控性矩阵可表示为

$S_c=\begin{bmatrix}B & AB & \cdots & A^{n-1}B\end{bmatrix}=\begin{bmatrix}\begin{bmatrix}B_1 & B_2\end{bmatrix} & \begin{bmatrix}AB_1 & AB_2\end{bmatrix} & \cdots & \begin{bmatrix}A^{n-1}B_1 & A^{n-1}B_2\end{bmatrix}\end{bmatrix}$。互换$S_c$的列向量可得$S_c'=\begin{bmatrix}B_1 & AB_1 & \cdots & A^{n-1}B_1 & B_2 & AB_2 & \cdots & A^{n-1}B_2\end{bmatrix}$。设$S_{c1}=[B_1\ \ AB_1\ \ \cdots\ \ A^{n-1}B_1]$，则

$$S_{c1}=\begin{bmatrix}B_1 & AB_1 & \cdots & A^{n-1}B_1\end{bmatrix}=\begin{bmatrix}b_1 & * & \cdots & *\\0 & b_1 & \ddots & \vdots\\\vdots & \ddots & \ddots & *\\0 & \cdots & 0 & b_1\end{bmatrix}$$

当$b_1 \neq 0$时，$r(S_{c1})=n$。由引理3.3可知，$r(S_c)=r(S_c')$，$r(S_c')\geqslant r(S_{c1})$。由推论3.2可知，$n\geqslant r(S_c)$。如此，$n\geqslant r(S_c)=r(S_c')\geqslant r(S_{c1})=n$，$r(S_c)=n$。由推论3.4可知，系统(3.4)状态完全可控。

当$b_1=0$、$b_j\neq 0$($j\in\{2,3,\cdots,m\}$)时，类似上述证明过程，仍然可证明系统(3.4)状态完全可控。　□

定理3.1表明，如果输入增益系数$b_j(j=1,2,\cdots,m)$不全为零，那么系统(3.4)的状态就完全可控。

接下来将分析说明，式(3.5)中的矩阵对(A,B)是单状态多时滞系统的一种可控标准型。令$X(k)=I_E Z(k)$，则系统(3.4)变为

$$Z(k+1)=A_E Z(k)+B_E U(k) \tag{3.6}$$

其中

$$I_E=I_E^{-1}=\begin{bmatrix}0 & \cdots & 0 & 1\\\vdots & \iddots & 1 & 0\\0 & \iddots & \iddots & \vdots\\1 & 0 & \cdots & 0\end{bmatrix},\quad A_E=I_E^{-1}AI_E=\begin{bmatrix}0 & 1 & \cdots & 0\\\vdots & \ddots & \ddots & \vdots\\0 & \cdots & 0 & 1\\a_n & a_{n-1} & \cdots & a_1\end{bmatrix}$$

$$B_E=I_E^{-1}B=\begin{bmatrix}0 & 0 & \cdots & 0\\\vdots & \vdots & & \vdots\\0 & 0 & \cdots & 0\\b_1 & b_2 & \cdots & b_m\end{bmatrix} \tag{3.7}$$

设 $B_{E1}=\begin{bmatrix}0 & \cdots & 0 & b_1\end{bmatrix}^{\mathrm{T}}$，则矩阵对 (A_E,B_{E1}) 是无时滞单输入控制系统可控标准形。因此，(A_E,B_E) (见式(3.7))既可视为单状态多时滞控制系统的可控标准型，也可视为无时滞多输入控制系统的可控标准型。

由于系统状态的线性非奇异变换不改变系统的可控性，式(3.5)中的矩阵对 (A,B) 是单状态多时滞系统的一种可控标准型。

上述分析表明，控制系统的可控标准型不唯一。

例 3.1　试分析如下单状态多时滞离散系统的状态可控性。

$$x(k+1)=a_1x(k)+a_2x(k-1)+a_3x(k-2)+b_1u(k)+b_2u(k-1)$$

其中，$a_3\neq 0$。

解　由状态扩张方法可得

$$A=\begin{bmatrix}a_1 & a_2 & a_3\\ 1 & 0 & 0\\ 0 & 1 & 0\end{bmatrix},\quad B=\begin{bmatrix}b_1 & b_2\\ 0 & 0\\ 0 & 0\end{bmatrix}$$

$$S_c=\begin{bmatrix}B & AB & A^2B\end{bmatrix}=\begin{bmatrix}b_1 & b_2 & a_1b_1 & a_1b_2 & \left(a_2+a_1^2\right)b_1 & \left(a_2+a_1^2\right)b_2\\ 0 & 0 & b_1 & b_2 & a_1b_1 & a_1b_2\\ 0 & 0 & 0 & 0 & b_1 & b_2\end{bmatrix}$$

互换 S_c 的相关列可得

$$S_c'=\begin{bmatrix}b_1 & a_1b_1 & \left(a_2+a_1^2\right)b_1 & b_2 & a_1b_2 & \left(a_2+a_1^2\right)b_2\\ 0 & b_1 & a_1b_1 & 0 & b_2 & a_1b_2\\ 0 & 0 & b_1 & 0 & 0 & b_2\end{bmatrix}$$

观察 S_c' 并由推论 3.4 可知，只要 b_1 和 b_2 不全为零，就可判定 $r(S_c)=r(S_c')=3$，系统状态完全可控。另外，使用定理 3.1 可以直接得到这个结果。定理 3.1 的优点在于不用计算 S_c 和 $r(S_c)$，就可得到相同的判定结果。

单状态多时滞系统的优缺点可概括为如下几个方面：①系统状态的多时滞将导致系统的稳定性变差。②系统输入的多时滞将导致系统的控制效率变差。针对无时滞情况，当控制输入不受约束时，只需一步便可将系统的任一初始状态转移至任一期望的终端状态；针对多时滞情况，即使控制输入不受约束，仍需 n 步才可将系统的任一初始状态转移至任一期望的终端状态。③系统输入的多时滞将导致系统的鲁棒可控性增强，即只要一个输入增益系数 b_j $(1\leqslant j\leqslant m)$不为零，系统(3.4)(系统(3.3))的状态就完全可控。

2. 输出可控性

由引理 3.2 可直接得到如下推论。

推论 3.5　系统(3.4)(系统(3.3))输出完全可控的充要条件是 $r(O_c)=1$，或 $\det(O_cO_c^{\mathrm{T}})\neq 0$，其中，$O_c=\begin{bmatrix}CB & CAB & \cdots & CA^{n-1}B\end{bmatrix}\in\mathbb{R}^{1\times mn}$。

引理 3.7(Sylvester 定理)　设 $A\in\mathbb{R}^{m\times n}$，$B\in\mathbb{R}^{n\times l}$，则 $r(A)+r(B)-n\leqslant r(AB)\leqslant\min\{r(A),r(B)\}$。

定理 3.2　系统(3.4)(系统(3.3))输出完全可控的充要条件是 $r(S_c)=n$ 且 $r(C)=1$。

证明　充分性：因 $O_c=\begin{bmatrix}CB & CAB & \cdots & CA^{n-1}B\end{bmatrix}=C\begin{bmatrix}B & AB & \cdots & A^{n-1}B\end{bmatrix}=CS_c$，故由引理 3.7 可得 $r(C)+r(S_c)-n\leqslant r(O_c)\leqslant\min\{r(C),r(S_c)\}$。由系统(3.3)的假设可知，$r(C)\leqslant 1$，$n\geqslant 2$。当 $r(S_c)=n$ 且 $r(C)=1$ 时，$r(O_c)=r(C)=1$。由推论 3.5 可知，系统(3.4)(系统(3.3))输出完全可控。

必要性：由系统(3.3)的假设和定理 3.1 可知，若 b_j $(1\leqslant j\leqslant m)$全为零，则 $r(S_c)=0$，$r(O_c)=r(CS_c)=0$，系统(3.3)的输出完全不可控；若至少有一个 $b_j\neq 0$，$j=1,2,\cdots,m$，则 $r(S_c)=n$。因此，若要系统(3.3)的输出完全可控，则至少需要 $r(S_c)=n$。由系统(3.3)的假设可知，$r(C)=0$ 或者 $r(C)=1$；若 $r(C)=0$，则 $r(O_c)=r(CS_c)=0$，系统(3.3)的输出完全不可控。因此，若要系统(3.3)的输出完全可控，则需要 $r(C)=1$。综合上述两种情况并结合推论 3.5 可得，若要系统(3.3)的输出完全可控，则 $r(S_c)=n$ 和 $r(C)=1$ 必须同时成立。□

就系统(3.3)而言，$r(C)=1$ 与 c_i $(1\leqslant i\leqslant n)$不全为零等价。因此，可以得到下面的推论。

推论 3.6　系统(3.4)(系统(3.3))输出完全可控的充要条件是 b_j $(1\leqslant j\leqslant m)$不全为零，且 c_i $(1\leqslant i\leqslant n)$也不全为零。

推论 3.5、定理 3.2 和推论 3.6 彼此等价，但定理 3.2 特别是推论 3.6 更便于在工程实际中应用。

例 3.2　试判定如下单状态多时滞离散系统的输出可控性：

$$x(k+1)=2x(k)+2x(k-1)+x(k-2)+3u(k)+2u(k-1)$$

$$y(k)=x(k)+3x(k-1)-x(k-2)$$

解　由状态扩张方法可得

$$A=\begin{bmatrix}2 & 2 & 1\\ 1 & 0 & 0\\ 0 & 1 & 0\end{bmatrix},\quad B=\begin{bmatrix}3 & 2\\ 0 & 0\\ 0 & 0\end{bmatrix},\quad C=\begin{bmatrix}1 & 3 & -1\end{bmatrix}$$

下面用三种方法分析系统的输出可控性。

(1) $O_c=\begin{bmatrix}CB & CAB & CA^2B\end{bmatrix}=\begin{bmatrix}3 & 2 & 15 & 10 & 33 & 22\end{bmatrix}$, $r(O_c)=1$, 由推论 3.5 可得，系统输出完全可控。

(2) 系统的可控性矩阵及相关指标为

$$S_c=[B\ \ AB\ \ A^2B]=\begin{bmatrix}3 & 2 & 6 & 4 & 18 & 12\\0 & 0 & 3 & 2 & 6 & 4\\0 & 0 & 0 & 0 & 3 & 2\end{bmatrix},\quad r(S_c)=3,\quad r(C)=1$$

由定理 3.2 可得，系统输出完全可控。

(3) $b_j\neq 0\,(1\leqslant j\leqslant 2)$且 $c_i\neq 0\,(1\leqslant i\leqslant 3)$，由推论 3.6 可得，系统输出完全可控。

3.1.3　多状态多时滞系统可控性

考虑如下多状态多时滞离散系统：

$$\begin{aligned}X(k+1)&=\sum_{i=1}^{N}A_iX(k-i+1)+\sum_{j=1}^{M}B_jU(k-j+1)\\Y(k)&=\sum_{i=1}^{N}C_iX(k-i+1)\end{aligned}\tag{3.8}$$

其中，$X\in\mathbb{R}^n$ 为状态向量，$U\in\mathbb{R}^m$ 为输入向量，$Y\in\mathbb{R}^q$ 为输出向量，$k\in\mathbb{N}$；$n\geqslant 2$，$n\geqslant m\geqslant 1$，$n\geqslant q\geqslant 1$；$N\geqslant 2$，$N\geqslant M\geqslant 1$；$A_i\in\mathbb{R}^{n\times n}$、$C_i\in\mathbb{R}^{q\times n}$（$1\leqslant i\leqslant N$）和 $B_j\in\mathbb{R}^{n\times m}$（$1\leqslant j\leqslant M$）为相关系数矩阵。

依据定义 3.1 直接判定系统(3.8)的可控性是一件十分烦琐的事情，且所得可控性条件也十分复杂。使用状态扩张方法，系统(3.8)变为

$$\begin{aligned}\bar{X}(k+1)&=\bar{A}\bar{X}(k)+\bar{B}\bar{U}(k)\\Y(k)&=\bar{C}\bar{X}(k)\end{aligned}\tag{3.9}$$

其中

$$\bar{A}=\begin{bmatrix}A_1 & A_2 & \cdots & A_{N-1} & A_N\\I & 0 & \cdots & \cdots & 0\\0 & I & 0 & \cdots & 0\\\vdots & \ddots & \ddots & \ddots & \vdots\\0 & \cdots & 0 & I & 0\end{bmatrix}\in\mathbb{R}^{nN\times nN},\quad \bar{B}=\begin{bmatrix}B_1 & B_2 & \cdots & B_{M-1} & B_M\\0 & 0 & \cdots & 0 & 0\\\vdots & \vdots & & \vdots & \vdots\\\vdots & \vdots & & \vdots & \vdots\\0 & 0 & \cdots & 0 & 0\end{bmatrix}\in\mathbb{R}^{nN\times mM}$$

$$\bar{C}=\begin{bmatrix}C_1 & C_2 & \cdots & C_N\end{bmatrix}\in\mathbb{R}^{q\times nN}\tag{3.10}$$

1. 状态可控性

同样，由引理 3.1，可以得到如下推论。

推论 3.7 系统(3.9)(系统(3.8))状态完全可控的充要条件是 $r(\bar{S}_c)=nN$，或 $\det(\bar{S}_c\bar{S}_c^{\mathrm{T}})\neq 0$，其中 $\bar{S}_c=\begin{bmatrix}\bar{B} & \bar{A}\bar{B} & \cdots & \bar{A}^{nN-1}\bar{B}\end{bmatrix}\in\mathbb{R}^{nN\times mMnN}$。

由系统(3.8)中的输入增益矩阵 B_j ($1\leqslant j\leqslant M$)，构造如下两组矩阵：

$$\bar{B}_1=\begin{bmatrix}B_1 & 0 & \cdots & 0\\ 0 & 0 & \cdots & 0\\ \vdots & \vdots & & \vdots\\ 0 & 0 & \cdots & 0\end{bmatrix},\quad \bar{B}_2=\begin{bmatrix}0 & B_2 & \cdots & 0\\ 0 & 0 & \cdots & 0\\ \vdots & \vdots & & \vdots\\ 0 & 0 & \cdots & 0\end{bmatrix},\quad \cdots,\quad \bar{B}_M=\begin{bmatrix}0 & 0 & \cdots & B_M\\ 0 & 0 & \cdots & 0\\ \vdots & \vdots & & \vdots\\ 0 & 0 & \cdots & 0\end{bmatrix} \tag{3.11}$$

和

$$\hat{B}_j=\begin{bmatrix}B_j\\ 0\\ \vdots\\ 0\end{bmatrix}\in\mathbb{R}^{nN\times m},\quad 1\leqslant j\leqslant M \tag{3.12}$$

若存在 $\bar{B}_j$ ($j\in\{1,2,\cdots,M\}$)，使得 $r\left(\bar{S}_{cj}\right)=r\left(\begin{bmatrix}\hat{B}_j & \bar{A}\hat{B}_j & \cdots & \bar{A}^{nN-1}\hat{B}_j\end{bmatrix}\right)=nN$，则称 $\left(\bar{A},\hat{B}_j\right)$ 为状态可控对。

定理 3.3 若存在一个 $\hat{B}_l$ ($l\in\{1,2,\cdots,M\}$)，使得 $\left(\bar{A},\hat{B}_l\right)$ 为状态可控对，则系统(3.9)(系统(3.8))的状态完全可控。

证明 因假设 $\left(\bar{A},\hat{B}_l\right)$ 为状态可控对，故 $r\left(\bar{S}_{cl}\right)=r\left(\begin{bmatrix}\hat{B}_l & \bar{A}\hat{B}_l & \cdots & \bar{A}^{nN-1}\hat{B}_l\end{bmatrix}\right)=nN$。方便起见，设 $\bar{B}=\sum_{j=1}^{M}\bar{B}_j=\bigoplus_{j=1}^{M}\bar{B}_j$，由引理 3.3 可得

$$\begin{aligned}
r\left(\bar{S}_c\right)&=r\left(\begin{bmatrix}\bar{B} & \bar{A}\bar{B} & \cdots & \bar{A}^{nN-1}\bar{B}\end{bmatrix}\right)\\
&=r\left(\begin{bmatrix}\bigoplus_{j=1}^{M}\bar{B}_j & \bigoplus_{j=1}^{M}\bar{A}\bar{B}_j & \cdots & \bigoplus_{j=1}^{M}\bar{A}^{nN-1}\bar{B}_j\end{bmatrix}\right)\\
&=r\left(\begin{bmatrix}\bar{B}_l\oplus\left(\bigoplus_{j\neq l}^{M}\bar{B}_j\right) & \bar{A}\bar{B}_l\oplus\left(\bigoplus_{j\neq l}^{M}\bar{A}\bar{B}_j\right) & \cdots & \bar{A}^{nN-1}\bar{B}_l\oplus\left(\bigoplus_{j\neq l}^{M}\bar{A}^{nN-1}\bar{B}_j\right)\end{bmatrix}\right)\\
&=r\left(\begin{bmatrix}\hat{B}_l & \bar{A}\hat{B}_l & \cdots & \bar{A}^{nN-1}\hat{B}_l & \cdots & \hat{B}_M & \bar{A}\hat{B}_M & \cdots & \bar{A}^{nN-1}\hat{B}_M\end{bmatrix}\right)\\
&\geqslant r\left(\begin{bmatrix}\hat{B}_l & \bar{A}\hat{B}_l & \cdots & \bar{A}^{nN-1}\hat{B}_l\end{bmatrix}\right)\\
&=r(\bar{S}_{cl})=nN
\end{aligned}$$

上式表明，$r(\bar{S}_c) \geqslant r(\bar{S}_{cl}) = nN$。由推论 3.2 可知 $r(\bar{S}_c) \leqslant nN$，因此 $r(\bar{S}_c) = nN$。由推论 3.7 可知，系统(3.9)(系统(3.8))的状态完全可控。□

定理 3.4　给定系统(3.9)(系统(3.8))，若存在 B_i ($i \in \{1,2,\cdots,M\}$)和非奇异对角矩阵 $D^{(i)} = \operatorname{diag}\left(\alpha_1^{(i)}, \alpha_2^{(i)}, \cdots, \alpha_m^{(i)}\right)$ ($\alpha_j^{(i)} \neq 0$，$1 \leqslant j \leqslant m$，$1 \leqslant i \leqslant M$)，使得 $B_l = B_i D^{(l)}$ ($1 \leqslant l \leqslant M$)，则系统(3.9)(系统(3.8))状态完全可控的充要条件是 $\left(\bar{A}, \hat{B}_l\right)$(见式(3.12))为状态可控对。

证明　不失一般性，不妨设 $B_j = B_1$，使得 $B_j = B_1 D^{(j)}$ ($2 \leqslant j \leqslant M$)。仍用 $\bar{B} = \bigoplus_{j=1}^{M} \bar{B}_j$ 表示 $\bar{B}_j$ 的和，由引理 3.3 可知，互换矩阵列向量的位置不改变矩阵的秩，所以

$$
\begin{aligned}
r\left(\bar{S}_c\right) &= r\left(\begin{bmatrix} \bar{B} & \bar{A}\bar{B} & \cdots & \bar{A}^{nN-1}\bar{B} \end{bmatrix}\right) \\
&= r\left(\begin{bmatrix} \bigoplus_{j=1}^{M} \bar{B}_j & \bigoplus_{j=1}^{M} \bar{A}\bar{B}_j & \cdots & \bigoplus_{j=1}^{M} \bar{A}^{nN-1}\bar{B}_j \end{bmatrix}\right) \\
&= r\left(\begin{bmatrix} \bar{B}_1 & \cdots & \bar{A}^{nN-1}\bar{B}_1 & \cdots & \bar{B}_j & \cdots & \bar{A}^{nN-1}\bar{B}_j & \cdots & \bar{B}_M & \cdots & \bar{A}^{nN-1}\bar{B}_M \end{bmatrix}\right) \\
&= r\left(\begin{bmatrix} \hat{B}_1 & \cdots & \bar{A}^{nN-1}\hat{B}_1 & \cdots & \bar{A}^{j}\hat{B}_1 D^{(j)} & \cdots & \hat{B}_1 D^{(M)} & \cdots & \bar{A}^{nN-1}\hat{B}_1 D^{(M)} \end{bmatrix}\right) \\
&= r\left(\bar{S}_c'\right)
\end{aligned}
$$

其中，$\bar{S}_c' = \begin{bmatrix} \hat{B}_1 & \cdots & \bar{A}^{nN-1}\hat{B}_1 & \cdots & \bar{A}^{j}\hat{B}_1 D^{(j)} & \cdots & \hat{B}_1 D^{(M)} & \cdots & \bar{A}^{nN-1}\hat{B}_1 D^{(M)} \end{bmatrix}$。

对 $\bar{S}_c'$ 的列向量矩阵块进行初等变换，将 $\hat{B}_1 \times \left(-D^{(j)}\right) = -\hat{B}_1 D^{(j)}$，$\bar{A}\hat{B}_1 \times \left(-D^{(j)}\right) = -\bar{A}\hat{B}_1 D^{(j)}$，…，$\bar{A}^{nN-1}\hat{B}_1 \times \left(-D^{(j)}\right) = -\bar{A}^{nN-1}\hat{B}_1 D^{(j)}$ ($2 \leqslant j \leqslant M$)加到 $\bar{S}_c'$ 相应的列向量矩阵块上；则 $\bar{S}_c'$ 变为 $\begin{bmatrix} \hat{B}_1 & \bar{A}\hat{B}_1 & \cdots & \bar{A}^{nN-1}\hat{B}_1 & 0 & \cdots & 0 \end{bmatrix}$。由引理 3.3 可知，上述初等变换不改变矩阵 $\bar{S}_c'$ 的秩，故 $r\left(\bar{S}_c\right) = r\left(\bar{S}_c'\right) = r\left(\begin{bmatrix} \hat{B}_1 & \bar{A}\hat{B}_1 & \cdots & \bar{A}^{nN-1}\hat{B}_1 \end{bmatrix}\right)$。

设 $\bar{S}_{c1} = \begin{bmatrix} \hat{B}_1 & \bar{A}\hat{B}_1 & \cdots & \bar{A}^{nN-1}\hat{B}_1 \end{bmatrix}$，则 $r\left(\bar{S}_c\right) = r\left(\bar{S}_{c1}\right)$。这表明，$r\left(\bar{S}_c\right) = nN$ 与 $\left(\bar{A}, \hat{B}_1\right)$ 为状态可控对等价。对于满足定理条件的其他情况，同样可证定理的结论成立。□

定理 3.5　当 $mM \geqslant n$ 时，设 $\bar{B}_M = \begin{bmatrix} B_1 & B_2 & \cdots & B_M \end{bmatrix} \in \mathbb{R}^{n \times mM}$，若 $r(\bar{B}_M) = n$ 或 $\det(\bar{B}_M \bar{B}_M^{\mathrm{T}}) \neq 0$，则系统(3.8)的状态完全可控。

证明　当 $mM \geqslant n$ 时，设 $\bar{U}(k) = \begin{bmatrix} U^{\mathrm{T}}(k) & U^{\mathrm{T}}(k-1) & \cdots & U^{\mathrm{T}}(k-M+1) \end{bmatrix}^{\mathrm{T}} \in$

$\mathbb{R}^{mM}$；由系统(3.8)可得 $X(k+1)-\sum_{i=1}^{N}A_iX(k-i+1)=\bar{B}_M\bar{U}(k)$。若 $r(\bar{B}_M)=n$ 或 $\det(\bar{B}_M\bar{B}_M^{\mathrm{T}})\neq 0$，则 $(\bar{B}_M\bar{B}_M^{\mathrm{T}})^{-1}$ 存在。如此，对一切初始状态 $X(k_0),X(k_0-1),\cdots,X(k_0-N+1)$ 和一切终端状态 $X(k+1)$ $(k>k_0)$，$\bar{U}(k)=\bar{B}_M^{\mathrm{T}}(\bar{B}_M\bar{B}_M^{\mathrm{T}})^{-1}\left(X(k+1)-\sum_{i=1}^{N}A_iX(k-i+1)\right)$存在。由定义 3.1 可知，系统(3.8)状态完全可控。□

由于不使用状态扩张方法，定理 3.5 在计算上具有很大的优越性。

例 3.3　试判定如下离散系统的状态可控性：

$$X_1(k+1)=A_1X_1(k)+B_1u(k) \tag{3.13}$$

$$X_2(k+1)=A_2X_2(k)+B_2u(k) \tag{3.14}$$

$$X_3(k+1)=A_1X_3(k)+A_2X_3(k-1)+B_1u(k)+B_2u(k-1) \tag{3.15}$$

$$X_4(k+1)=A_1X_4(k)+A_2X_4(k-1)+B_2u(k)+B_2u(k-1) \tag{3.16}$$

其中

$$A_1=\begin{bmatrix}1&1\\0&0\end{bmatrix},\quad A_2=\begin{bmatrix}0&0\\1&1\end{bmatrix},\quad B_1=\begin{bmatrix}1\\0\end{bmatrix},\quad B_2=\begin{bmatrix}0\\1\end{bmatrix}$$

解　(1) 系统(3.13)的状态可控性矩阵为

$$S_{c1}=\begin{bmatrix}B_1 & A_1B_1\end{bmatrix}=\begin{bmatrix}1&1\\0&0\end{bmatrix}$$

因 $r(S_{c1})=1<2$，由引理 3.1 可以判定系统(3.13)的状态不完全可控。

(2) 系统(3.14)的状态可控性矩阵为

$$S_{c2}=\begin{bmatrix}B_2 & A_2B_2\end{bmatrix}=\begin{bmatrix}0&0\\1&1\end{bmatrix}$$

因 $r(S_{c2})=1<2$，由引理 3.1 可以判定系统(3.14)的状态不完全可控。

(3) 系统(3.15)经状态扩张后变为

$$\begin{bmatrix}X_3(k+1)\\X_3(k)\end{bmatrix}=\begin{bmatrix}A_1&A_2\\I&0\end{bmatrix}\begin{bmatrix}X_3(k)\\X_3(k-1)\end{bmatrix}+\begin{bmatrix}B_1&B_2\\0&0\end{bmatrix}\begin{bmatrix}u(k)\\u(k-1)\end{bmatrix} \tag{3.17}$$

设

$$A=\begin{bmatrix}A_1&A_2\\I&0\end{bmatrix}\in\mathbb{R}^{4\times 4},\quad B=\begin{bmatrix}B_1&B_2\\0&0\end{bmatrix}\in\mathbb{R}^{4\times 2}$$

则系统(3.17)的可控性矩阵为

$$S_{c3}=\begin{bmatrix}B & AB & A^2B & A^3B\end{bmatrix}=\begin{bmatrix}1&0&1&1&1&1&2&2\\0&1&0&0&1&1&1&1\\0&0&1&0&1&1&1&1\\0&0&0&1&0&0&1&1\end{bmatrix}$$

因 $r\left(S_{c3}\right)=4$，由推论 3.7 可以判定系统(3.15)(系统(3.17))状态完全可控。

另外，设 $\hat{B}_1=\begin{bmatrix}B_1^{\mathrm{T}} & 0^{\mathrm{T}}\end{bmatrix}^{\mathrm{T}}$，则

$$\begin{aligned}\bar{S}_{c3}&=[\hat{B}_1 \quad A\hat{B}_1 \quad A^2\hat{B}_1 \quad A^3\hat{B}_1]\\&=\begin{bmatrix}B_1 & A_1B_1 & \left(A_1^2+A_2\right)B_1 & \left(A_1^3+A_2A_1+A_1A_2\right)B_1\\0 & B_1 & A_1B_1 & \left(A_1^2+A_2\right)B_1\end{bmatrix}=\begin{bmatrix}1&1&1&2\\0&0&1&1\\0&1&1&1\\0&0&0&1\end{bmatrix}\end{aligned}$$

因 $r\left(\bar{S}_{c3}\right)=4$，故 $\left(A,\hat{B}_1\right)$ 为状态可控对。由定理 3.3 可以判定，系统(3.15)(系统(3.17))状态完全可控。

因 $r([B_1 \quad B_2])=2$，由定理 3.5 也可直接判定，系统(3.15)状态完全可控。

(4) 系统(3.16)经状态扩张后变为

$$\begin{bmatrix}X_4(k+1)\\X_4(k)\end{bmatrix}=\begin{bmatrix}A_1 & A_2\\I & 0\end{bmatrix}\begin{bmatrix}X_4(k)\\X_4(k-1)\end{bmatrix}+\begin{bmatrix}B_2 & B_2\\0 & 0\end{bmatrix}\begin{bmatrix}u(k)\\u(k-1)\end{bmatrix} \tag{3.18}$$

设

$$A=\begin{bmatrix}A_1 & A_2\\I & 0\end{bmatrix}\in\mathbb{R}^{4\times4},\quad \tilde{B}=\begin{bmatrix}B_2 & B_2\\0 & 0\end{bmatrix}\in\mathbb{R}^{4\times2}$$

则系统(3.18)的可控性矩阵为

$$S_{c4}=\begin{bmatrix}\tilde{B} & A\tilde{B} & A^2\tilde{B} & A^3\tilde{B}\end{bmatrix}=\begin{bmatrix}0&0&1&1&1&1&2&2\\1&1&0&0&1&1&1&1\\0&0&0&0&1&1&1&1\\0&0&1&1&0&0&1&1\end{bmatrix}$$

容易验证 $r\left(S_{c4}\right)=3<4$，由推论 3.7 可知系统(3.16)(系统(3.18))的状态不完全可控。

因 $\hat{B}_1=\begin{bmatrix}B_2^{\mathrm{T}} & 0\end{bmatrix}^{\mathrm{T}}=\hat{B}_2$，故 $\left(A,\hat{B}_1\right)$ 和 $\left(A,\hat{B}_2\right)$ 均为不可控对。由定理 3.4 可以判定，系统(3.16)(系统(3.18))的状态不完全可控。

由例 3.3 可以得到如下结论：①虽然系统(3.13)和系统(3.14)的状态均不完全

可控，但由系统(3.13)和系统(3.14)的系数矩阵所构成的多时滞系统(3.15)的状态却是完全可控的；②由不可控系统的系数矩阵所构成的多时滞系统并不总是可控的，如系统(3.16)。这再次说明了无时滞系统与多时滞系统的区别。

2. 输出可控性

由引理 3.2 可得如下推论。

推论 3.8 系统(3.9)(系统(3.8))输出完全可控的充要条件是 $r\left(\bar{O}_c\right)=q$，或 $\det\left(\bar{O}_c\bar{O}_c^{\mathrm{T}}\right)\neq 0$，其中，$\bar{O}_c=\left[\overline{CB}\ \ \overline{CAB}\ \ \cdots\ \ \bar{C}A^{nN-1}\bar{B}\right]\in\mathbb{R}^{q\times mMnN}$。

定理 3.6 若 $r\left(\bar{S}_c\right)=nN$，则系统(3.9)(系统(3.8))输出完全可控的充要条件是 $r(\bar{C})=q$，其中，$\bar{S}_c=\left[\bar{B}\ \ \bar{A}\bar{B}\ \ \cdots\ \ \bar{A}^{nN-1}\bar{B}\right]\in\mathbb{R}^{nN\times mMnN}$。

证明 由推论 3.8 可知，$\bar{O}_c=\overline{CS}_c$。由引理 3.7 可知，$r(\bar{C})+r\left(\bar{S}_c\right)-nN\leqslant r\left(\bar{O}_c\right)\leqslant\min\left\{r(\bar{C}),r\left(\bar{S}_c\right)\right\}$。因 $n\geqslant q$，$N\geqslant 2$，$nN\geqslant q$，故当 $r\left(\bar{S}_c\right)=nN$ 时，$r\left(\bar{O}_c\right)=r(\bar{C})$。由推论 3.8 可知，此种情况下，系统(3.9)(系统(3.8))输出完全可控的充要条件是 $r\left(\bar{O}_c\right)=r(\bar{C})=q$。 □

推论 3.9 若存在一个 $\hat{B}_l\ (l\in\{1,2,\cdots,M\})$，使得 $\left(\bar{A},\hat{B}_l\right)$ 为状态可控对(见式(3.10)和式(3.12))，则系统(3.9)(系统(3.8))输出完全可控的充要条件是 $r(\bar{C})=q$。

结合定理 3.3 和定理 3.6，不难证明推论 3.9 的结论成立。

例 3.4 试判定如下离散系统的输出可控性：

$$\begin{aligned}X(k+1)&=A_1X(k)+A_2X(k-1)+B_1u(k)+B_2u(k-1)\\Y(k+1)&=C_1X(k)+C_2X(k-1)\end{aligned}$$

其中，$A_1=\begin{bmatrix}1&1\\0&0\end{bmatrix}$，$A_2=\begin{bmatrix}0&0\\1&1\end{bmatrix}$，$B_1=\begin{bmatrix}1\\0\end{bmatrix}$，$B_2=\begin{bmatrix}0\\1\end{bmatrix}$，$C_1=[0\ \ 0]$，$C_2=[1\ \ 0]$。

解 由状态扩张方法可得

$$\bar{A}=\begin{bmatrix}A_1&A_2\\I&0\end{bmatrix}\in\mathbb{R}^{4\times4},\quad \bar{B}=\begin{bmatrix}B_1&B_2\\0&0\end{bmatrix}\in\mathbb{R}^{4\times2},\quad \bar{C}=\left[C_1\ \ C_2\right]\in\mathbb{R}^{1\times4}$$

经计算可得

$$\bar{S}_c=\left[\bar{B}\ \ \bar{A}\bar{B}\ \ \bar{A}^2\bar{B}\ \ \bar{A}^3\bar{B}\right]=\begin{bmatrix}1&0&1&1&1&1&2&2\\0&1&0&0&1&1&1&1\\0&0&1&0&1&1&1&1\\0&0&0&1&0&0&1&1\end{bmatrix},\quad r\left(\bar{S}_c\right)=4,\quad r(\bar{C})=1$$

由定理 3.6 可知系统输出完全可控。

3.2　线性时变系统可控性

3.2.1　无时滞系统可控性

考虑如下时变无时滞离散系统：

$$\begin{aligned} X(k+1) &= A(k)X(k) + B(k)U(k) \\ Y(k) &= C(k)X(k) \end{aligned} \tag{3.19}$$

其中，$X \in \mathbb{R}^n$ 为状态向量，$U \in \mathbb{R}^m$ 为输入向量，$Y \in \mathbb{R}^q$ 为输出向量，$k \in \mathbb{N}$；$n \geqslant m \geqslant 1$，$n \geqslant q \geqslant 1$；$A(k) \in \mathbb{R}^{n\times n}$、$B(k) \in \mathbb{R}^{n\times m}$ 和 $C(k) \in \mathbb{R}^{q\times n}$ 均为范数有界矩阵，$\forall k \in \mathbb{N}$，$\det(A(k)) \neq 0$。

1. 状态可控性

引理 3.8　给定系统(3.19)，若 $\forall k \in \mathbb{N}$，$\det(A(k)) \neq 0$，则系统(3.19)状态一致完全可控的充要条件是 $\forall k \in \mathbb{N}$，$r(S_c(k)) = n$ 或 $\det(S_c(k)S_c^{\mathrm{T}}(k)) \neq 0$。其中：

$$S_c(k) = \left[B(n+k-1) \ A(n+k-1)B(n+k-2) \ \cdots \ \prod_{i=1}^{n-1} A(n+k-i)B(k) \right] \in \mathbb{R}^{n\times mn} \tag{3.20}$$

证明　$\forall k \in \mathbb{N}$，以及任意给定的初始状态 $X(k)$ 和输入序列 $U(k), U(k+1), \cdots$（$k \in \mathbb{N}$），当 $\det(A(k)) \neq 0$ 时，系统(3.19)的状态方程具有唯一解。设初始状态 $X(k) \neq 0$，$\bar{X}(k) = \prod_{i=1}^{n} A(n+k-i)X(k)$，$\varPhi(k) = \prod_{i=0}^{k-1} A(k-i-1)$；对于任意给定的终端状态 $X(n+k) \in \mathbb{R}^n$，系统(3.19)状态方程的解为

$$X(n+k) = \bar{X}(k) + \sum_{i=k}^{n+k-1} \varPhi(n+k)\varPhi^{-1}(i+1)B(i)U(i)$$

或者

$$X(n+k) - \bar{X}(k) = S_c(k)U_k \tag{3.21}$$

其中，$U_k = \left[U^{\mathrm{T}}(n+k-1) \ \ U^{\mathrm{T}}(n+k-2) \ \cdots \ U^{\mathrm{T}}(k) \right]^{\mathrm{T}} \in \mathbb{R}^{mn}$，$S_c(k) \in \mathbb{R}^{n\times mn}$。

当 $\det(A(k)) \neq 0$ 时，$\bar{X}(k) \neq 0$。依据定义 3.1，设 $X(n+k) = 0$，则式(3.21)变为 $-\bar{X}(k) = S_c(k)U_k$。由线性代数方程组解的理论可知，$\forall k \in \mathbb{N}$，$U_k \neq 0$ 可从式(3.21)中唯一求解，即系统(3.19)状态一致完全可控的充要条件是 $\forall k \in \mathbb{N}$，$r(S_c(k)) = n$ 或 $\det(S_c(k)S_c^{\mathrm{T}}(k)) \neq 0$。　□

在引理 3.8 中，假设 $\det(A(k)) \neq 0$。下面考虑 $\det(A(k)) = 0$ 的情况。若 $A(k) \neq 0$

为幂零矩阵，此时 $\det(A(k))=0$ ，$\prod_{i=1}^{n}A(n+k-i)=0$ ，任给 $X(k)\neq 0$ ，$\bar{X}(k)=0$ ；当 $X(n+k)=0$ 且 $r(S_c(k))=n$ 时，$U_k=0$ 是唯一解，系统状态自行转移到零；当 $X(n+k)=0$ 且 $r(S_c(k))<n$ 时，U_k 有无穷多个解。为避免上述情况出现，本书总假设 $\det(A(k))\neq 0$ 。

定义 3.3 给定系统(3.19)：①若 $\exists l\in\mathbb{N}$ ，使得 $r(S_c(l))=n$ ($S_c(l)$ 见式(3.20))，且 $\forall k\in\mathbb{N}$ ，$r(S_c(k))\geqslant r(S_c(l))$ ，则称系统(3.19)的状态一致完全可控；②若 $\exists l\in\mathbb{N}$ ，使得 $r(S_c(l))<n$ ，则称系统(3.19)的状态不一致完全可控。

定义 3.3 是定义 3.1 的另一种表示形式，但定义 3.3 更便于在分析中应用。

引理 3.9 设 $T\in\mathbb{R}^{n\times m}$ ，$P,Q\in\mathbb{R}^{n\times n}$ ，且 P 和 Q 均为半正定对称矩阵，则：

(1) $T^{\mathrm{T}}T$ 和 TT^{T} 均为半正定对称矩阵；

(2) $T^{\mathrm{T}}PT$ 为半正定对称矩阵；

(3) $P+Q$ 为半正定对称矩阵。

引理 3.10 设 $A,B\in\mathbb{R}^{n\times n}$ ，$A=A^{\mathrm{T}}$ ，$B=B^{\mathrm{T}}$ ，$P\in\mathbb{R}^{n\times s}$ 。

(1) 若 $A\succeq B$ ，则 $P^{\mathrm{T}}AP\succeq P^{\mathrm{T}}BP$ ；

(2) 若 $r(P)=s$ ，$A\succ B$ ，则 $P^{\mathrm{T}}AP\succ P^{\mathrm{T}}BP$ 。

引理 3.11 设 $A,B\in\mathbb{R}^{n\times m}$ ，则 $r([B\quad A])=r(B)+r((I_n-BB^{+})A)$ 。其中，B^{+} 表示 B 的加号广义逆。

引理 3.12 设 $A\in\mathbb{R}^{n\times m}$ ，$B\in\mathbb{R}^{m\times s}$ ，则 $r(AB)=r(B)-\dim(N(A)\cap R(B))$ 。其中，$N(A)=\{X\mid AX=0\}$ ，$R(B)=\{BX\mid X\in R^{s}\}$ 。

引理 3.13 设 $A,B\in\mathbb{R}^{n\times n}$ 均为半正定对称矩阵。若 $A\succeq B\succeq 0$ ($A\succ B\succeq 0$)，则：

(1) $\det(A)\geqslant\det(B)$ ($\det(A)>\det(B)\geqslant 0$)；

(2) $\mathrm{tr}(A)\geqslant\mathrm{tr}(B)$ ($\mathrm{tr}(A)>\mathrm{tr}(B)\geqslant 0$)。

定理 3.7 给定系统(3.19)，设 $\forall k\in\mathbb{N}$ ，$r(A(k))=n$ ；$\exists l\in\mathbb{N}$ ，$\forall k\in\mathbb{N}$ ，$B(k)B^{\mathrm{T}}(k)\succeq B(l)B^{\mathrm{T}}(l)$ ；$S_{cl}=\begin{bmatrix}B(l) & A(l)B(l) & \cdots & A^{n-1}(l)B(l)\end{bmatrix}\in\mathbb{R}^{n\times mn}$ 。若 $r(S_{cl})=n$ ，则系统(3.19)的状态一致完全可控。

证明 设 $B=B(l)$ ，$A=A(l)$ ，则 $S_{cl}=\begin{bmatrix}B & AB & \cdots & A^{n-1}B\end{bmatrix}$ 。由式(3.20)可得

$$S_c(k)=\left[B(n+k-1)\ A(n+k-1)B(n+k-2)\ \cdots\ \prod_{i=1}^{n-1}A(n+k-i)B(k)\right]\in\mathbb{R}^{n\times mn}$$

$$S_c(k)S_c^{\mathrm{T}}(k) = B(n+k-1)B^{\mathrm{T}}(n+k-1) \\ + A(n+k-1)B(n+k-2)B^{\mathrm{T}}(n+k-2)A^{\mathrm{T}}(n+k-1)+\cdots \\ + \prod_{i=1}^{n-1}A(n+k-i)B(k)B^{\mathrm{T}}(k)\left(\prod_{i=1}^{n-1}A(n+k-i)\right)^{\mathrm{T}}$$

设 $S_{cl}(k)=\left[B\ A(n+k-1)B\ \cdots\ \prod_{i=1}^{n-1}A(n+k-i)B\right]\in\mathbb{R}^{n\times mn}$，则

$$S_{cl}(k)S_{cl}^{\mathrm{T}}(k) = BB^{\mathrm{T}} + A(n+k-1)BB^{\mathrm{T}}A^{\mathrm{T}}(n+k-1)+\cdots \\ + \prod_{i=1}^{n-1}A(n+k-i)BB^{\mathrm{T}}\left(\prod_{i=1}^{n-1}A(n+k-i)\right)^{\mathrm{T}}$$

由引理 3.9 可知，$S_c(k)S_c^{\mathrm{T}}(k)$ 和 $S_{cl}(k)S_{cl}^{\mathrm{T}}(k)$ 右边的每一项均是半正定对称矩阵，所以 $S_c(k)S_c^{\mathrm{T}}(k)$ 和 $S_{cl}(k)S_{cl}^{\mathrm{T}}(k)$ 也是半正定对称矩阵。因 $\forall k\in\mathbb{N}$，$r(A(k))=n$，$B(k)B^{\mathrm{T}}(k)\succeq BB^{\mathrm{T}}$，由引理 3.10 可得

$$B(n+k-1)B^{\mathrm{T}}(n+k-1)\succeq BB^{\mathrm{T}}$$

$$A(n+k-1)B(n+k-2)B^{\mathrm{T}}(n+k-2)A^{\mathrm{T}}(n+k-1)\succeq A(n+k-1)BB^{\mathrm{T}}A^{\mathrm{T}}(n+k-1)$$

$$\vdots$$

$$\prod_{i=1}^{n-1}A(n+k-i)B(k)B^{\mathrm{T}}(k)\left(\prod_{i=1}^{n-1}A(n+k-i)\right)^{\mathrm{T}}\succeq\prod_{i=1}^{n-1}A(n+k-i)BB^{\mathrm{T}}\left(\prod_{i=1}^{n-1}A(n+k-i)\right)^{\mathrm{T}}$$

如此，$S_c(k)S_c^{\mathrm{T}}(k)\succeq S_{cl}(k)S_{cl}^{\mathrm{T}}(k)$。

设 $E_0=B$，$E_{j+1}=\begin{bmatrix}B & AE_j\end{bmatrix}$，$0\leqslant j\leqslant n-2$，则 $E_{n-1}=S_{cl}$，$E_0(k)=B$，$E_{j+1}(k)=\begin{bmatrix}B & A(k+j+1)E_j(k)\end{bmatrix}$，$0\leqslant j\leqslant n-2$，$E_{n-1}(k)=S_{cl}(k)$。由引理 3.11 可得

$$r(E_1(k))=r\left(\begin{bmatrix}B & A(k+1)B\end{bmatrix}\right)=r(B)+r[(I_n-BB^+)A(k+1)B]$$

$$r(E_1)=r\left(\begin{bmatrix}B & AB\end{bmatrix}\right)=r(B)+r[(I_n-BB^+)AB]$$

因 $\forall k\in\mathbb{N}$，$r(A(k))=n$，由引理 3.12 可得

$$r((I_n-BB^+)A(k+1)B)=r(B)-\dim\{N(I_n-BB^+)\cap R(A(k+1)B)\}$$

$$r((I_n-BB^+)AB)=r(B)-\dim\{N(I_n-BB^+)\cap R(AB)\}$$

因 $r(A(k+1))=r(A)=n$，故 $R(A(k+1)B)=R(AB)$，$r(E_1(k))=r(E_1)$。设 $\tilde{E}_{j+1}(k)=\begin{bmatrix}B & A(k+j+1)E_j\end{bmatrix}$，$0\leqslant j\leqslant n-2$。类似前述方法，继续使用引理 3.11 和引理 3.12 可证明，$r(E_{j+1}(k))=r(\tilde{E}_{j+1}(k))$，$r(\tilde{E}_{j+1}(k))=r(E_{j+1})$，$r(E_{j+1}(k))$

$=r(E_{j+1})$，$1\leqslant j\leqslant n-2$。如此，$r(S_{cl}(k))=r(E_{n-1}(k))=r(E_{n-1})=r(S_{cl})$，即 $r(S_{cl}(k))=r(S_{cl})$。

因假设 $r(S_{cl})=n$，由引理 3.6 可得，$r\left(S_{cl}S_{cl}^{\mathrm{T}}\right)=n$，$\det\left(S_{cl}S_{cl}^{\mathrm{T}}\right)\neq 0$。因已证得 $r(S_{cl}(k))=r(S_{cl})$，故 $\det(S_{cl}(k)S_{cl}^{\mathrm{T}}(k))\neq 0$。因 $S_c(k)S_c^{\mathrm{T}}(k)\succeq S_{cl}(k)S_{cl}^{\mathrm{T}}(k)$，故由引理 3.13 中的(1)可得，$\forall k\in\mathbb{N}$，$\det\left(S_c(k)S_c^{\mathrm{T}}(k)\right)\neq 0$，$r(S_c(k))=n$。由引理 3.8 或定义 3.3 可知，系统(3.19)的状态一致完全可控。 □

引理 3.14 设 $A\in\mathbb{R}^{n\times m}$，$B\in\mathbb{R}^{m\times n}$，则 $\mathrm{tr}(AB)=\mathrm{tr}(BA)$。

定理 3.8 给定系统(3.19)，设 $\forall k\in\mathbb{N}$，$r(A(k))=n$；$\exists l\in\mathbb{N}$，$\forall k\in\mathbb{N}$，$B^{\mathrm{T}}(k)B(k)\succeq B^{\mathrm{T}}(l)B(l)$，$S_{cl}=\left[B(l)\quad A(l)B(l)\quad\cdots\quad A^{n-1}(l)B(l)\right]\in\mathbb{R}^{n\times mn}$。若 $r(S_{cl})=n$，则系统(3.19)的状态一致完全可控。

证明 比较定理 3.7 和定理 3.8，这里仅需证明 $\forall k\in\mathbb{N}$，$B(k)B^{\mathrm{T}}(k)\succeq B(l)B^{\mathrm{T}}(l)$ 和 $B^{\mathrm{T}}(k)B(k)\succeq B^{\mathrm{T}}(l)B(l)$ 等价。由引理 3.13 中的(2)可知，若 $B(k)B^{\mathrm{T}}(k)\succeq B(l)B^{\mathrm{T}}(l)$，则 $\mathrm{tr}(B(k)B^{\mathrm{T}}(k))\geqslant\mathrm{tr}(B(l)B^{\mathrm{T}}(l))$。由引理 3.14 可得，$\mathrm{tr}(B(k)B^{\mathrm{T}}(k))=\mathrm{tr}(B^{\mathrm{T}}(k)B(k))$，$\mathrm{tr}(B(l)B^{\mathrm{T}}(l))=\mathrm{tr}(B^{\mathrm{T}}(l)B(l))$。如此，由 $B(k)B^{\mathrm{T}}(k)\succeq B(l)B^{\mathrm{T}}(l)$，可以推出 $\mathrm{tr}(B^{\mathrm{T}}(k)B(k))\geqslant\mathrm{tr}(B^{\mathrm{T}}(l)B(l))$。设 $B(k)B^{\mathrm{T}}(k)\succeq B(l)B^{\mathrm{T}}(l)$ 时，$B^{\mathrm{T}}(k)B(k)\prec B^{\mathrm{T}}(l)B(l)$，由引理 3.13 中的(2)可得，$\mathrm{tr}(B^{\mathrm{T}}(k)B(k))<\mathrm{tr}(B^{\mathrm{T}}(l)B(l))$，与前述结果矛盾。因此，若 $B(k)B^{\mathrm{T}}(k)\succeq B(l)B^{\mathrm{T}}(l)$，则 $B^{\mathrm{T}}(k)B(k)\succeq B^{\mathrm{T}}(l)B(l)$。同理可证，若 $B^{\mathrm{T}}(k)B(k)\succeq B^{\mathrm{T}}(l)B(l)$，则 $B(k)B^{\mathrm{T}}(k)\succeq B(l)B^{\mathrm{T}}(l)$。综合考虑可得 $\forall k\in\mathbb{N}$，$B(k)B^{\mathrm{T}}(k)\succeq B(l)B^{\mathrm{T}}(l)$ 和 $B^{\mathrm{T}}(k)B(k)\succeq B^{\mathrm{T}}(l)B(l)$ 等价。 □

不难理解：①定理 3.7 与定理 3.8 等价，但当 $n>m$ 时，定理 3.8 的条件($B^{\mathrm{T}}(k)B(k)\succeq B^{\mathrm{T}}(l)B(l)$)较定理 3.7 的条件($B(k)B^{\mathrm{T}}(k)\succeq B(l)B^{\mathrm{T}}(l)$)更易检验；②定理 3.7 和定理 3.8 都是充分条件，当 $r(S_{cl})<n$ 时，不能判断所给系统状态的一致可控性。

由定理 3.8 直接可以得到下面两个推论。

推论 3.10 给定系统(3.19)，设 $\forall k\in\mathbb{N}$，$r(A(k))=n$；$\forall k\in\mathbb{N}$，$B^{\mathrm{T}}(k)B(k)\succeq B^{\mathrm{T}}(0)B(0)$；$S_{c0}=\left[B(0)\quad A(0)B(0)\quad\cdots\quad A^{n-1}(0)B(0)\right]\in\mathbb{R}^{n\times mn}$。若 $r(S_{c0})=n$，则系统(3.19)的状态一致完全可控。

推论 3.11 给定系统(3.19)，设 $\forall k\in\mathbb{N}$，$r(A(k))=n$；$\forall k\in\mathbb{N}$，$B^{\mathrm{T}}(k)B(k)\succeq B^{\mathrm{T}}(\infty)B(\infty)$；$S_{c\infty}=\left[B(\infty)\quad A(\infty)B(\infty)\quad\cdots\quad A^{n-1}(\infty)B(\infty)\right]\in\mathbb{R}^{n\times mn}$。若 $r(S_{c\infty})=n$，则系统(3.19)的状态一致完全可控。

例 3.5　试判定如下无时滞离散系统的状态可控性：

$$x(k+1)=A(k)x(k)+B(k)u(k)$$

其中，$x(k)=\begin{bmatrix}x_1(k)\\x_2(k)\end{bmatrix}$，$A(k)=\begin{bmatrix}1&1\\0&1+2^{-k}\end{bmatrix}$，$B(k)=\begin{bmatrix}2^{-k}\\1\end{bmatrix}$。

解　不难验证：$A(k)$ 和 $B(k)$ 范数有界；$\forall k\in\mathbb{N}$，$r(A(k))=2$；$B^{\mathrm{T}}(k)B(k)=2^{-2k}+1$，$B^{\mathrm{T}}(k)B(k)\geqslant B^{\mathrm{T}}(\infty)B(\infty)=1$；$B(\infty)=\begin{bmatrix}0\\1\end{bmatrix}$，$A(\infty)=\begin{bmatrix}1&1\\0&1\end{bmatrix}$，$S_{c\infty}=\begin{bmatrix}B(\infty) & A(\infty)B(\infty)\end{bmatrix}=\begin{bmatrix}0&1\\1&1\end{bmatrix}$，$r(S_{c\infty})=2$。由推论 3.11 可以判定所给系统状态一致完全可控。

事实上，$\forall k\in\mathbb{N}$

$$S_c(k+2)=\begin{bmatrix}B(k+1) & A(k+1)B(k)\end{bmatrix}=\begin{bmatrix}2^{-(k+1)} & 1+2^{-k}\\ 1 & 1+2^{-(k+1)}\end{bmatrix}$$

$\det(S_c(k+2))=2^{-2(k+1)}+2^{-(k+1)}-2^{-k}-1\neq 0$，故 $\forall k\in\mathbb{N}$，$r(S_c(k+2))=2$。

由引理 3.8 可以判定所给系统状态一致完全可控。

定理 3.7、定理 3.8、推论 3.10 和推论 3.11 是时变离散系统状态可控性的一类基础性判据，也是寻找常数矩阵并借以判定时变离散系统状态可控性的开创性工作，且为时变离散系统状态反馈和控制器设计提供了方便而有用的工具。

2. 输出可控性

由前面分析可知，$\forall k\in\mathbb{N}$ 及任意给定的初始状态 $X(k)$，当 $\det(A(k))\neq 0$ 时，系统(3.19)状态方程的解为

$$\begin{aligned}X(n+k)&=\prod_{i=1}^{n}A(n+k-i)X(k)+\sum_{i=k}^{n+k-1}\Phi(n+k)\Phi^{-1}(i+1)B(i)U(i)\\&=\bar{X}(k)+S_c(k)U_k\end{aligned}$$

进一步可得系统(3.19)输出方程的解为

$$\begin{aligned}Y(n+k)&=C(n+k)X(n+k)\\&=C(n+k)\bar{X}(k)+C(n+k)S_c(k)U_k\\&=C(n+k)\bar{X}(k)+O_c(k)U_k\end{aligned}$$

其中

$$\bar{X}(k)=\prod_{i=1}^{n}A(n+k-i)X(k)\text{，}\quad U_k=\begin{bmatrix}U^{\mathrm{T}}(n+k-1) & U^{\mathrm{T}}(n+k-2) & \cdots & U^{\mathrm{T}}(k)\end{bmatrix}^{\mathrm{T}}$$

$$S_c(k)=\left[B(n+k-1)\quad A(n+k-1)B(n+k-2)\quad\cdots\quad\prod_{i=1}^{n-1}A(n+k-i)B(k)\right]\tag{3.22}$$

$$O_c(k)=C(n+k)S_c(k)\tag{3.23}$$

定理 3.9 给定系统(3.19)，若$\forall k\in\mathbb{N}$，$\det(A(k))\neq 0$，则系统(3.19)输出一致完全可控的充要条件是$\forall k\in\mathbb{N}$，$r(O_c(k))=q$或$\det(O_c(k)O_c^{\mathrm{T}}(k))\neq 0$。

证明 由上述分析可知，$\forall k\in\mathbb{N}$及任意给定的初始状态$X(k)$，当$\det(A(k))\neq 0$时，系统(3.19)输出方程的解为

$$Y(n+k)=C(n+k)\bar{X}(k)+O_c(k)U_k$$

或者

$$Y(n+k)-C(n+k)\bar{X}(k)=O_c(k)U_k\tag{3.24}$$

由线性代数方程组解的理论可知，$\forall k\in\mathbb{N}$，$U_k\neq 0$可从式(3.24)中唯一求解，即系统(3.19)输出一致完全可控的充要条件是$r(O_c(k))=q$或$\det(O_c(k)O_c^{\mathrm{T}}(k))\neq 0$。 □

定理 3.10 若$\forall k\in\mathbb{N}$，$r(S_c(k))=n$(见式(3.22))，则系统(3.19)输出一致完全可控的充要条件是$\forall k\in\mathbb{N}$，$r(C(k))=q$。

证明 充分性：由式(3.23)和引理 3.7 可知，$r(C(n+k))+r(S_c(k))-n\leqslant r(O_c(k))\leqslant\min\{r(C(n+k)),r(S_c(k))\}$。当$\forall k\in\mathbb{N}$，$r(S_c(k))=n$时，因$n\geqslant q\geqslant 1$，故$r(O_c(k))=r(C(n+k))$。若$\forall k\in\mathbb{N}$，$r(C(k))=q$，则$\forall k\in\mathbb{N}$，$r(O_c(k))=q$。由定理 3.9 可知，系统(3.19)的输出一致完全可控。

必要性：若$\exists l\in\mathbb{N}$，使得$r(C(l))<q$，由引理 3.7 及条件$n\geqslant q\geqslant 1$可知，$r(O_c(l))<q$，系统(3.19)的输出不一致完全可控。如此，当$\forall k\in\mathbb{N}$，$r(S_c(k))=n$时，若要系统(3.19)的输出一致完全可控，则必须要$\forall k\in\mathbb{N}$，$r(C(k))=q$。 □

与定理 3.9 相比，定理 3.10 更便于在工程实际中应用。

定理 3.11 给定系统(3.19)，设$\forall k\in\mathbb{N}$，$r(A(k))=n$；$\exists l\in\mathbb{N}$，$\forall k\in\mathbb{N}$，$B^{\mathrm{T}}(k)B(k)\succeq B^{\mathrm{T}}(l)B(l)$；$S_{cl}=\left[B(l)\ \ A(l)B(l)\ \ \cdots\ \ A^{n-1}(l)B(l)\right]\in\mathbb{R}^{n\times mn}$。①若$r\left(S_{cl}\right)=n$且$\forall k\in\mathbb{N}$，$r(C(k))=q$，则系统(3.19)的输出一致完全可控；②若$\exists\eta\in\mathbb{N}$，使得$r(C(\eta))<q$，则系统(3.19)的输出不一致完全可控。

结合定理 3.8 和定理 3.10，易证定理 3.11 的结论成立。

推论 3.12 给定系统(3.19)，设$\forall k\in\mathbb{N}$，$r(A(k))=n$；$\forall k\in\mathbb{N}$，$B^{\mathrm{T}}(k)B(k)\succeq B^{\mathrm{T}}(0)B(0)$；$S_{c0}=\left[B(0)\ \ A(0)B(0)\ \ \cdots\ \ A^{n-1}(0)B(0)\right]\in\mathbb{R}^{n\times mn}$。①若$r(S_{c0})=n$，且$\forall k\in\mathbb{N}$，$r(C(k))=q$，则系统(3.19)的输出一致完全可控；②若$\exists\eta\in\mathbb{N}$，使得

$r(C(\eta))<q$，则系统(3.19)的输出不一致完全可控。

结合推论 3.10 和定理 3.11，易证推论 3.12 的结论成立。

推论 3.13　给定系统(3.19)，设 $\forall k\in\mathbb{N}$，$r(A(k))=n$；$\forall k\in\mathbb{N}$，$B^{\mathrm{T}}(k)B(k)\succeq B^{\mathrm{T}}(\infty)B(\infty)$；$S_{c\infty}=\begin{bmatrix}B(\infty) & A(\infty)B(\infty) & \cdots & A^{n-1}(\infty)B(\infty)\end{bmatrix}\in\mathbb{R}^{n\times mn}$。①若 $r(S_{c\infty})=n$，且 $\forall k\in\mathbb{N}$，$r(C(k))=q$，则系统(3.19)的输出一致完全可控；②若 $\exists\eta\in\mathbb{N}$，使得 $r(C(\eta))<q$，则系统(3.19)的输出不一致完全可控。

结合推论 3.11 和定理 3.11，易证推论 3.13 的结论成立。

3.2.2　单状态多时滞系统可控性

考虑如下单状态多时滞离散系统：

$$\begin{aligned}x(k+1)&=\sum_{i=1}^{n}a_i(k)x(k-i+1)+\sum_{j=1}^{m}b_j(k)u(k-j+1)\\ y(k)&=\sum_{i=1}^{n}c_i(k)x(k-i+1)\end{aligned}\tag{3.25}$$

其中，$x\in\mathbb{R}$ 为系统状态，$u\in\mathbb{R}$ 为系统输入，$y\in\mathbb{R}$ 为系统输出，$k\in\mathbb{N}$；$n\geqslant 2$，$n\geqslant m\geqslant 1$，$n\geqslant q\geqslant 1$；$a_i(k)$、$c_i(k)$ $(1\leqslant i\leqslant n)$和 $b_j(k)$ $(1\leqslant j\leqslant m)$均为有界函数，且 $a_n(k)\neq 0$。

采用状态扩张方法，系统(3.25)变为

$$\begin{aligned}X(k+1)&=A(k)X(k)+B(k)U(k)\\ y(k)&=C(k)X(k)\end{aligned}\tag{3.26}$$

其中

$$\begin{aligned}A(k)&=\begin{bmatrix}a_1(k) & a_2(k) & \cdots & \cdots & a_n(k)\\ 1 & 0 & \cdots & \cdots & 0\\ 0 & 1 & 0 & \cdots & 0\\ \vdots & \ddots & \ddots & \ddots & \vdots\\ 0 & \cdots & 0 & 1 & 0\end{bmatrix}\in\mathbb{R}^{n\times n}\\ B(k)&=\begin{bmatrix}b_1(k) & b_2(k) & \cdots & b_{m-1}(k) & b_m(k)\\ 0 & 0 & \cdots & 0 & 0\\ \vdots & \vdots & & \vdots & \vdots\\ \vdots & \vdots & & \vdots & \vdots\\ 0 & 0 & \cdots & 0 & 0\end{bmatrix}\in\mathbb{R}^{n\times m}\\ C(k)&=\begin{bmatrix}c_1(k) & c_2(k) & \cdots & c_n(k)\end{bmatrix}\in\mathbb{R}^{1\times n}\end{aligned}\tag{3.27}$$

而且，$\forall k \in \mathbb{N}$，当 $a_n(k) \neq 0$ 时，$\det(A(k)) = (-1)^{n-1} a_n(k) \neq 0$。

1. 状态可控性

由引理 3.8 可得如下推论。

推论 3.14　系统(3.26)(系统(3.25))状态一致完全可控的充要条件是 $\forall k \in \mathbb{N}$，$r\left(S_c(k)\right) = n$ 或 $\det\left(S_c(k) S_c^{\mathrm{T}}(k)\right) \neq 0$。其中

$$S_c(k) = \left[B(n+k-1) \quad A(n+k-1)B(n+k-2) \quad \cdots \quad \prod_{i=1}^{n-1} A(n+k-i)B(k) \right] \in \mathbb{R}^{n \times mn}$$

定理 3.12　给定系统(3.26)(系统(3.25))：①若 $\forall k \in \mathbb{N}$，至少存在一个 $b_j(k) \neq 0$ ($j \in \{1,2,\cdots,m\}$)，则系统(3.26)(系统(3.25))的状态一致完全可控；②若存在 $k_0 \in \mathbb{N}$，使得所有的 $b_j(k_0) = 0$ ($1 \leqslant j \leqslant m$)，则系统(3.26)(系统(3.25))的状态不一致完全可控。

证明　将 $A(k)$ 和 $B(k)$ (见式(3.27))代入 $S_c(k)$ (见推论 3.14)，并互换 $S_c(k)$ 相应的列向量，可得 $S_c'(k) = \left[A_{b1}(k) \quad A_{b2}(k) \quad \cdots \quad A_{bm}(k)\right]$，其中

$$A_{bj}(k) = \begin{bmatrix} b_j(n+k-1) & * & \cdots & * \\ 0 & b_j(n+k-2) & \cdots & \vdots \\ \vdots & \ddots & \ddots & * \\ 0 & \cdots & 0 & b_j(k) \end{bmatrix} \in \mathbb{R}^{n \times n}, \quad 1 \leqslant j \leqslant m$$

由引理 3.3 可知，$r(S_c(k)) = r(S_c'(k))$。若至少存在一个 $b_j(k)$，使对一切 $k \in \mathbb{N}$，$b_j(k) \neq 0$，则 $r(A_{bj}(k)) = n$，$j \in \{1,2,\cdots,m\}$。由推论 3.1 和推论 3.2 可知，$r(S_c'(k)) \geqslant r(A_{bj}(k)) = n$ 且 $r(S_c(k)) \leqslant n$。因此，$\forall k \in \mathbb{N}$，$r(S_c(k)) = n$。进一步，由推论 3.14 可知，系统(3.26)(系统(3.25))的状态一致完全可控。

若存在某个 $k_0 \in \mathbb{N}$，使得所有的 $b_j(k_0) = 0$ ($1 \leqslant j \leqslant m$)，则 $S_c'(k)$ 的第 n 行元素全为零，$r(S_c(k)) = r(S_c'(k)) < n$，由定义 3.3 或推论 3.14 可知，系统(3.26)(系统(3.25))的状态将不一致完全可控。　□

定理 3.12 中的①是充分条件，而定理 3.1 是充要条件，两条件相比较可知时变系统与定常系统的区别。

定理 3.13　当 $m = 1$ 时，系统(3.26)(系统(3.25))状态一致完全可控的充要条件是 $\forall k \in \mathbb{N}$，$b_1(k) \neq 0$。

证明　将 $A(k)$ 和 $b_1(k)$ 代入 $S_c(k)$ (见推论 3.14)，可得

$$S_c(k)=\begin{bmatrix} b_1(n+k-1) & * & \cdots & * \\ 0 & b_1(n+k-2) & \cdots & \vdots \\ \vdots & \ddots & \ddots & * \\ 0 & \cdots & 0 & b_1(k) \end{bmatrix} \in \mathbb{R}^{n\times n}$$

显然，$r\left(S_c(k)\right)=n$ 等价于 $\forall k\in\mathbb{N}$，$b_1(k)\neq 0$，即系统(3.26)(系统(3.25))状态一致完全可控的充要条件是：$\forall k\in\mathbb{N}$，$b_1(k)\neq 0$。 □

推论 3.15　设 $\forall k\in\mathbb{N}$，$|b_j(k)|(1\leqslant j\leqslant m)$ 单调不增，且 $b=\max\limits_{1\leqslant j\leqslant m}\{|b_j(\infty)|\}>0$，则系统(3.26)(系统(3.25))的状态一致完全可控。

证明　因为 $b_j(k)\ (1\leqslant j\leqslant m)$ 有界，所以 $|b_j(k)|(1\leqslant j\leqslant m)$ 有界。由于 $|b_j(k)|$ 单调不增且有界，故 $\lim\limits_{k\to\infty}|b_j(k)|=|b_j(\infty)|<\infty\ (1\leqslant j\leqslant m)$。因 $b=\max\limits_{1\leqslant j\leqslant m}\{|b_j(\infty)|\}>0$，故至少存在一个 $b_l(k)$（$l\in\{1,2,\cdots,m\}$），$\forall k\in\mathbb{N}$，$\left|b_l(k)\right|\geqslant b>0$，即 $\forall k\in\mathbb{N}$，$b_l(k)\neq 0$。由定理 3.12 可知，系统(3.26)(系统(3.25))的状态一致完全可控。 □

推论 3.16　设 $\forall k\in\mathbb{N}$，$|b_j(k)|(1\leqslant j\leqslant m)$ 单调不减，且 $b=\max\limits_{1\leqslant j\leqslant m}\{|b_j(\infty)|\}>0$，则系统(3.26)(系统(3.25))的状态一致完全可控。

证明　因 $|b_j(k)|(1\leqslant j\leqslant m)$ 单调不减，且 $b=\max\limits_{1\leqslant j\leqslant m}\{|b_j(\infty)|\}>0$，故至少存在一个 $b_l(k)$（$l\in\{1,2,\cdots,m\}$），使得 $k\geqslant 1$ 时，$|b_l(k)|\geqslant|b_l(0)|=b>0$，即 $\forall k\in\mathbb{N}$，$b_l(k)\neq 0$。由定理 3.12 可知，系统(3.26)(系统(3.25))的状态一致完全可控。 □

2. 输出可控性

由定理 3.9 和定理 3.10 可以得到如下两个推论。

推论 3.17　系统(3.26)(系统(3.25))输出一致完全可控的充要条件是 $\forall k\in\mathbb{N}$，$r(O_c(k))=1$ 或 $\det(O_c(k)O_c^{\mathrm{T}}(k))\neq 0$。其中

$$O_c(k)=C(n+k)S_c(k)$$

$$S_c(k)=\left[B(n+k-1)\quad A(n+k-1)B(n+k-2)\quad\cdots\quad\prod_{i=1}^{n-1}A(n+k-i)B(k)\right]\in\mathbb{R}^{n\times mn}$$

推论 3.18　设 $\forall k\in\mathbb{N}$，$r(S_c(k))=n$，则系统(3.26)(系统(3.25))输出一致完全可控的充要条件是 $\forall k\in\mathbb{N}$，$r(C(k))=1$。

定理 3.14　设 $\forall k\in\mathbb{N}$，至少存在一个 $b_j(k)\neq 0$（$j\in\{1,2,\cdots,m\}$），则系统(3.26)(系统(3.25))输出一致完全可控的充要条件是 $\forall k\in\mathbb{N}$，$r(C(k))=1$。

结合定理 3.12 和推论 3.18，可证明定理 3.14 的结论成立。

从计算的角度看，定理 3.14 比推论 3.18 简单得多，因而也更便于在实际中

应用。

3.2.3 多状态多时滞系统可控性

考虑如下多状态多时滞离散系统：

$$
\begin{aligned}
X(k+1) &= \sum_{i=1}^{N} A_i(k)X(k-i+1) + \sum_{j=1}^{M} B_j(k)U(k-j+1) \\
Y(k) &= \sum_{i=1}^{N} C_i(k)X(k-i+1)
\end{aligned} \tag{3.28}
$$

其中，$X \in \mathbb{R}^n$ 为状态向量，$U \in \mathbb{R}^m$ 为输入向量，$Y \in \mathbb{R}^q$ 为输出向量，$k \in \mathbb{N}$；$n \geqslant 2$，$n \geqslant m \geqslant 1$，$n \geqslant q \geqslant 1$，$N \geqslant 2$，$N \geqslant M \geqslant 1$；$\forall k \in \mathbb{N}$，$A_i(k)$、$C_i(k)(1 \leqslant i \leqslant N)$ 和 $B_j(k)$ $(1 \leqslant j \leqslant M)$ 均为范数有界矩阵，且 $\det(A_N(k)) \neq 0$。

同样，采用状态扩张方法，系统(3.28)变为

$$
\begin{aligned}
\tilde{X}(k+1) &= \tilde{A}(k)\tilde{X}(k) + \tilde{B}(k)\tilde{U}(k) \\
Y(k) &= \tilde{C}(k)\tilde{X}(k)
\end{aligned} \tag{3.29}
$$

其中

$$
\begin{aligned}
\tilde{A}(k) &= \begin{bmatrix} A_1(k) & A_2(k) & \cdots & A_{N-1}(k) & A_N(k) \\ I & 0 & \cdots & \cdots & 0 \\ 0 & I & 0 & \cdots & 0 \\ \vdots & \ddots & \ddots & \ddots & \vdots \\ 0 & \cdots & 0 & I & 0 \end{bmatrix} \in \mathbb{R}^{nN \times nN} \\
\tilde{B}(k) &= \begin{bmatrix} B_1(k) & B_2(k) & \cdots & B_{M-1}(k) & B_M(k) \\ 0 & 0 & \cdots & 0 & 0 \\ \vdots & \vdots & \ddots & \vdots & \vdots \\ \vdots & \vdots & \ddots & \vdots & \vdots \\ 0 & 0 & \cdots & 0 & 0 \end{bmatrix} \in \mathbb{R}^{nN \times mM} \\
\tilde{C}(k) &= \begin{bmatrix} C_1(k) & C_2(k) & \cdots & C_{N-1}(k) & C_N(k) \end{bmatrix} \in \mathbb{R}^{q \times nN}
\end{aligned} \tag{3.30}
$$

而且，$\forall k \in \mathbb{N}$，当 $\det(A_N(k)) \neq 0$ 时，$\det(\tilde{A}(k)) = (-1)^{N-1}\det(A_N(k)) \neq 0$。

1. 状态可控性

由引理 3.8 可以得到如下推论。

推论 3.19 设 $\forall k \in \mathbb{N}$，$\det\left(A_N(k)\right) \neq 0$，则系统(3.29)(系统(3.28))状态一致完全可控的充要条件是 $\forall k \in \mathbb{N}$，$r\left(\tilde{S}_c(k)\right) = nN$ 或 $\det\left(\tilde{S}_c(k)\tilde{S}_c^{\mathrm{T}}(k)\right) \neq 0$。其中，$\tilde{S}_c(k) =$

$\left[\tilde{B}(nN+k-1)\ \ \tilde{A}(nN+k-1)\tilde{B}(nN+k-2)\ \ \cdots\ \ \prod_{i=1}^{nN-1}\tilde{A}(nN+k-i)\tilde{B}(k)\right]$，$\tilde{S}_c(k)\in$ $\mathbb{R}^{nN\times mMnN}$。

由定理 3.8 可以得到如下推论。

推论 3.20　给定系统(3.29)(系统(3.28))，设 $\forall k\in\mathbb{N}$，$r(A_N(k))=n$；$\exists l\in\mathbb{N}$，$\forall k\in\mathbb{N}$，$\tilde{B}^{\mathrm{T}}(k)\tilde{B}(k)\succeq\tilde{B}^{\mathrm{T}}(l)\tilde{B}(l)$；若 $r(\tilde{S}_{cl})=nN$，则系统(3.29)(系统(3.28))的状态一致完全可控。其中，$\tilde{S}_{cl}=\left[\tilde{B}(l)\ \ \tilde{A}(l)\tilde{B}(l)\ \ \cdots\ \ \tilde{A}^{nN-1}(l)\tilde{B}(l)\right]\in\mathbb{R}^{nN\times mMnN}$。

由式(3.30)中的 $\tilde{A}(k)$ 和 $B_j(k)$ ($1\leqslant j\leqslant M$)构造如下矩阵：

$$\hat{B}_j(k)=\begin{bmatrix}B_j(k)\\0\\\vdots\\0\end{bmatrix}\in\mathbb{R}^{nN\times m},\quad 1\leqslant j\leqslant M$$

$$\tilde{S}_{cj}(k)=\left[\hat{B}_j(nN+k-1)\ \ \tilde{A}(nN+k-1)\hat{B}_j(nN+k-2)\ \ \cdots\ \ \prod_{i=1}^{nN-1}\tilde{A}(nN+k-i)\hat{B}_j(k)\right]$$
$$\tilde{S}_{cj}(k)\in\mathbb{R}^{nN\times mnN}\tag{3.31}$$

若 $\forall k\in\mathbb{N}$，$r(\tilde{S}_{cj}(k))=nN$，则称 $(\tilde{A}(k),\hat{B}_j(k))$ 为状态可控对。

定理 3.15　设 $\forall k\in\mathbb{N}$，$r(A_N(k))=n$，存在一个 $\hat{B}_j(k)$ ($j\in\{1,2,\cdots,m\}$)，使得 $(\tilde{A}(k),\hat{B}_j(k))$ 为状态可控对，则系统(3.29)(系统(3.28))的状态一致完全可控。

仿照定理 3.3，可证明定理 3.15 的结论成立。

例 3.6　试判定如下多时滞时变离散系统的状态可控性：

$$X(k+1)=A_1(k)X(k)+A_2(k)X(k-1)+B_1(k)U(k)$$

其中

$$A_1(k)=\begin{bmatrix}1+\mathrm{e}^{-k}&0\\0&1\end{bmatrix},\quad A_2(k)=\begin{bmatrix}1+(1+k)^{-1}&1\\0&-1\end{bmatrix},\quad B_1(k)=\begin{bmatrix}1\\0\end{bmatrix}$$

解　$A_1(k)$、$A_2(k)$ 和 $B_1(k)$ 均范数有界，且 $\forall k\in\mathbb{N}$，$\det(A_2(k))\neq 0$。采用状态扩张方法，可得

$$\tilde{A}(k)=\begin{bmatrix}A_1(k)&A_2(k)\\I&0\end{bmatrix}=\begin{bmatrix}1+\mathrm{e}^{-k}&0&1+(1+k)^{-1}&1\\0&1&0&-1\\1&0&0&0\\0&1&0&0\end{bmatrix},\quad \tilde{B}(k)=\begin{bmatrix}B_1(k)\\0\end{bmatrix}=\begin{bmatrix}1\\0\\0\\0\end{bmatrix}$$

经计算可得

$$\tilde{S}_c(k)=\left[\tilde{B}(k+3)\quad \tilde{A}(k+3)\tilde{B}(k+2)\quad \tilde{A}(k+3)\tilde{A}(k+2)\tilde{B}(k+1)\quad \tilde{A}(k+3)\tilde{A}(k+2)\tilde{A}(k+1)\tilde{B}(k)\right]$$
$$=\begin{bmatrix} 1 & 1+\mathrm{e}^{-(k+3)} & \Gamma_1(k) & \Gamma_2(k) \\ 0 & 0 & 0 & 0 \\ 0 & 1 & 1+\mathrm{e}^{-(k+2)} & \Gamma_3(k) \\ 0 & 0 & 0 & 0 \end{bmatrix}$$

其中

$$\Gamma_1(k)=\prod_{i=2}^{3}(1+\mathrm{e}^{-(k+i)})+1+(k+4)^{-1}$$

$$\Gamma_2(k)=\prod_{i=1}^{3}(1+\mathrm{e}^{-(k+i)})+[1+(k+4)^{-1}](1+\mathrm{e}^{-(k+1)})+[1+(k+2)^{-1}](1+\mathrm{e}^{-(k+3)})$$

$$\Gamma_3(k)=1+(2+k)^{-1}+(1+\mathrm{e}^{-(k+1)})(1+\mathrm{e}^{-(k+3)})$$

因 $\forall k\in\mathbb{N}$， $r\left(\tilde{S}_c(k)\right)=2<4$ 。由推论 3.19 可以判定所给系统的状态不完全可控。

另外，因为

$$\tilde{A}(\infty)=\begin{bmatrix} 1 & 0 & 1 & 1 \\ 0 & 1 & 0 & -1 \\ 1 & 0 & 0 & 0 \\ 0 & 1 & 0 & 0 \end{bmatrix},\quad \tilde{B}(\infty)=\begin{bmatrix} 1 \\ 0 \\ 0 \\ 0 \end{bmatrix}$$

$$\tilde{S}_{c\infty}=\left[\tilde{B}(\infty)\quad \tilde{A}(\infty)\tilde{B}(\infty)\quad \tilde{A}^2(\infty)\tilde{B}(\infty)\quad \tilde{A}^3(\infty)\tilde{B}(\infty)\right]=\begin{bmatrix} 1 & 1 & 2 & 3 \\ 0 & 0 & 0 & 0 \\ 0 & 1 & 1 & 2 \\ 0 & 0 & 0 & 0 \end{bmatrix}$$

$r(\tilde{S}_{c\infty})=2<4$ ，故由推论 3.20 也可判定所给系统状态不完全可控。

定理 3.16　当 $mM\geqslant n$ 时，设 $\bar{B}_M(k)=\left[B_1(k)\quad B_2(k)\quad\cdots\quad B_M(k)\right]\in\mathbb{R}^{n\times mM}$ (见式(3.30))。若 $\forall k\in\mathbb{N}$， $r(\tilde{A}(k))=nN$ 、$r(\bar{B}_M(k))=n$ 或 $\det(\bar{B}_M(k)\bar{B}_M^{\mathrm{T}}(k))\neq 0$ ，则系统(3.28)的状态一致完全可控。

证明类似定理 3.5，这里省略。

例 3.7　试判定如下多时滞时变离散系统的状态可控性：

$$X(k+1)=A_1(k)X(k)+A_2(k)X(k-1)+B_1(k)U(k)+B_2U(k-1)$$

其中

$$A_1(k)=\begin{bmatrix}1+e^{-k} & 0\\ 0 & 1\end{bmatrix},\quad A_2(k)=\begin{bmatrix}1+(1+k)^{-1} & 1\\ 0 & -1\end{bmatrix}$$

$$B_1(k)=\begin{bmatrix}2+\sin(k\pi)\\ e^{-k}\end{bmatrix},\quad B_2(k)=\begin{bmatrix}\cos(k\pi)\\ 1+3^{-k}\end{bmatrix}$$

解　$A_1(k)$、$A_2(k)$、$B_1(k)$和$B_2(k)$均范数有界，且$\forall k\in\mathbb{N}$，$\det(A_2(k))\neq 0$。设

$$\bar{B}_2(k)=\begin{bmatrix}B_1(k) & B_2(k)\end{bmatrix}=\begin{bmatrix}2+\sin(k\pi) & \cos(k\pi)\\ e^{-k} & 1+3^{-k}\end{bmatrix}$$

因$\forall k\in\mathbb{N}$，$\det(\bar{B}_2(k))=(2+\sin(k\pi))(1+3^{-k})-e^{-k}\cos(k\pi)>0$，故由定理 3.16 可以判定所给系统状态一致完全可控。

2. 输出可控性

由定理 3.9 和定理 3.10 可分别得到下面两个推论。

推论 3.21　设$\forall k\in\mathbb{N}$，$\det\left(A_N(k)\right)\neq 0$，则系统(3.29)(系统(3.28))输出一致完全可控的充要条件是$\forall k\in\mathbb{N}$，$r\left(\tilde{O}_c(k)\right)=q$或$\det\left(\tilde{O}_c(k)\tilde{O}_c^{\mathrm{T}}(k)\right)\neq 0$。其中，$\tilde{O}_c(k)=\tilde{C}(nN+k)\tilde{S}_c(k)$（$\tilde{O}_c(k)\in\mathbb{R}^{q\times mMnN}$）。

推论 3.22　设$\forall k\in\mathbb{N}$，$r\left(\tilde{S}_c(k)\right)=nN$（见推论 3.19），则系统(3.29)(系统(3.28))输出一致完全可控的充要条件是：$\forall k\in\mathbb{N}$，$r(\tilde{C}(k))=q$（见式(3.30)）。

定理 3.17　设$\forall k\in\mathbb{N}$，$r(\tilde{A}(k))=nN$，存在一个状态可控对$\left(\tilde{A}(k),\hat{B}_j(k)\right)$（$j\in\{1,2,\cdots,M\}$），则系统(3.29)(系统(3.28))输出一致完全可控的充要条件是$\forall k\in\mathbb{N}$，$r(\tilde{C}(k))=q$。

结合定理 3.15 和推论 3.22，可证明定理 3.17 的结论成立。

第 4 章　多整数时滞线性离散系统可观性

可观性是从观测角度表征系统结构的特性。从物理直观性看，可观性研究系统内部状态“是否可由输出反映”的问题。若系统内部每个状态变量都可由输出完全反映，则称系统的状态是完全可观的。本章针对多整数时滞线性离散系统，着重分析单状态多时滞系统和多状态多时滞系统的可观性问题[150-154,156-164]。

4.1　线性定常系统可观性

4.1.1　无时滞系统可观性

考虑如下时变无时滞离散系统：

$$\begin{aligned} X(k+1) &= A(k)X(k) \\ Y(k) &= C(k)X(k) \end{aligned} \tag{4.1}$$

其中，$X(k)\in\mathbb{R}^n$ 为状态向量，$Y(k)\in\mathbb{R}^q$ 为输出向量，$k\in\mathbb{N}$；$n\geqslant q\geqslant 1$；$A(k)\in\mathbb{R}^{n\times n}$ 和 $C(k)\in\mathbb{R}^{q\times n}$ 为范数有界矩阵；$\forall k\in\mathbb{N}$，$\det(A(k))\neq 0$。

定义 4.1　给定 $k_0\in\mathbb{N}$ 和 $X(k_0)\in\mathbb{R}^n$，若存在 $k\in\mathbb{N}$ 且 $k>k_0$，使得 $X(k_0)$ 可被输出序列 $Y(k_0),Y(k_0+1),\cdots,Y(k)$ 唯一确定，则称系统(4.1)的状态在时刻 k_0 可观。给定 $k_0\in\mathbb{N}$，$\forall X(k_0)\in\mathbb{R}^n$，若存在 $k\in\mathbb{N}$ 且 $k>k_0$，使得 $X(k_0)$ 可被输出序列 $Y(k_0),Y(k_0+1),\cdots,Y(k)$ 唯一确定，则称系统(4.1)的状态在时刻 k_0 完全可观。$\forall k_0\in\mathbb{N}$，$\forall X(k_0)\in\mathbb{R}^n$，若存在 $k\in\mathbb{N}$ 且 $k>k_0$，使得 $X(k_0)$ 可被输出序列 $Y(k_0),Y(k_0+1),\cdots,Y(k)$ 唯一确定，则称系统(4.1)的状态一致完全可观。

定义 4.1 同样适合线性定常离散时间控制系统。当 $A(k)=A$ 和 $C(k)=C$ 均为常数矩阵时，系统(4.1)变为

$$\begin{aligned} X(k+1) &= AX(k) \\ Y(k) &= CX(k) \end{aligned} \tag{4.2}$$

引理 4.1　系统(4.2)状态完全可观的充要条件是 $r(S_o)=n$，或 $\det(S_oS_o^{\mathrm{T}})\neq 0$。其中，$S_o=\begin{bmatrix} C^{\mathrm{T}} & A^{\mathrm{T}}C^{\mathrm{T}} & \cdots & (A^{\mathrm{T}})^{n-1}C^{\mathrm{T}} \end{bmatrix}\in\mathbb{R}^{n\times qn}$。

4.1.2　单状态多时滞系统可观性

考虑如下单状态多时滞离散系统：

$$\begin{aligned} x(k+1) &= \sum_{i=1}^{n} a_i x(k-i+1) \\ y(k) &= \sum_{i=1}^{n} c_i x(k-i+1) \end{aligned} \tag{4.3}$$

其中，$x \in \mathbb{R}$ 为系统状态，$y \in \mathbb{R}$ 为系统输出，$k \in \mathbb{N}$，$n \geqslant 2$，a_i 和 $c_i\,(1 \leqslant i \leqslant n)$ 为相关系数。

使用状态扩张方法，系统(4.3)可转化为

$$\begin{aligned} X(k+1) &= AX(k) \\ y(k) &= CX(k) \end{aligned} \tag{4.4}$$

其中

$$A = \begin{bmatrix} a_1 & a_2 & \cdots & a_{n-1} & a_n \\ 1 & 0 & \cdots & \cdots & 0 \\ 0 & 1 & 0 & \cdots & 0 \\ \vdots & \ddots & \ddots & \ddots & \vdots \\ 0 & \cdots & 0 & 1 & 0 \end{bmatrix} \in \mathbb{R}^{n \times n} \tag{4.5}$$

$$C = \begin{bmatrix} c_1 & c_2 & \cdots & c_n \end{bmatrix} \in \mathbb{R}^{1 \times n}$$

由引理 4.1 可得如下推论。

推论 4.1　系统(4.4)(系统(4.3))状态完全可观的充要条件是 $r(S_o) = n$，或 $\det(S_o S_o^{\mathrm{T}}) \neq 0$。其中，$S_o = [C^{\mathrm{T}} \quad A^{\mathrm{T}}C^{\mathrm{T}} \quad \cdots \quad (A^{\mathrm{T}})^{n-1}C^{\mathrm{T}}] \in \mathbb{R}^{n \times n}$。

定理 4.1　系统(4.4)(系统(4.3))状态完全可观的充要条件是输出系数 c_i $(1 \leqslant i \leqslant n)$ 不全为零。

由定理 3.1 以及线性系统可控性与可观性之间的对偶关系可知，定理 4.1 的结论成立。

4.1.3　多状态多时滞系统可观性

考虑如下多状态多时滞离散系统：

$$\begin{aligned} X(k+1) &= \sum_{i=1}^{N} A_i X(k-i+1) \\ Y(k) &= \sum_{i=1}^{N} C_i X(k-i+1) \end{aligned} \tag{4.6}$$

其中，$X\in\mathbb{R}^n$ 为状态向量，$Y\in\mathbb{R}^q$ 为输出向量，$k\in\mathbb{N}$；$n\geqslant 2$，$N\geqslant 2$，$n\geqslant q\geqslant 1$；A_i 和 $C_i\ (1\leqslant i\leqslant N)$ 为相关系数矩阵。

使用状态扩张方法，系统(4.6)转化为

$$\begin{aligned}\widehat{X}(k+1)&=\widehat{A}\widehat{X}(k)\\ Y(k)&=\widehat{C}\widehat{X}(k)\end{aligned}\tag{4.7}$$

其中

$$\begin{aligned}\widehat{A}&=\begin{bmatrix}A_1 & A_2 & \cdots & A_{N-1} & A_N\\ I & 0 & \cdots & \cdots & 0\\ 0 & I & 0 & \cdots & 0\\ \vdots & \ddots & \ddots & \ddots & \vdots\\ 0 & \cdots & 0 & I & 0\end{bmatrix}\in\mathbb{R}^{nN\times nN}\\ \widehat{C}&=\begin{bmatrix}C_1 & C_2 & \cdots & C_N\end{bmatrix}\in\mathbb{R}^{q\times nN}\end{aligned}\tag{4.8}$$

同样，由引理 4.1 可以得到如下推论。

推论 4.2 系统(4.7)(系统(4.6))状态完全可观的充要条件是 $r(\widehat{S}_o)=nN$ 或 $\det(\widehat{S}_o\widehat{S}_o^{\mathrm{T}})\neq 0$。其中，$\widehat{S}_o=[\widehat{C}^{\mathrm{T}}\quad \widehat{A}^{\mathrm{T}}\widehat{C}^{\mathrm{T}}\quad \cdots\quad (\widehat{A}^{\mathrm{T}})^{nN-1}\widehat{C}^{\mathrm{T}}]\in\mathbb{R}^{nN\times qnN}$。

例 4.1 试判定如下多时滞离散系统的状态可观性：

$$\begin{aligned}X(k+1)&=A_1X(k)+A_2X(k-1)\\ y(k+1)&=C_1X(k)+C_2X(k-1)\end{aligned}$$

其中

$$A_1=\begin{bmatrix}1 & 1\\ 0 & 0\end{bmatrix},\ A_2=\begin{bmatrix}0 & 0\\ 1 & 1\end{bmatrix},\ C_1=\begin{bmatrix}1 & 0\end{bmatrix},\ C_2=\begin{bmatrix}0 & 1\end{bmatrix}$$

解 由状态扩张方法，可得

$$\widehat{A}=\begin{bmatrix}A_1 & A_2\\ I & 0\end{bmatrix}\in\mathbb{R}^{4\times 4},\ \widehat{C}=\begin{bmatrix}C_1 & C_2\end{bmatrix}\in\mathbb{R}^{1\times 4}$$

经计算可得

$$\widehat{S}_o=\begin{bmatrix}\widehat{C}^{\mathrm{T}} & \widehat{A}^{\mathrm{T}}\widehat{C}^{\mathrm{T}} & \left(\widehat{A}^{\mathrm{T}}\right)^2\widehat{C}^{\mathrm{T}} & \left(\widehat{A}^{\mathrm{T}}\right)^3\widehat{C}^{\mathrm{T}}\end{bmatrix}=\begin{bmatrix}1 & 1 & 1 & 3\\ 0 & 2 & 1 & 3\\ 0 & 0 & 2 & 1\\ 1 & 0 & 2 & 1\end{bmatrix},\quad r(\widehat{S}_o)=4$$

由推论 4.2 可以判定所给系统的状态完全可观。

由系统(4.6)中的 $C_i(1\leqslant i\leqslant N)$ 构造如下矩阵组：

$$\widehat{C}_1^{\mathrm{T}}=\begin{bmatrix} C_1^{\mathrm{T}} \\ 0 \\ 0 \\ 0 \\ \vdots \\ 0 \end{bmatrix}\in\mathbb{R}^{nN\times q},\quad \widehat{C}_2^{\mathrm{T}}=\begin{bmatrix} 0 \\ C_2^{\mathrm{T}} \\ 0 \\ 0 \\ \vdots \\ 0 \end{bmatrix}\in\mathbb{R}^{nN\times q},\quad \cdots,$$

$$\widehat{C}_i^{\mathrm{T}}=\begin{bmatrix} 0 \\ 0 \\ \vdots \\ C_i^{\mathrm{T}} \\ \vdots \\ 0 \end{bmatrix}\in\mathbb{R}^{nN\times q},\quad \cdots,\quad \widehat{C}_N^{\mathrm{T}}=\begin{bmatrix} 0 \\ 0 \\ \vdots \\ 0 \\ \vdots \\ C_N^{\mathrm{T}} \end{bmatrix}\in\mathbb{R}^{nN\times q}$$

若 $r(\widehat{S}_{oi})=r([\widehat{C}_i^{\mathrm{T}}\quad \widehat{A}^{\mathrm{T}}\widehat{C}_i^{\mathrm{T}}\quad \cdots\quad (\widehat{A}^{\mathrm{T}})^{nN-1}\widehat{C}_i^{\mathrm{T}}])=nN$，则称 $(\widehat{A},\widehat{C}_i)$ 为状态可观对。

定理 4.2　若存在一个 $\widehat{C}_j$，$j\in\{1,2,\cdots,N\}$，使得 $(\widehat{A},\widehat{C}_j)$ 成为状态可观对，则系统(4.7)(系统(4.6))的状态完全可观。

证明类似定理 3.3，这里省略。

例 4.2　试判定如下多时滞离散系统的状态可观性：

$$X(k+1)=A_1X(k)+A_2X(k-1)$$
$$y(k+1)=C_1X(k)+C_2X(k-1)$$

其中

$$A_1=\begin{bmatrix} 1 & 0 \\ 0 & 1 \end{bmatrix},\ A_2=\begin{bmatrix} 0 & 1 \\ 1 & 0 \end{bmatrix},\ C_1=\begin{bmatrix} 1 & 0 \end{bmatrix},\ C_2=\begin{bmatrix} 0 & 1 \end{bmatrix}$$

解　利用状态扩张方法，可得

$$\widehat{A}=\begin{bmatrix} A_1 & A_2 \\ I & 0 \end{bmatrix}\in\mathbb{R}^{4\times 4},\ \widehat{C}=\begin{bmatrix} C_1 & C_2 \end{bmatrix}\in\mathbb{R}^{1\times 4},\ \widehat{C}_1=\begin{bmatrix} C_1 & 0 \end{bmatrix}$$

经计算可得

$$\widehat{S}_{o1}=\left[\widehat{C}_1^{\mathrm{T}}\quad \widehat{A}^{\mathrm{T}}\widehat{C}_1^{\mathrm{T}}\quad \left(\widehat{A}^{\mathrm{T}}\right)^2\widehat{C}_1^{\mathrm{T}}\quad \left(\widehat{A}^{\mathrm{T}}\right)^3\widehat{C}_1^{\mathrm{T}}\right]=\begin{bmatrix} 1 & 1 & 1 & 1 \\ 0 & 0 & 1 & 2 \\ 0 & 0 & 0 & 1 \\ 0 & 1 & 1 & 1 \end{bmatrix},\ r(\widehat{S}_{o1})=4$$

如此，$(\widehat{A},\widehat{C}_1)$ 为状态可观对，由定理 4.2 可以判定所给系统的状态完全可观。

定理 4.3 若$r(\widehat{C})=q$，或$\det(\widehat{C}\widehat{C}^{\mathrm{T}})\neq 0$，则系统(4.7)(系统(4.6))状态完全可观。

证明 由系统(4.7)可知，$Y(k)=\widehat{C}\widehat{X}(k)$。当$r(\widehat{C})=q$时，$\det(\widehat{C}\widehat{C}^{\mathrm{T}})\neq 0$，$(\widehat{C}\widehat{C}^{\mathrm{T}})^{-1}$存在。如此，$\widehat{X}(k)=\widehat{C}^{\mathrm{T}}(\widehat{C}\widehat{C}^{\mathrm{T}})^{-1}Y(k)$，$\widehat{X}(k)$可由$Y(k)$唯一确定。由定义 4.1 可知，系统(4.7)(系统(4.6))状态完全可观。 □

同理，因不使用状态扩张方法，故定理 4.3 在计算上具有很大的优越性。

4.2 线性时变系统可观性

4.2.1 无时滞系统可观性

考虑如下时变无时滞离散系统：

$$\begin{aligned} X(k+1)&=A(k)X(k) \\ Y(k)&=C(k)X(k) \end{aligned} \tag{4.9}$$

其中，$X(k)\in\mathbb{R}^n$为状态向量，$Y(k)\in\mathbb{R}^q$为输出向量；$k\in\mathbb{N}$，$n\geqslant q\geqslant 1$；$A(k)\in\mathbb{R}^{n\times n}$和$C(k)\in\mathbb{R}^{q\times n}$为范数有界矩阵；$\forall k\in\mathbb{N}$，$\det(A(k))\neq 0$。

引理 4.2 设$\forall k\in\mathbb{N}$，$\det A(k)\neq 0$，则系统(4.9)状态一致完全可观的充要条件是$\forall k\in\mathbb{N}$，$r(S_o(k))=n$或$\det(S_o(k)S_o^{\mathrm{T}}(k))\neq 0$。其中

$$S_o(k)=\left[C^{\mathrm{T}}(k)\quad A^{\mathrm{T}}(k)C^{\mathrm{T}}(k+1)\quad\cdots\quad\prod_{i=0}^{n-2}A^{\mathrm{T}}(k+i)C^{\mathrm{T}}(n+k-1)\right]\in\mathbb{R}^{n\times qn}$$

证明 对于任意给定的初始状态$X(k)\neq 0$，系统(4.9)输出方程的解为

$$\begin{cases} Y(k)=C(k)X(k) \\ Y(k+1)=C(k+1)A(k)X(k) \\ \quad\vdots \\ Y(n+k-1)=C(n+k-1)\displaystyle\prod_{i=2}^{n}A(n+k-i)X(k) \end{cases} \tag{4.10}$$

设

$$\begin{gathered} \tilde{Y}(k)=\left[Y^{\mathrm{T}}(k)\quad Y^{\mathrm{T}}(k+1)\quad\cdots\quad Y^{\mathrm{T}}(n+k-1)\right]\in\mathbb{R}^{1\times qn} \\ S_o(k)=\left[C^{\mathrm{T}}(k)\quad A^{\mathrm{T}}(k)C^{\mathrm{T}}(k+1)\quad\cdots\quad\prod_{i=0}^{n-2}A^{\mathrm{T}}(k+i)C^{\mathrm{T}}(n+k-1)\right]\in\mathbb{R}^{n\times qn} \end{gathered} \tag{4.11}$$

则式(4.10)可简化为

$$\tilde{Y}(k)=X^{\mathrm{T}}(k)S_o(k) \tag{4.12}$$

由线性代数方程组解的理论和定义 4.1 可知，$X(k)\neq 0$ 可被式(4.12)中的 $\tilde{Y}(k)$ (输出序列 $Y(k),Y(k+1),\cdots,Y(n+k-1)$) 唯一确定，即系统(4.9)状态一致完全可观的充要条件是 $\forall k\in\mathbb{N}$，$r(S_o(k))=n$ 或 $\det(S_o(k)S_o^{\mathrm{T}}(k))\neq 0$。 □

为便于今后的分析，给出如下定义。

定义 4.2　给定系统(4.9)：①若 $\exists l\in\mathbb{N}$，使得 $r(S_o(l))=n$ (见式(4.11))，且 $\forall k\in\mathbb{N}$，$r(S_o(k))\geqslant r(S_o(l))$，则称系统(4.9)的状态一致完全可观；②若 $\exists l\in\mathbb{N}$，使得 $r(S_o(l))<n$，则称系统(4.9)的状态不一致完全可观。

定理 4.4　给定系统(4.9)，设 $\forall k\in\mathbb{N}$，$r(A(k))=n$；$\exists l\in\mathbb{N}$，$\forall k\in\mathbb{N}$，$C(k)C^{\mathrm{T}}(k)\succeq C(l)C^{\mathrm{T}}(l)$；$S_{ol}=\begin{bmatrix}C^{\mathrm{T}}(l) & A^{\mathrm{T}}(l)C^{\mathrm{T}}(l) & \cdots & (A^{\mathrm{T}}(l))^{n-1}C^{\mathrm{T}}(l)\end{bmatrix}\in\mathbb{R}^{n\times qn}$。若 $r(S_{ol})=n$，则系统(4.9)的状态一致完全可观。

证明类似定理 3.7 和定理 3.8，这里省略。不难发现，定理 4.4 和定理 3.8 具有对偶性。

例 4.3　试判定如下时变无时滞离散系统的状态可观性：

$$X(k+1)=A(k)X(k)$$
$$Y(k)=C(k)X(k)$$

其中

$$A(k)=\begin{bmatrix}2 & 1+(1+k^2)^{-1} & 1\\ 0 & 1 & 1\\ 0 & 0 & 1\end{bmatrix},\quad C(k)=\begin{bmatrix}2+\cos(k\pi) & 0 & 1\end{bmatrix}$$

解　观察发现，$\forall k\in\mathbb{N}$，$r(A(k))=3$，$C(k)C^{\mathrm{T}}(k)\geqslant C(1)C^{\mathrm{T}}(1)=2$。

$$A(1)=\begin{bmatrix}2 & 1.5 & 1\\ 0 & 1 & 1\\ 0 & 0 & 1\end{bmatrix},\quad C(1)=\begin{bmatrix}1 & 0 & 1\end{bmatrix}$$

$$S_{o1}=\begin{bmatrix}C^{\mathrm{T}}(1) & A^{\mathrm{T}}(1)C^{\mathrm{T}}(1) & (A^{\mathrm{T}}(1))^2C^{\mathrm{T}}(1)\end{bmatrix}=\begin{bmatrix}1 & 2 & 4\\ 0 & 1.5 & 4.5\\ 1 & 2 & 5.5\end{bmatrix},\quad r(S_{o1})=3$$

由定理 4.4 可以判定所给系统的状态一致完全可观。

类似推论 3.10 和推论 3.11，由定理 4.4 可以得到如下两个推论。

推论 4.3　给定系统(4.9)，设 $\forall k\in\mathbb{N}$，$r(A(k))=n$，$C(k)C^{\mathrm{T}}(k)\succeq C(0)C^{\mathrm{T}}(0)$；$S_{o0}=\begin{bmatrix}C^{\mathrm{T}}(0) & A^{\mathrm{T}}(0)C^{\mathrm{T}}(0) & \cdots & (A^{\mathrm{T}}(0))^{n-1}C^{\mathrm{T}}(0)\end{bmatrix}\in\mathbb{R}^{n\times qn}$。若 $r(S_{o0})=n$，则系统(4.9)的状态一致完全可观。

推论 4.4　给定系统(4.9)，设$\forall k \in \mathbb{N}$，$r(A(k)) = n$，$C(k)C^{\mathrm{T}}(k) \succeq C(\infty)C^{\mathrm{T}}(\infty)$；$S_{o\infty} = \begin{bmatrix} C^{\mathrm{T}}(\infty) & A^{\mathrm{T}}(\infty)C^{\mathrm{T}}(\infty) & \cdots & (A^{\mathrm{T}}(\infty))^{n-1}C^{\mathrm{T}}(\infty) \end{bmatrix} \in \mathbb{R}^{n \times qn}$。若$r(S_{o\infty}) = n$，则系统(4.9)的状态一致完全可观。

定理 4.4、推论 4.3 和推论 4.4 是线性时变离散系统状态可观性的一类基础性判据，也是寻找常数矩阵并借以判定时变离散系统状态可观性的开创性工作。

4.2.2　单状态多时滞系统可观性

考虑如下单状态多时滞离散系统：

$$\begin{aligned} x(k+1) &= \sum_{i=1}^{n} a_i(k)x(k-i+1) \\ y(k) &= \sum_{i=1}^{n} c_i(k)x(k-i+1) \end{aligned} \tag{4.13}$$

其中，$x \in \mathbb{R}$为系统状态，$y \in \mathbb{R}$为系统输出，$k \in \mathbb{N}$；$n \geqslant 2$；$a_i(k)$和$c_i(k)$（$1 \leqslant i \leqslant n$）均为$k$的有界函数，且$a_n(k) \neq 0$。

经过状态扩张，系统(4.13)变为

$$\begin{aligned} X(k+1) &= A(k)X(k) \\ y(k) &= C(k)X(k) \end{aligned} \tag{4.14}$$

其中

$$\begin{aligned} A(k) &= \begin{bmatrix} a_1(k) & a_2(k) & \cdots & a_{n-1}(k) & a_n(k) \\ 1 & 0 & \cdots & \cdots & 0 \\ 0 & 1 & 0 & \cdots & 0 \\ \vdots & \ddots & \ddots & \ddots & \vdots \\ 0 & \cdots & 0 & 1 & 0 \end{bmatrix} \in \mathbb{R}^{n \times n} \\ C(k) &= \begin{bmatrix} c_1(k) & c_2(k) & \cdots & c_n(k) \end{bmatrix} \in \mathbb{R}^{1 \times n} \end{aligned} \tag{4.15}$$

$\forall k \in \mathbb{N}$，当$a_n(k) \neq 0$时，$\det A(k) = (-1)^{n-1}a_n(k) \neq 0$。

由引理 4.2 可得下面的推论。

推论 4.5　系统(4.14)(系统(4.13))状态一致完全可观的充要条件是$\forall k \in \mathbb{N}$，$r(S_o(k)) = n$，或$\det(S_o(k)S_o^{\mathrm{T}}(k)) \neq 0$。其中

$$S_o(k) = \left[C^{\mathrm{T}}(k) \quad A^{\mathrm{T}}(k)C^{\mathrm{T}}(k+1) \quad \cdots \quad \prod_{i=0}^{n-2} A^{\mathrm{T}}(k+i)C^{\mathrm{T}}(n+k-1) \right] \in \mathbb{R}^{n \times n}$$

定理 4.5　给定系统(4.14)(系统(4.13))：①设$\forall k \in \mathbb{N}$，至少存在一个$c_j(k) \neq 0$（$j \in \{1,2,\cdots,n\}$），则系统(4.14)(系统(4.13))的状态一致完全可观；②设存在$k_0 \in \mathbb{N}$，

使得所有的$c_j(k_0)=0$ ($1\leqslant j\leqslant n$)，则系统(4.14)(系统(4.13))的状态不一致完全可观。

由定理 3.12 和对偶关系可知，定理 4.5 的结论成立。

由推论 3.15、推论 3.16 及对偶关系，还可以得到下面两个推论。

推论 4.6　设$\forall k\in\mathbb{N}$，$|c_j(k)|$ ($1\leqslant j\leqslant n$)单调不减，且$c=\max\limits_{1\leqslant j\leqslant n}\{|c_j(0)|\}>0$，则系统(4.14)(系统(4.13))的状态一致完全可观。

推论 4.7　设$\forall k\in\mathbb{N}$，$|c_j(k)|$ ($1\leqslant j\leqslant n$)单调不增，且$c=\max\limits_{1\leqslant j\leqslant n}\{|c_j(\infty)|\}>0$，则系统(4.14)(系统(4.13))的状态一致完全可观。

4.2.3　多状态多时滞系统可观性

考虑如下多状态多时滞离散系统：

$$\begin{aligned}X(k+1)&=\sum_{i=1}^{N}A_i(k)X(k-i+1)\\Y(k)&=\sum_{i=1}^{N}C_i(k)X(k-i+1)\end{aligned}\tag{4.16}$$

其中，$X\in\mathbb{R}^n$为状态向量，$Y\in\mathbb{R}^q$为输出向量；$k\in\mathbb{N}$，$N\geqslant 2$，$n\geqslant 2$，$n\geqslant q\geqslant 1$；$\forall k\in\mathbb{N}$，$A_i(k)$和$C_i(k)$ ($1\leqslant i\leqslant N$)均为范数有界矩阵，且$\det(A_N(k))\neq 0$。

使用状态扩张方法，系统(4.16)变为

$$\begin{aligned}\breve{X}(k+1)&=\breve{A}(k)\breve{X}(k)\\\breve{Y}(k)&=\breve{C}(k)\breve{X}(k)\end{aligned}\tag{4.17}$$

其中

$$\begin{aligned}\breve{A}(k)&=\begin{bmatrix}A_1(k)&A_2(k)&\cdots&A_{N-1}(k)&A_N(k)\\I&0&\cdots&\cdots&0\\0&I&0&\cdots&0\\\vdots&\ddots&\ddots&\ddots&\vdots\\0&\cdots&0&I&0\end{bmatrix}\in\mathbb{R}^{nN\times nN}\\\breve{C}(k)&=\begin{bmatrix}C_1(k)&C_2(k)&\cdots&C_N(k)\end{bmatrix}\in\mathbb{R}^{q\times nN}\end{aligned}\tag{4.18}$$

$\forall k\in\mathbb{N}$，当$\det(A_N(k))\neq 0$时，$\det(\breve{A}(k))=(-1)^{N-1}\det(A_N(k))\neq 0$。

由引理 4.2 可以直接得到下面的推论。

推论 4.8　系统(4.17)(系统(4.16))状态一致完全可观的充要条件是$\forall k\in\mathbb{N}$，$r(\breve{S}_o(k))=nN$或$\det(\breve{S}_o(k)\breve{S}_o^{\mathrm{T}}(k))\neq 0$。其中

$$\breve{S}_o(k)=\left[\breve{C}^{\mathrm{T}}(k)\quad \breve{A}^{\mathrm{T}}(k)\breve{C}^{\mathrm{T}}(k+1)\quad \cdots\quad \prod_{i=0}^{nN-2}\breve{A}^{\mathrm{T}}(k+i)\breve{C}^{\mathrm{T}}(nN+k-1)\right]\in\mathbb{R}^{nN\times qnN}$$

由系统(4.16)中的$C_i(k)$ ($1\leqslant i\leqslant N$)构造下列矩阵：

$$\breve{C}_1^{\mathrm{T}}(k)=\begin{bmatrix}C_1^{\mathrm{T}}(k)\\0\\0\\0\\\vdots\\0\end{bmatrix}\in\mathbb{R}^{nN\times q},\quad\cdots,\quad \breve{C}_i^{\mathrm{T}}(k)=\begin{bmatrix}0\\0\\\vdots\\C_i^{\mathrm{T}}(k)\\\vdots\\0\end{bmatrix}\in\mathbb{R}^{nN\times q},\quad\cdots,$$
$$\breve{C}_N^{\mathrm{T}}(k)=\begin{bmatrix}0\\0\\\vdots\\0\\\vdots\\C_N^{\mathrm{T}}(k)\end{bmatrix}\in\mathbb{R}^{nN\times q}\tag{4.19}$$

若$\forall k\in\mathbb{N}$，$r(\breve{S}_{oi}(k))=r\left(\left[\breve{C}_i^{\mathrm{T}}(k)\quad \breve{A}^{\mathrm{T}}(k)\breve{C}_i^{\mathrm{T}}(k+1)\quad\cdots\quad\prod_{i=0}^{nN-2}\breve{A}^{\mathrm{T}}(k+i)\breve{C}_i^{\mathrm{T}}(nN+k-1)\right]\right)=nN$，则称$(\breve{A}(k),\breve{C}_i(k))$为状态可观对。

定理 4.6　设存在一个$\breve{C}_j(k)$ ($j\in\{1,2,\cdots,N\}$)，使对一切$k\in\mathbb{N}$，$(\breve{A}(k),\breve{C}_j(k))$(见式(4.19))为状态可观对，则系统(4.17)(系统(4.16))的状态一致完全可观。

证明类似定理 3.3 和定理 3.15，这里省略。

定理 4.7　设$\forall k\in\mathbb{N}$，$r(\breve{C}(k))=q$，或$\det(\breve{C}(k)\breve{C}^{\mathrm{T}}(k))\neq 0$，则系统(4.17)(系统(4.16))的状态一致完全可观。

证明类似定理 4.3，这里省略。

由定理 4.4、推论 4.3 和推论 4.4，可以得到下面三个推论。

推论 4.9　设$\forall k\in\mathbb{N}$，$r(A_N(k))=n$；$\exists l\in\mathbb{N}$，$\forall k\in\mathbb{N}$，$\breve{C}(k)\breve{C}^{\mathrm{T}}(k)\succeq\breve{C}(l)\breve{C}^{\mathrm{T}}(l)$；$\breve{S}_{ol}=\left[\breve{C}^{\mathrm{T}}(l)\quad\breve{A}^{\mathrm{T}}(l)\breve{C}^{\mathrm{T}}(l)\quad\cdots\quad(\breve{A}^{\mathrm{T}}(l))^{nN-1}\breve{C}^{\mathrm{T}}(l)\right]\in\mathbb{R}^{nN\times qnN}$。若$r(\breve{S}_{ol})=nN$，则系统(4.17)(系统(4.16))的状态一致完全可观。

推论 4.10　设$\forall k\in\mathbb{N}$，$r(A_N(k))=n$，$\breve{C}(k)\breve{C}^{\mathrm{T}}(k)\succeq\breve{C}(0)\breve{C}^{\mathrm{T}}(0)$；$\breve{S}_{o0}=\left[\breve{C}^{\mathrm{T}}(0)\quad\breve{A}^{\mathrm{T}}(0)\breve{C}^{\mathrm{T}}(0)\quad\cdots\quad(\breve{A}^{\mathrm{T}}(0))^{nN-1}\breve{C}^{\mathrm{T}}(0)\right]\in\mathbb{R}^{nN\times qnN}$。若$r(\breve{S}_{o0})=nN$，则系统(4.17)(系统(4.16))的状态一致完全可观。

推论 4.11　设$\forall k\in\mathbb{N}$，$r(A_N(k))=n$，$\breve{C}(k)\breve{C}^{\mathrm{T}}(k)\succeq\breve{C}(\infty)\breve{C}^{\mathrm{T}}(\infty)$；$\breve{S}_{o\infty}=$

$\left[\breve{C}^{\mathrm{T}}(\infty)\quad \breve{A}^{\mathrm{T}}(\infty)\breve{C}^{\mathrm{T}}(\infty)\quad \cdots\quad (\breve{A}^{\mathrm{T}}(\infty))^{nN-1}\breve{C}^{\mathrm{T}}(\infty)\right]\in\mathbb{R}^{nN\times qnN}$。若 $r(\breve{S}_{o\infty})=nN$，则系统(4.17)(系统(4.16))的状态一致完全可观。

例 4.4　试判定如下时变多时滞离散系统的状态可观性：

$$X(k+1)=A_1(k)X(k)+A_2(k)X(k-1)$$
$$y(k)=C_1(k)X(k)$$

其中

$$A_1(k)=\begin{bmatrix}1+\mathrm{e}^{-k} & 0\\ 0 & 1\end{bmatrix},\quad A_2(k)=\begin{bmatrix}1+(1+k)^{-1} & 1\\ 0 & 1\end{bmatrix},\quad C_1(k)=\begin{bmatrix}1+\mathrm{e}^{-k} & 0\end{bmatrix}$$

解　利用状态扩张方法，可得

$$\breve{A}(k)=\begin{bmatrix}A_1(k) & A_2(k)\\ I & 0\end{bmatrix}=\begin{bmatrix}1+\mathrm{e}^{-k} & 0 & 1+(1+k)^{-1} & 1\\ 0 & 1 & 0 & 1\\ 1 & 0 & 0 & 0\\ 0 & 1 & 0 & 0\end{bmatrix}$$

$$\breve{C}(k)=[C_1(k)\quad 0_{1\times 2}]=\begin{bmatrix}1+\mathrm{e}^{-k} & 0 & 0 & 0\end{bmatrix}$$

因 $\forall k\in\mathbb{N}$，$r(A_2(k))=2$，$\breve{C}(k)\breve{C}^{\mathrm{T}}(k)\geqslant\breve{C}(\infty)\breve{C}^{\mathrm{T}}(\infty)=1$。经计算可得

$$\breve{S}_{o\infty}=\left[\breve{C}^{\mathrm{T}}(\infty)\quad \breve{A}^{\mathrm{T}}(\infty)\breve{C}^{\mathrm{T}}(\infty)\quad (\breve{A}^{\mathrm{T}}(\infty))^2\breve{C}^{\mathrm{T}}(\infty)\quad (\breve{A}^{\mathrm{T}}(\infty))^3\breve{C}^{\mathrm{T}}(\infty)\right]=\begin{bmatrix}1 & 1 & 2 & 3\\ 0 & 0 & 1 & 2\\ 0 & 1 & 1 & 2\\ 0 & 1 & 1 & 3\end{bmatrix}$$

$r(\breve{S}_{o\infty})=nN=4$。由推论 4.11 可以判定系统状态一致完全可观。

第5章　离散系统稳定性概念与相关定义

第2章已涉及控制系统的一些稳定性问题，但那里的分析和讨论是基于状态方程或输出方程的解展开的。控制系统稳定性理论研究的主要内容是仅依据状态方程的结构和参数信息，在零输入且不求解状态方程的情况下，分析或判定时间趋于无穷大时状态方程解的归宿(收敛、有界或发散)问题[149,152,155]。

5.1　离散系统稳定性概念

考虑如下无时滞离散时间状态方程：

$$Z(k+1)=G(k,Z(k)) \tag{5.1}$$

其中，$k\in\mathbb{N}$，$Z(k)\in\mathbb{R}^n$，且

$$Z(k)=\begin{bmatrix} z_1(k) \\ z_2(k) \\ \vdots \\ z_n(k) \end{bmatrix},\quad G(k,Z(k))=\begin{bmatrix} g_1\left(k,z_1(k),\cdots,z_n(k)\right) \\ g_2\left(k,z_1(k),\cdots,z_n(k)\right) \\ \vdots \\ g_n\left(k,z_1(k),\cdots,z_n(k)\right) \end{bmatrix}$$

离散时间状态方程(5.1)可视为零输入情况下的离散时间控制系统。为讨论方便，本书称离散时间状态方程(5.1)为离散时间控制系统(5.1)，简称系统(5.1)。

为保证系统(5.1)解的存在且唯一，假定函数$G(k,Z(k))$对一切$k\in\mathbb{N}$及相应的$Z(k)$有定义。设$\tilde{Z}(k)=\varphi(k)$是系统(5.1)的一个解，做变量代换$X(k)=Z(k)-\varphi(k)$，则系统(5.1)变为

$$X(k+1)=F(k,X(k)) \tag{5.2}$$

其中，$F(k,X(k))=G(k,X(k)+\varphi(k))-G(k,\varphi(k))$。不失一般性，总假定$F(k,0)=0$。如此，系统(5.1)的解$\varphi(k)$的稳定性等价于系统(5.2)的零解稳定性。

若系统(5.2)右边的函数不显含k，即$X(k+1)=F(X(k))$，则称系统(5.2)为自治的，否则称系统(5.2)为非自治的。

在控制理论的相关文献中，系统(5.2)的零解稳定性称为系统(5.2)关于平衡点$X=0$的稳定性，简称系统(5.2)的稳定性。为与控制理论中的相关概念保持一致，本书称系统(5.2)的零解稳定性为系统(5.2)的稳定性。

上述概念虽然是针对无时滞离散系统提出来的，但这些概念同样适用于多时滞离散系统。

5.2　离散系统稳定性定义

将系统(5.2)满足初值条件 $X(k_0)=X_0$ 的解记作 $X(k;k_0,X_0)$，并将 $X(k)$ 的范数记作 $\|X(k)\|$。

定义 5.1　系统(5.2)为稳定的，若对任意的 $\varepsilon>0$ 及任意的 $k_0\in\mathbb{N}$，都存在 $\delta=\delta(k_0,\varepsilon)>0$，使当 $\|X_0\|\leqslant\delta(k_0,\varepsilon)$ 时，$\forall k\geqslant k_0$ 都有 $\|X(k;k_0,X_0)\|<\varepsilon$。反之，称系统(5.2)为不稳定的，即存在 ε_0 和 k_0，使对任意的 $\delta>0$，总存在 X_0，虽然 $\|X_0\|<\delta$，但存在 $k_1\geqslant k_0$，使得 $\|X(k_1;k_0,X_0)\|\geqslant\varepsilon_0$。

定义 5.2　系统(5.2)是局部渐近稳定的，如果：

(1) 系统(5.2)是稳定的；

(2) 存在正数 $\eta(k_0)>0$，使当 $\|X_0\|\leqslant\eta$ 时，都有 $\lim\limits_{k\to\infty}\|X(k;k_0,X_0)\|=0$。

定义 5.3　系统(5.2)是全局渐近稳定的，如果：

(1) 系统(5.2)是稳定的；

(2) 对系统(5.2)的每一个解 $X(k;k_0,X_0)$，都有 $\lim\limits_{k\to\infty}\|X(k;k_0,X_0)\|=0$。

定义 5.4　系统(5.2)是一致稳定的，如果对于任意的 $\varepsilon>0$ 及任意的 $k_0\in\mathbb{N}$，都存在不依赖于 k_0 的 $\delta=\delta(\varepsilon)>0$，使当 $\|X_0\|<\delta$ 时，$\forall k\geqslant k_0$，都有 $\|X(k;k_0,X_0)\|<\varepsilon$。

不难理解，就自治系统而言，一致稳定与稳定是等价的。

定义 5.5　系统(5.2)是一致渐近稳定的，如果：

(1) 系统(5.2)是一致稳定的；

(2) 存在 $\eta_0>0$，对任意的 $\varepsilon>0$ 及任意的 $k_0\in\mathbb{N}$，存在不依赖于 k_0 的 $T(\varepsilon)>0$，使当 $\|X_0\|<\eta_0$ 时，对一切 $k\geqslant k_0+T(\varepsilon)$，都有 $\|X(k;k_0,X_0)\|<\varepsilon$。

定义 5.6　系统(5.2)是全局一致渐近稳定的，如果：

(1) 系统(5.2)是一致稳定的；

(2) 对任意 $\eta>0$、任意的 $\varepsilon>0$ 及任意的 $k_0\in\mathbb{N}$，存在不依赖于 k_0 的 $T(\varepsilon,n)>0$，使当 $\|X_0\|<\eta$ 时，对一切 $k\geqslant k_0+T(\varepsilon,\eta)$，都有 $\|X(k;k_0,X_0)\|<\varepsilon$。

为便于理解和后续的分析，下面举例说明上述几种稳定性的具体含义。

考虑如下离散系统：

$$x(k+1)=a(k)x(k),\quad k\in\mathbb{N} \tag{5.3}$$

系统(5.3)满足初始条件 $x(0)=x_0$ 的解为

$$x(k)=x_0\prod_{j=0}^{k-1}a(j),\quad k\geqslant 1$$

则系统(5.3)的几种稳定性定义可表述如下：

(1) 当$\left|\prod_{j=0}^{k-1}a(j)\right|<M(k_0)$，$M(k_0)>0$时，系统(5.3)稳定；

(2) 当$\left|\prod_{j=0}^{k-1}a(j)\right|<M$，$M>0$时，系统(5.3)一致稳定；

(3) 当$\left|\prod_{j=0}^{k-1}a(j)\right|$无界时，系统(5.3)不稳定；

(4) 当$\lim\limits_{k\to\infty}\left|\prod_{j=0}^{k-1}a(j)\right|=0$时，系统(5.3)渐近稳定；

(5) 当$\left|\prod_{j=0}^{k-1}a(j)\right|<\beta\eta^{k-k_0}$，$\beta$、$\eta$为常数，且$\beta>0$、$0<\eta<1$时，系统(5.3)一致渐近稳定。

上述稳定性定义同样适合多时滞离散系统。

5.3　时滞离散系统稳定鲁棒性

考虑如下时滞离散系统：

$$x(k+1)=ax(k)+bx(k-\tau)\tag{5.4}$$

其中，$x\in\mathbb{R}$为系统状态；$k\in\mathbb{N}$；$a,b\in\mathbb{R}$为状态系数；$\tau\in\mathbb{R}^+$为状态时滞参数。

假设a、b和τ可以连续变化，$\eta=\begin{bmatrix}a & b\end{bmatrix}^{\mathrm{T}}$，$\eta\in\mathbb{R}^2$，则系统(5.4)是定义在$\mathbb{N}\times\mathbb{R}\times\mathbb{R}^2\times\mathbb{R}^+$上关于$x(k)$离散，关于$a$、$b$和$\tau$连续的系统。任给初始状态$x(-\tau)$和$x(0)$，假设系统(5.4)的解为$\varphi(k,a,b,\tau,x(-\tau),x(0))=\varphi_0(k,a,b,\tau)$，则$\varphi_0(k,a,b,\tau)$是关于$k$离散、关于初始状态以及$a$、$b$和$\tau$连续的函数。在不考虑$k$和初始状态的情况下，$\varphi_0(k,a,b,\tau)$是$a$、$b$和$\tau$的连续函数。

设$v(x(k))=x^2(k)$是系统(5.4)的一个 Lyapunov 函数，则

$$\begin{aligned}\Delta v=\Delta v(k,a,b,\tau)&=x^2(k+1)-x^2(k)\\&=\varphi_0^2(k+1,a,b,\tau)-\varphi_0^2(k,a,b,\tau)\end{aligned}\tag{5.5}$$

因$\varphi_0(k+1,a,b,\tau)$和$\varphi_0(k,a,b,\tau)$均是a、b和τ的连续函数，故$\Delta v(k,a,b,\tau)$也是a、b和τ的连续函数。由 Lyapunov 稳定性理论可知，Δv的符号属性决定着系统(5.4)

的稳定性，即当 $\Delta v<0$ 时，系统(5.4)渐近稳定；当 $\Delta v=0$ 时，系统(5.4)稳定；当 $\Delta v>0$ 时，系统(5.4)不稳定。

引理 5.1　如果函数 $f(x)$ 在点 $x=a$ 连续且 $f(a)>0$ ($f(a)<0$)，则一定存在某个邻域 $\Omega_a=(a-\varepsilon,a+\varepsilon)$ ($\varepsilon>0$ 可以任意小)，使对一切 $x\in\Omega_a$，都有 $f(x)>0$ ($f(x)<0$)。

函数 $f(x)>0$ 或 $f(x)<0$ 称为 $f(x)$ 的符号属性。引理 5.1 表明，连续函数的符号属性在其连续点的小邻域内保持不变。用鲁棒控制的语言讲，这种函数符号属性的不变性可以视为函数符号属性的鲁棒性。

推论 5.1　如果函数 $\Delta v(k,a,b,\tau)$ 在点 $a=a_0$、$b=b_0$ 和 $\tau=\tau_0$ 处连续且 $\Delta v(k,a_0,b_0,\tau_0)<0$ ($\Delta v(k,a_0,b_0,\tau_0)>0$)，则一定存在某 3 个邻域 $\Omega_a=(a_0-\varepsilon_a,a_0+\varepsilon_a)$ ($\varepsilon_a>0$ 可以任意小)、$\Omega_b=(b_0-\varepsilon_b,b_0+\varepsilon_b)$ ($\varepsilon_b>0$ 可以任意小)和 $\Omega_\tau=(\tau_0-\varepsilon_\tau,\tau_0+\varepsilon_\tau)$ ($\varepsilon_\tau>0$ 可以任意小)，使对一切 $a\in\Omega_a$、一切 $b\in\Omega_b$ 和一切 $\tau\in\Omega_\tau$，都有 $\Delta v(k,a,b,\tau)<0$ ($\Delta v(k,a,b,\tau)>0$)。

$\Delta v(k,a,b,\tau)=0$ 与状态系数和时滞参数空间 $\mathbb{R}^2\times\mathbb{R}^+$ 上的若干个连续曲面 $\psi_i(a,b,\tau)=0$ 相对应。容易理解，$\psi_i(a,b,\tau)=0$ 是 $\mathbb{R}^2\times\mathbb{R}^+$ 的子空间，或者说是 $\mathbb{R}^2\times\mathbb{R}^+$ 的子集。因此，可以将 $\Delta v(k,a,b,\tau)$ 定义在 $\psi_i(a,b,\tau)=0$ 上，即将 a、b 和 τ 限制在 $\psi_i(a,b,\tau)=0$ 上。为便于叙述，给出如下定义：

$$\Omega_\psi\overset{\text{def}}{=}\{\psi_i(a,b,\tau)=0\mid a\in\mathbb{R},b\in\mathbb{R},\tau\in\mathbb{R}^+\}\tag{5.6}$$

如此，当 $a\in\Omega_\psi$、$b\in\Omega_\psi$ 且 $\tau\in\Omega_\psi$ 时，$\Delta v(k,a,b,\tau)=0$。

推论 5.2　如果函数 $\Delta v(k,a,b,\tau)$ 在点 $a=a_0\in\Omega_\psi$、$b=b_0\in\Omega_\psi$ 和 $\tau=\tau_0\in\Omega_\psi$ 处连续且 $\Delta v(k,a_0,b_0,\tau_0)=0$，则一定存在某 3 个邻域 $\Omega_a=(a_0-\varepsilon_a,a_0+\varepsilon_a)\subset\Omega_\psi$ ($\varepsilon_a>0$ 可以任意小)、$\Omega_b=(b_0-\varepsilon_b,b_0+\varepsilon_b)\subset\Omega_\psi$ ($\varepsilon_b>0$ 可以任意小)和 $\Omega_\tau=(\tau_0-\varepsilon_\tau,\tau_0+\varepsilon_\tau)\subset\Omega_\psi$ ($\varepsilon_\tau>0$ 可以任意小)，使对一切 $a\in\Omega_a$、一切 $b\in\Omega_b$ 和一切 $\tau\in\Omega_\tau$，都有 $\Delta v(k,a,b,\tau)=0$。

定义 5.7　给定系统(5.4)，称函数 $\Delta v(k,a,b,\tau)$ (见式(5.5))在其连续点 (a_0,b_0,τ_0) 的小邻域内保持符号不变的性质为系统(5.4)在该点的稳定鲁棒性。具体来讲：

(1) 若 $\Delta v<0$ 保持不变，则称系统(5.4)在该点具有渐近稳定鲁棒性；

(2) 若 $\Delta v=0$ 保持不变，则称系统(5.4)在该点具有稳定鲁棒性；

(3) 若 $\Delta v>0$ 保持不变，则称系统(5.4)在该点具有不稳定鲁棒性。

定义 5.8　给定系统(5.4)，当 τ 固定时，称函数 $\Delta v(k,a,b,\tau)$ (见式(5.5))在其连续点 (a_0,b_0) 的小邻域内保持符号不变的性质为系统(5.4)在该点的系数稳定鲁棒性。具体来讲：

(1) 若 $\Delta v<0$ 保持不变，则称系统(5.4)在该点具有渐近稳定鲁棒性；

(2) 若 $\Delta v=0$ 保持不变，则称系统(5.4)在该点具有稳定鲁棒性；

(3) 若 $\Delta v>0$ 保持不变，则称系统(5.4)在该点具有不稳定鲁棒性。

定义 5.9　给定系统(5.4)，当 a 和 b 固定时，称函数 $\Delta v(k,a,b,\tau)$ (见式(5.5))在其连续点 τ_0 的小邻域内保持符号不变的性质为系统(5.4)在该点的时滞稳定鲁棒性。具体来讲：

(1) 若 $\Delta v<0$ 保持不变，则称系统(5.4)在该点具有渐近稳定鲁棒性；

(2) 若 $\Delta v=0$ 保持不变，则称系统(5.4)在该点具有稳定鲁棒性；

(3) 若 $\Delta v>0$ 保持不变，则称系统(5.4)在该点具有不稳定鲁棒性。

定义 5.7、定义 5.8 和定义 5.9 是状态系数和时滞参数空间中给定点的稳定鲁棒性定义，因此也可简称这类定义为点的稳定鲁棒性定义。

假设状态系数和时滞参数空间 $\mathbb{R}^2\times\mathbb{R}^+$ 上有 m 个连续曲面 $\psi_i(a,b,\tau)=0$。这 m 个曲面 ψ_i 将 $\mathbb{R}^2\times\mathbb{R}^+$ 划分为 3 种性质不同的子空间 Θ_1、Θ_2 和 Θ_3 ($\Theta_1\cup\Theta_2\cup\Theta_3=\mathbb{R}^2\times\mathbb{R}^+$，$\Theta_1\cap\Theta_2=\Theta_1\cap\Theta_3=\Theta_2\cap\Theta_3=\varnothing$)：

(1) $\forall a,b,\tau\in\Theta_1$，$\Delta v(k,a,b,\tau)<0$；

(2) $\forall a,b,\tau\in\Theta_2$，$\Delta v(k,a,b,\tau)=0$；

(3) $\forall a,b,\tau\in\Theta_3$，$\Delta v(k,a,b,\tau)>0$。

如此，Θ_1 是使系统(5.4)渐近稳定的子空间，Θ_2 是使系统(5.4)稳定的子空间，Θ_3 是使系统(5.4)不稳定的子空间。通常情况下，m 个 ψ_i 共同围成的包含原点在内的有界子空间就是 Θ_1 (Θ_1 是开的，其边界就是 ψ_i)。

定义 5.10　$\forall a_0,b_0,\tau_0\in\Theta_1$，设 $r_{0i}=\min\limits_{a,b,\tau\in\psi_i}\{J_i=(a-a_0)^2+(b-b_0)^2+(\tau-\tau_0)^2\}$ ($1\leqslant i\leqslant m$)，$r_0=\min\limits_{1\leqslant i\leqslant m}\{r_{0i}\}$，$R=\max\limits_{\forall a_0,b_0,\tau_0\in\Theta_1}\{r_0\}$：

(1) 称 r_0 为系统(5.4)关于点 (a_0,b_0,τ_0) 的稳定鲁棒度(简称点鲁棒度)，或称 r_0 为系统(5.4)关于点 (a_0,b_0,τ_0) 的稳定鲁棒半径(简称点鲁棒半径)；

(2) 称 R 为系统(5.4)的最大稳定鲁棒度(简称系统鲁棒度)，或称 R 为系统(5.4)的最大稳定鲁棒半径(简称系统鲁棒半径)；

(3) 对于固定的 τ_0，称最大稳定鲁棒度 R 所对应的点 $R(a_0,b_0)$ 为最大稳定鲁棒点。

依据定义 5.10 中的(1)，可以度量和比较 Θ_1 中各点的鲁棒度，从而可以间接地度量和比较系统(5.4)在这些点的稳定鲁棒性。依据定义 5.10 中的(2)，可以度量给定系统(结构确定、系数变化)的稳定鲁棒性，也可以比较两种不同系统的稳定鲁棒性。

上述推论和定义虽然是针对系统(5.4)给出的，但其基本概念、基本思路和方法都可以推广到多状态多时滞系统。

定义 5.7～定义 5.10 是一类新的系统稳定鲁棒性定义。这些定义不涉及控制器，可以更加清晰地界定和区分稳定性与稳定鲁棒性的区别和联系。现有鲁棒稳定性理论便于控制器设计，而推论 5.1、推论 5.2 以及定义 5.7～定义 5.10 则更适合系统的稳定鲁棒性分析，本书第 7 章中的一些新颖而重要的结果正是基于这些定义和推论而得到的。

定理 5.1 给定系统(5.4)，设：①时滞参数τ为常数；②使系统渐近稳定的系数子空间Θ_1由p对对称曲面ψ_i所围成($2p=m\geqslant 4$，$i\neq j$，只有ψ_i和ψ_j对称)，则最大稳定鲁棒点$R(a_0,b_0)$必位于任意两个对称曲面之间距离的中点上。

证明 不失一般性，设ψ_1和ψ_2,ψ_3和$\psi_4,\cdots,\psi_{m-1}$和ψ_m均是系数空间中关于坐标原点的对称曲面。当$m\geqslant 4$为偶数时，由对称性可知，Θ_1确定了一个面积最大且有界的内切或内接对称多边形，该多边形的中心位于坐标原点$(0,0)$。由定义 5.10 可知，$R(0,0)$是最大稳定鲁棒点，且位于任意两对称曲面之间距离的中点上。不难理解，当ψ_i和ψ_j ($i\neq j$)关于平面上其他点对称时，定理的结论成立。 □

定义 5.10 给出了系统点鲁棒半径(点鲁棒度)和系统鲁棒半径(系统鲁棒度)的概念和定义，使得人们对系统稳定鲁棒性有了度量的方法和可能，定理 5.1 给出了对称有界区域中最大稳定鲁棒点的求解方法，对复杂多状态多时滞系统，一种称为计算机代数的工具(包括吴方法)可以使用。即便如此，求解或计算系统鲁棒半径仍然是一件十分困难的事情。

另外，时滞参数对系统稳定鲁棒性的影响是隐匿或间接的，只有当系统结构发生变化或状态系数发生改变时才能感受到它们的影响。

例 5.1 试分析下列时滞离散系统的稳定鲁棒性：

$$x(k+1)=ax(k)+bx(k-1),\quad a,b\in\mathbb{R} \tag{5.7}$$

$$x(k+1)=ax(k)+bx(k-2),\quad a,b\in\mathbb{R} \tag{5.8}$$

$$\begin{cases}x_1(k+1)=ax_2(k)\\ x_2(k+1)=bx_1(k-1)\end{cases},\quad a,b\in\mathbb{R} \tag{5.9}$$

$$\begin{cases}x_1(k+1)=ax_2(k)\\ x_2(k+1)=bx_1(k-1)\end{cases},\quad |a|\leqslant 1,|b|\leqslant 1 \tag{5.10}$$

解 系统(5.7)相当于系统(5.4)中的$\tau=1$。使用状态扩张方法，可得系统(5.7)的系数矩阵为

$$A_1=\begin{bmatrix}a & b\\ 1 & 0\end{bmatrix}$$

其特征多项式为 $f_1(\lambda)=\lambda^2-a\lambda-b$。考察 a 和 b 任意取值时，系统(5.7)的稳定鲁棒性。由朱利判据可得系统(5.7)的渐近稳定条件为

$$\begin{cases} a+b<1 \\ b-a<1 \\ -1<b<1 \end{cases} \tag{5.11}$$

由式(5.11)确定的系数空间划分如图 5.1 所示。

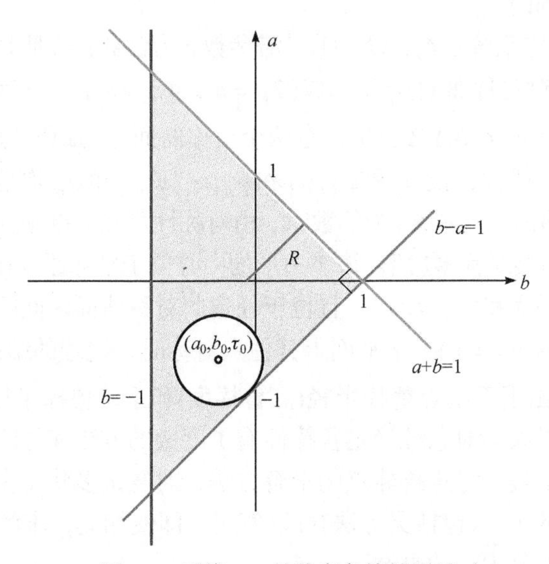

图 5.1　系统(5.7)的稳定鲁棒性图示

在图 5.1 中，当 a 和 b 落在三角形的内部时，$\rho(A_1)<1$，系统(5.7)渐近稳定；当 a 和 b 落在三角形的任一条边上时，$\rho(A_1)=1$，系统(5.7)稳定；当 a 和 b 落在三角形的外部时，$\rho(A_1)>1$，系统(5.7)不稳定。给定点 (a_0,b_0,τ_0)，其对应 b 的鲁棒半径为图示圆的半径。

依据定义 5.10，可以求得系统(5.7)的最大稳定鲁棒点是 $(0,-0.17)$，其对应的最大鲁棒半径是 $R=0.83$。

系统(5.8)相当于系统(5.4)中的 $\tau=2$。比较系统(5.7)可知，时滞参数 τ 发生了变化。使用状态扩张方法，可得系统(5.8)的系数矩阵为

$$A_2=\begin{bmatrix} a & 0 & b \\ 1 & 0 & 0 \\ 0 & 1 & 0 \end{bmatrix}$$

其特征多项式为 $f_2(\lambda)=\lambda^3-a\lambda^2-b$。考察 a 和 b 任意取值时，系统(5.8)的稳定鲁棒性。由朱利判据可得系统(5.8)的渐近稳定条件为

$$\begin{cases} |a+b|<1 \\ |ab|+b^2<1 \\ -1<b<1 \end{cases} \tag{5.12}$$

比较式(5.11)和式(5.12)可知，系统的渐近稳定性条件发生了改变，这显然是τ的变化所产生的后果。若将系统(5.7)和系统(5.8)视为两个结构不同的系统，则这种结构上的变化是由τ的改变所引起的。本例说明，时滞参数的变动也会影响系统的稳定鲁棒性。

系统(5.9)相当于$x_1(k+1)=abx_1(k-2)$。需要注意的是这两个系统并不完全等价，但系统稳定性条件等价。利用状态扩张方法，$x_1(k+1)=abx_1(k-2)$可重写为$\bar{X}(k+1)=A\bar{X}(k)$，其中系数矩阵为

$$A_3=\begin{bmatrix} 0 & 0 & ab \\ 1 & 0 & 0 \\ 0 & 1 & 0 \end{bmatrix}$$

特征多项式为$f_3(\lambda)=\lambda^3-ab$，$\lambda=\sqrt[3]{ab}$。令$|\lambda|=1$，则可得$\Theta_2: a=b^{-1}$和$a=-b^{-1}$。

由Θ_2确定的系数空间划分如图 5.2 所示。不难看出，Θ_1为无界区域。在图 5.2 中：当a和b落在阴影区域内部时，$\rho(A)<1$，系统(5.9)渐近稳定；当a和b满足$|ab|=1$时，$\rho(A)=1$，系统(5.9)稳定；当a和b落在阴影区域外部时，$\rho(A)>1$，系统(5.9)不稳定。

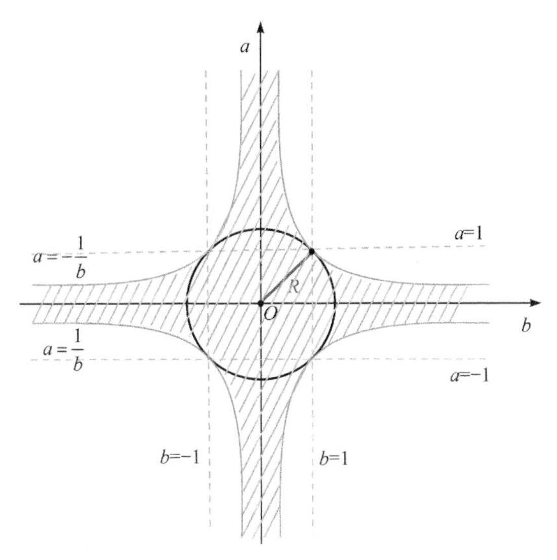

图 5.2　系统(5.9)的稳定鲁棒性图示

依据定义 5.10 和定理 5.1，可以求得系统(5.9)的最大稳定鲁棒点是原点$(0,0)$，

其对应的最大鲁棒半径是 $R=\sqrt{2}$ 。

当系数 a、b 存在外部约束时，Θ_1 为图 5.3 中的正方形区域。

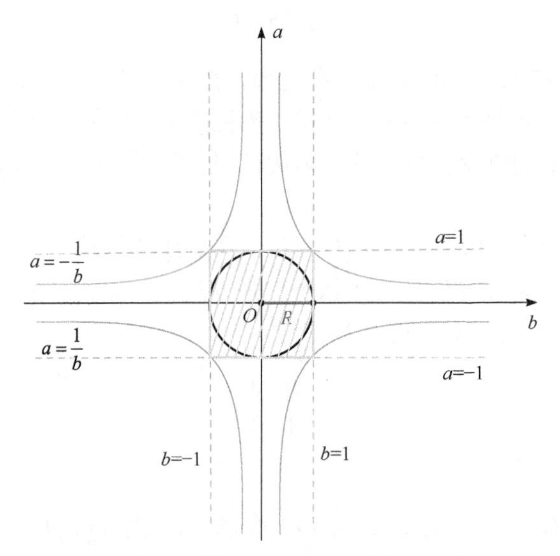

图 5.3　系统(5.10)的稳定鲁棒性图示

在图 5.3 中：当 a 和 b 落在正方形的阴影区域内部时，$\rho(A)<1$ ，系统(5.10)渐近稳定；当 a 和 b 落在正方形的任一条边上时，$\rho(A)=1$ ，系统(5.10)稳定；当 a 和 b 落在正方形的外部时，$\rho(A)>1$ ，系统(5.10)无意义。

依据定义 5.10 和定理 5.1，可以求得系统(5.10)的最大稳定鲁棒点是原点 $(0,0)$ ，其对应的最大鲁棒半径是 $R=1$ 。

例 5.1 表明，系统的谱半径和最大鲁棒半径是两个不同的概念，对于多时滞线性定常系统，一般情况下，$\rho(A)\neq R$ 。

5.4　其他情况说明

除了 5.2 节介绍的稳定性定义，还有 Lyapunov 稳定性定义以及其他稳定性定义。除第 7 章中的部分内容使用 5.3 节给出的稳定鲁棒性定义，本书以下各章节中均使用 5.2 节给出的稳定性定义。

本书后面各章节仅讨论离散系统的状态稳定性，而不讨论输入-状态稳定性(input-to-state stability，ISS)和有界输入-有界状态(bounded input bounded state，BIBS)稳定性，也不讨论输入-输出稳定性(input-output stability，IOS)和有界输入-有界输出(BIBO)稳定性。原因在于状态稳定性是上述各种稳定性的基础和前提，也是稳定性理论研究的重点。

线性定常离散系统的状态稳定性与系数矩阵特征值在复平面上的分布密切相关。设 A 为系数矩阵，$\lambda(A)$ 为 A 的特征值，则 $|\lambda(A)| \leqslant \rho(A) \leqslant \|A\|_2$。当 A 是正规矩阵时，$\rho(A) = \|A\|_2$，使用 $\|A\|_2 \leqslant 1$ 来判定 $|\lambda(A)| \leqslant 1$ 没有保守性。当 A 不是正规矩阵时，$\rho(A) < \|A\|_2$，使用 $\|A\|_2 \leqslant 1$ 来判定 $|\lambda(A)| \leqslant 1$ 就会产生保守性。因此，无论 A 是否为正规矩阵，使用 $\rho(A) \leqslant 1$ 来判定 $|\lambda(A)| \leqslant 1$ 就不会产生保守性问题。除个别情况，本书以下各章节均使用 $\rho(A)$ 来分析和判定系统状态的稳定性。

第 6 章　多整数时滞线性定常离散系统稳定性

第 5 章介绍了离散系统稳定性的基本定义，本章讨论多整数时滞线性定常离散系统的稳定性判定方法。线性系统的全局渐近稳定与局部渐近稳定等价，全局稳定与局部稳定等价，全局不稳定与局部不稳定等价。为方便计，在本章将全局渐近稳定简称为渐近稳定，将全局稳定简称为稳定，将全局不稳定简称为不稳定[147,149-154,156-164]。

6.1　无时滞系统稳定性

考虑如下无时滞离散系统：

$$X(k+1) = AX(k) \tag{6.1}$$

其中，$X \in \mathbb{R}^n$ 为系统状态，$k \in \mathbb{N}$，$A \in \mathbb{R}^{n\times n}$ 为常数矩阵。下面首先介绍与系统(6.1)稳定性相关的引理及系数矩阵的性质。

引理 6.1　系统(6.1)渐近稳定的充要条件是 $\rho(A) < 1$。

引理 6.2　系统(6.1)稳定的充要条件是 $\rho(A) = 1$，且 $|\lambda_i(A)| = 1$ 的特征值的代数重数与几何重数相等。

引理 6.3　若 $\rho(A) > 1$，则系统(6.1)不稳定。

定义 6.1　设 $A \in \mathbb{R}^{n\times n}$，若 $A^{\mathrm{T}}A = AA^{\mathrm{T}}$，则称 A 为正规矩阵。

对称矩阵、反(斜)对称矩阵、正交矩阵和循环矩阵都是正规矩阵。

引理 6.4　设 $A \in \mathbb{R}^{n\times n}$ 为正规矩阵，则 A 的任一特征值 $\lambda_i(A)$ 的代数重数等于 $\lambda_i(A)$ 的几何重数。

引理 6.5　设 $A \in \mathbb{R}^{n\times n}$，$A$ 为正规矩阵的充要条件是存在正交矩阵 $Q \in \mathbb{R}^{n\times n}$，使得

$$Q^{\mathrm{T}}AQ = \begin{bmatrix} A_1 & 0 & \cdots & 0 \\ 0 & \ddots & \ddots & \vdots \\ \vdots & \ddots & \ddots & 0 \\ 0 & \cdots & 0 & A_l \end{bmatrix} \in \mathbb{R}^{n\times n} \tag{6.2}$$

其中，每个 $A_j(1\leqslant j\leqslant l)$ 是实数或形如下面的二阶矩阵：

$$A_j=\begin{bmatrix}\alpha_j & \beta_j\\ -\beta_j & \alpha_j\end{bmatrix}\in\mathbb{R}^{2\times 2} \tag{6.3}$$

定理 6.1　给定系统(6.1)，若 $A^{\mathrm{T}}A=AA^{\mathrm{T}}$，则：

(1) 系统(6.1)渐近稳定的充要条件是 $\rho(A)<1$；

(2) 系统(6.1)稳定的充要条件是 $\rho(A)=1$；

(3) 系统(6.1)不稳定的充要条件是 $\rho(A)>1$。

证明　(1)由引理 6.1 可知，(1)的结论成立。

(2) 因 A 为正规矩阵，由引理 6.4 可知，A 的每个特征值的代数重数等于其几何重数；再由引理 6.2 可知，(2)的结论成立。

(3) 由引理 6.3 可知，(3)的充分性成立。现仅证明必要性。依据引理 6.5，考察式(6.2)中的每个 $A_j\,(1\leqslant j\leqslant l)$。①设 A_j 为实数且 $\rho(A)=\max\limits_j\{|A_j|\}$。显然，若要 A^k 发散，则必须要 $\rho(A)>1$。②设 A_j 为形如式(6.3)的矩阵，相应的特征值为 $|\lambda(A_j)|=(\alpha_j^2+\beta_j^2)^{1/2}$。设 $\rho(A)=|\lambda(A_j)|=\max\limits_i\{|\lambda(A_i)|\}$，则 $(A_j^T A_j)^k=(\alpha_j^2+\beta_j^2)^k I=\rho^{2k}(A)I$。如此，若要 A_j^k 发散，进而要 A^k 发散，则必须要 $\rho(A)>1$。综上可知，必要性成立。　□

定义 6.2　设 $A\in\mathbb{R}^{n\times n}$，$n\geqslant 2$：①若存在置换矩阵 $P\in\mathbb{R}^{n\times n}$，使得

$$PAP^{\mathrm{T}}=\begin{bmatrix}A_{11} & A_{12}\\ 0 & A_{22}\end{bmatrix}$$

其中，A_{11} 是 $r\times r(1\leqslant r\leqslant n-1)$ 阶子矩阵，A_{22} 是 $(n-r)\times(n-r)$ 阶子矩阵；则称 A 为可约矩阵；否则称 A 为不可约矩阵。②若 $A\geqslant 0$ 且可约，则称 A 为非负可约矩阵；若 $A\geqslant 0$ 且不可约，则称 A 为非负不可约矩阵。

由定义 6.2 可知，正矩阵 $A(A>0)$ 是不可约矩阵。

引理 6.6　设 $A\in\mathbb{R}^{n\times n}$，$A>0$，则 $\rho(A)$ 是 A 的具有如下性质的优势特征值。

(1) $\rho(A)>0$，$\rho(A)$ 对应的特征向量可取作正的，即存在 $Z\in\mathbb{R}^n$，$Z>0$，使得 $AZ=\rho(A)Z$；

(2) $\rho(A)$ 的几何重数等于 1；

(3) $\forall\lambda\in\lambda(A)$ 且 $\lambda\neq\rho(A)$，$|\lambda|<\rho(A)$。

利用正矩阵的特性，可得如下稳定性充要条件。

定理 6.2　给定系统(6.1)，若 $A>0$，则：

(1) 系统(6.1)渐近稳定的充要条件是 $\rho(A)<1$；

(2) 系统(6.1)稳定的充要条件是 $\rho(A)=1$；

(3) 系统(6.1)不稳定的充要条件是 $\rho(A)>1$。

证明 由引理 6.1 可知，(1)的结论成立。

由引理 6.6 可知，$\rho(A)$ 是 A 的单特征值，且 $\rho(A)$ 的代数重数和几何重数均为 1。由引理 6.2 可知，(2)的结论成立。

由引理 6.3 可知，(3)的充分性成立。因 $\rho(A)$ 的代数重数和几何重数均为 1，故若要系统(6.1)不稳定(A^k 发散)，则必须要 $\rho(A)>1$。 □

下面介绍非负不可约矩阵的相关性质与定义。

引理 6.7(Perron-Frobenius 引理) 设 $A\in\mathbb{R}^{n\times n}$ 是非负不可约矩阵，则：

(1) A 存在一个正的实特征值等于 $\rho(A)$；

(2) $\rho(A)$ 对应的特征向量可取作正的；

(3) $\rho(A)$ 是 A 的单特征值；

(4) 不存在相应 A 的其他特征值的非负特征向量。

引理 6.7 表明非负不可约矩阵 A 除了 $\rho(A)$ 本身是特征值外，还可能存在若干模等于 $\rho(A)$ 的特征值。

定义 6.3 设 $A\in\mathbb{R}^{n\times n}$，$A$ 为非负不可约矩阵，且有 k 个模等于 $\rho(A)$ 的特征值。

若 $k=1$，则称 A 为素矩阵(primitive matrix)。

若 $k>1$，则称 A 是指数为 k 的循环矩阵(cyclic matrix of index k)或非素矩阵(imprimitive matrix)。

引理 6.8 设 $A\in\mathbb{R}^{n\times n}$，$A\geqslant 0$ 为非负矩阵，则存在某正整数 $m\in\mathbb{Z}^+$ 使得 $A^m>0$ 的充要条件是 A 为素矩阵。

引理 6.9 设 $A\in\mathbb{R}^{n\times n}$，若 $A>0$，则 A 为素矩阵。

定理 6.3 给定系统(6.1)，若 $A\geqslant 0$ 为素矩阵，则：

(1) 系统(6.1)渐近稳定的充要条件是 $\rho(A)<1$；

(2) 系统(6.1)稳定的充要条件是 $\rho(A)=1$；

(3) 系统(6.1)不稳定的充要条件是 $\rho(A)>1$。

由定义 6.3 并仿照定理 6.2 的证明方法，可证定理 6.3 的结论成立。

接下来，讨论非负矩阵 A 为循环矩阵的情况。

引理 6.10 设 $A\in\mathbb{R}^{n\times n}$，$A\geqslant 0$ 是指数为 $k(k>1)$ 的循环矩阵，则：

(1) A 的模等于 $\rho(A)$ 的 k 个特征值为

$$\lambda_j=\rho(A)\mathrm{e}^{i\frac{2\mathrm{j}\pi}{k}},\quad j=0,1,\cdots,k-1 \tag{6.4}$$

几何上看，$\lambda_0,\lambda_1,\cdots,\lambda_{k-1}$ 均匀地分布在复平面以原点为圆心、以 $\rho(A)$ 为半径的圆周上。

(2) A 的特征多项式具有如下形式：

$$\det(\lambda I-A)=\lambda^m(\lambda^k-\rho^k(A))(\lambda^k-\delta_2\rho^k(A))\cdots(\lambda^k-\delta_r\rho^k(A)) \tag{6.5}$$

其中，$rk+m=n$；当 $r>1$ 时，$0<|\delta_i|<1$，$i=2,3,\cdots,r$。

几何上看，除了 k 个模等于 $\rho(A)$ 的特征值外，A 的其余非零特征值也可分组，每组均有 k 个模相等的特征值均匀地分布在复平面的圆心在原点、半径小于 $\rho(A)$ 的圆周上。

(3) 存在置换矩阵 $P\in\mathbb{R}^{n\times n}$，使得

$$PAP^{\mathrm{T}}=\begin{bmatrix} 0 & 0 & \cdots & 0 & A_{1k} \\ A_{21} & 0 & \cdots & \cdots & 0 \\ 0 & A_{32} & \ddots & \ddots & \vdots \\ \vdots & \ddots & \ddots & \ddots & \vdots \\ 0 & \cdots & 0 & A_{k,k-1} & 0 \end{bmatrix} \tag{6.6}$$

其中，对角零子矩阵是方阵。式(6.6)称为循环矩阵 A 的标准型。

定理 6.4　给定系统(6.1)，若 $A\geqslant 0$ 是指数为 $k(k>1)$ 的循环矩阵，则：

(1) 系统(6.1)渐近稳定的充要条件是 $\rho(A)<1$；

(2) 系统(6.1)稳定的充要条件是 $\rho(A)=1$；

(3) 系统(6.1)不稳定的充要条件是 $\rho(A)>1$。

由引理 6.10 可知，当 A 是指数为 $k(k>1)$ 的循环矩阵时，$\rho(A)$ 及模等于 $\rho(A)$ 的特征值均为单特征值，且它们的代数重数与几何重数均为 1。利用这种性质并仿照定理 6.2 的证明方法，可证定理 6.4 的结论成立。

由定义 6.3 和引理 6.10 可以得到如下推论。

推论 6.1　设 $A\in\mathbb{R}^{n\times n}$ 为非负不可约矩阵，则：

(1) A 是素矩阵或者是指数为 $k(k>1)$ 的循环矩阵，二者必居其一；

(2) $\rho(A)$ 及模等于 $\rho(A)$ 的特征值均为单特征值，且它们的代数重数与几何重数均为 1。

依据推论 6.1，可将定理 6.2、定理 6.3 和定理 6.4 合并为如下定理。

定理 6.5　给定系统(6.1)，若 $A\geqslant 0$ 且不可约，则：

(1) 系统(6.1)渐近稳定的充要条件是 $\rho(A)<1$；

(2) 系统(6.1)稳定的充要条件是 $\rho(A)=1$；

(3) 系统(6.1)不稳定的充要条件是 $\rho(A)>1$。

定义 6.4　设 $A\in\mathbb{R}^{n\times n}$ (不必非负或不可约)，若存在置换矩阵 $P\in\mathbb{R}^{n\times n}$，使得

PAP^{T} 形如式(6.6)，其中，零对角子矩阵为方阵，则 A 称为指数为 $k(k>1)$ 的弱循环矩阵。

引理 6.11 设 $A\in\mathbb{R}^{n\times n}$ 是指数为 $k(k>1)$ 的弱循环矩阵，则

$$\det(\lambda I-A)=\lambda^m\prod_{j=1}^{r}(\lambda^k-\sigma_j^k) \tag{6.7}$$

其中，$\sigma_j\in\mathbb{R}$，$j=1,2,\cdots,r$，$rk+m=n$。

定理 6.6 给定系统(6.1)，若 A 是指数为 $k(k>1)$ 的弱循环矩阵，则：

(1) 系统(6.1)渐近稳定的充要条件是 $\rho(A)<1$；

(2) 系统(6.1)稳定的充要条件是 $\rho(A)=1$；

(3) 系统(6.1)不稳定的充要条件是 $\rho(A)>1$。

证明 当 A 是指数为 $k(k>1)$ 的弱循环矩阵时，由引理 6.11 可知：

$$\det(\lambda I-A)=\lambda^m\prod_{j=1}^{r}(\lambda^k-\sigma_j^k)$$

由此表达式可知，$\rho(A)=\max\limits_{1\leqslant j\leqslant r}\{|\sigma_j|\}$，$\rho(A)$ 及模等于 $\rho(A)$ 的特征值均为单特征值，且它们的代数重数与几何重数均为 1。剩余部分的证明同定理 6.2，这里省略。 □

下面介绍矩阵谱半径的相关性质及引理。

引理 6.12 设 $A,B\in\mathbb{R}^{n\times n}$：①若 $|A|\leqslant B$，则 $\rho(A)\leqslant\rho(|A|)\leqslant\rho(B)$；②若 $0\leqslant A\leqslant B$，则 $\rho(A)\leqslant\rho(B)$。

推论 6.2 给定系统(6.1)及其系数矩阵 A，若 $\rho(|A|)<1$，则系统(6.1)渐近稳定。

由引理 6.12 中的①和引理 6.1 可知推论 6.2 的结论成立。

引理 6.13 设 $A(a_{ij})\in\mathbb{R}^{n\times n}$，$A(a_{ij})\geqslant 0$，则：

$$\min_{1\leqslant i\leqslant n}\left\{\sum_{j=1}^{n}a_{ij}\right\}\leqslant\rho(A)\leqslant\max_{1\leqslant i\leqslant n}\left\{\sum_{j=1}^{n}a_{ij}\right\}$$

和

$$\min_{1\leqslant j\leqslant n}\left\{\sum_{i=1}^{n}a_{ij}\right\}\leqslant\rho(A)\leqslant\max_{1\leqslant j\leqslant n}\left\{\sum_{i=1}^{n}a_{ij}\right\}$$

推论 6.3 设 $A(a_{ij})\in\mathbb{R}^{n\times n}$，则：

(1) $\min\limits_{1\leqslant i\leqslant n}\left\{\sum\limits_{j=1}^{n}|a_{ij}|\right\}\leqslant\rho(|A|)\leqslant\max\limits_{1\leqslant i\leqslant n}\left\{\sum\limits_{j=1}^{n}|a_{ij}|\right\}$

和

$$\min_{1\leqslant j\leqslant n}\left\{\sum_{i=1}^{n}|a_{ij}|\right\}\leqslant\rho(|A|)\leqslant\max_{1\leqslant j\leqslant n}\left\{\sum_{i=1}^{n}|a_{ij}|\right\}$$

(2) $\rho(A)\leqslant\min\left\{\max_{1\leqslant i\leqslant n}\left\{\sum_{j=1}^{n}|a_{ij}|\right\},\max_{1\leqslant j\leqslant n}\left\{\sum_{i=1}^{n}|a_{ij}|\right\}\right\}$。

证明　(1) $\forall A(a_{ij})\in\mathbb{R}^{n\times n}$，设 $B(b_{ij})=|A(a_{ij})|$，则 $B(b_{ij})\geqslant 0$，$b_{ij}=|a_{ij}|$，$1\leqslant i, j\leqslant n$，$\rho(B)=\rho(|A|)$。由引理 6.13 可知，(1)的结论成立。

(2) 由(1)的结论可得，$\rho(|A|)\leqslant\min\left\{\max_{1\leqslant i\leqslant n}\left\{\sum_{j=1}^{n}|a_{ij}|\right\},\max_{1\leqslant j\leqslant n}\left\{\sum_{i=1}^{n}|a_{ij}|\right\}\right\}$。由引理 6.12 中的(1)可得，$\rho(A)\leqslant\rho(|A|)\leqslant\min\left\{\max_{1\leqslant i\leqslant n}\left\{\sum_{j=1}^{n}|a_{ij}|\right\},\max_{1\leqslant i\leqslant n}\left\{\sum_{i=1}^{n}|a_{ij}|\right\}\right\}$。　□

推论 6.4　给定系统(6.1)及其系数矩阵 $A(a_{ij})$。若 $\rho(|A|)<1$，则系统(6.1)渐近稳定。其中，$\rho(|A|)=\min\left\{\max_{1\leqslant i\leqslant n}\left\{\sum_{j=1}^{n}|a_{ij}|\right\},\max_{1\leqslant i\leqslant n}\left\{\sum_{i=1}^{n}|a_{ij}|\right\}\right\}$。

由推论 6.3 和引理 6.1 可知推论 6.4 的结论成立。

例 6.1　试判定如下离散系统的稳定性：

$$X(k+1)=AX(k)$$

其中，$A=\begin{bmatrix}0.3 & 0 & -0.3\\ 0 & 0.3 & 0.4\\ -0.3 & 0.4 & 0.2\end{bmatrix}$。

解　A 为正规矩阵，其特征方程为 $|\lambda I-A|=(\lambda-0.3)(\lambda^2-0.5\lambda-0.19)=0$。求解该特征方程可得特征值 $\lambda_1=0.30$，$\lambda_2=-0.2525$，$\lambda_3=0.7525$，从而可得 $\rho(A)=0.75<1$，根据引理 6.1 或定理 6.1 可知，该系统渐近稳定。

另外，因 $|A|$ 的元素的最大行和与最大列和均为 $0.9<1$，根据推论 6.4 可知，该系统渐近稳定。

例 6.2　试判定如下离散系统的稳定性：

$$X(k+1)=AX(k)$$

其中，$A=\begin{bmatrix}0.4 & 0.6\\ 0.4 & 0.6\end{bmatrix}$。

解　A 的特征方程为 $|\lambda I-A|=\lambda(\lambda-1)=0$。解此特征方程可得 $\lambda_1=0$，$\lambda_2=\rho(A)=1$。又因为 $A>0$ 为正矩阵，由引理 6.2 或定理 6.2 可知，该离散系统稳定。

例 6.3 试判定如下离散系统的稳定性：

$$X(k+1) = AX(k)$$

其中，$A = \begin{bmatrix} 0 & 0.5 & 0 & 0.5 \\ 1 & 0 & 0 & 0 \\ 0 & 1 & 0 & 0 \\ 0 & 0 & 1 & 0 \end{bmatrix}$。

解 A 的特征方程为 $|\lambda I - A| = \lambda^4 - 0.5\lambda^2 - 0.5=0$，特征值为 $\lambda_1 = \frac{-\mathrm{i}}{\sqrt{2}}$，$\lambda_2 = \frac{\mathrm{i}}{\sqrt{2}}$，$\lambda_3 = -1$，$\lambda_4 = 1$。因 $\rho(A) = |\lambda_3| = \lambda_4$，所以 A 是指数为 2 的循环矩阵。又因 $\rho(A) = 1$，故由引理 6.2 或定理 6.4 可以判定，该离散系统稳定。

6.2 单状态多时滞系统稳定性

考虑如下单状态多时滞离散系统：

$$x(k+1) = a_1 x(k) + a_2 x(k-1) + \cdots + a_n x(k-n+1) \tag{6.8}$$

其中，$x \in \mathbb{R}$ 为状态变量；$k \in \mathbb{N}$，$n \geqslant 2$；$a_i \in \mathbb{R}\ (1 \leqslant i \leqslant n)$为常数。经状态扩张后，系统(6.8)变为

$$X(k+1) = AX(k) \tag{6.9}$$

其中

$$A = \begin{bmatrix} a_1 & a_2 & \cdots & a_{n-1} & a_n \\ 1 & 0 & \cdots & 0 & 0 \\ 0 & 1 & \cdots & 0 & 0 \\ \vdots & \vdots & & \vdots & \vdots \\ 0 & 0 & \cdots & 1 & 0 \end{bmatrix} \in \mathbb{R}^{n \times n} \tag{6.10}$$

A 的维数与时滞 $n\ (n \geqslant 2)$密切相关，即 $\dim(A) = n$。

定理 6.7 系统(6.8)的稳定性与系统(6.9)的稳定性等价。

证明 系统(6.8)的特征多项式为 $f(\lambda) = \lambda^n - a_1\lambda^{n-1} - a_2\lambda^{n-2} - \cdots - a_{n-1}\lambda - a_n$，系统(6.9)的特征多项式为 $g(\lambda) = \det(\lambda I - A) = \lambda^n - a_1\lambda^{n-1} - a_2\lambda^{n-2} - \cdots - a_{n-1}\lambda - a_n$；如此，$f(\lambda) = g(\lambda)$，系统(6.8)的特征值及谱半径与系统(6.9)的特征值及谱半径对应相等。因线性系统的稳定性完全由其谱半径决定，故系统(6.8)的稳定性与系统(6.9)的稳定性等价。 □

由引理 6.1、引理 6.2 和引理 6.3，立即可得推论 6.5。

推论 6.5　给定系统(6.9)(系统(6.8))及其系数矩阵 A (见式(6.10))，则：

(1) 系统(6.9)(系统(6.8))渐近稳定的充要条件是 $\rho(A)<1$；

(2) 系统(6.9)(系统(6.8))稳定的充要条件是 $\rho(A)=1$，且所有 $|\lambda_i(A)|=1$ 的特征值 $\lambda_i(A)$ 的代数重数等于其几何重数；

(3) 当 $\rho(A)>1$ 时，系统(6.9)(系统(6.8))不稳定。

矩阵 A 为不可约矩阵的判断条件可由以下引理与定理给出。

引理 6.14　设 $A\in\mathbb{R}^{n\times n}$，则 A 为不可约矩阵的充要条件是 $(I+|A|)^{n-1}>0$。

$\forall A\in\mathbb{R}^{n\times n}$，由定义 6.2 和引理 6.14 可知，$A$ 和 $|A|$ 同时可约或同时不可约。

定理 6.8　设 $A\in\mathbb{R}^{n\times n}$，且 A 形如式(6.10)：①若 $a_i\in\mathbb{R}\ (1\leqslant i\leqslant n-1)$ 且 $a_n\neq 0$，则 A 为不可约矩阵；②若 $a_i\geqslant 0\ (1\leqslant i\leqslant n-1)$ 且 $a_n>0$，则 $A\geqslant 0$ 为不可约矩阵。

证明　(1)按照 $a_i\ (1\leqslant i\leqslant n-1)$ 是否全为零，分两步对定理 6.8 进行证明。

①　$a_i=0\ (1\leqslant i\leqslant n-1)$。设 $e_n=|a_n|>0$，$A_i\in\mathbb{R}^{i\times i}\ (2\leqslant i\leqslant n)$ 具有如下形式：

$$A_i=\begin{bmatrix}0 & \cdots & 0 & e_i\\ 1 & \cdots & 0 & 0\\ \vdots & & \vdots & \vdots\\ 0 & \cdots & 1 & 0\end{bmatrix}$$

当 $n=2$ 时，有

$$(I+|A_2|)^1=\begin{bmatrix}1 & e_2\\ 1 & 1\end{bmatrix}>0$$

当 $n=3$ 时，有

$$(I+|A_3|)^2=(I+|A_3|)(I+|A_3|)=\begin{bmatrix}1 & 0 & e_3\\ 1 & 1 & 0\\ 0 & 1 & 1\end{bmatrix}\times\begin{bmatrix}1 & 0 & e_3\\ 1 & 1 & 0\\ 0 & 1 & 1\end{bmatrix}=\begin{bmatrix}1 & e_3 & 2e_3\\ 2 & 1 & e_3\\ 1 & 2 & 1\end{bmatrix}>0$$

当 $n=4$ 时，有

$$\begin{aligned}\left(I+|A_4|\right)^3&=\left(I+|A_4|\right)^2\left(I+|A_4|\right)\\ &=\begin{bmatrix}1 & 0 & e_4 & 2e_4\\ 2 & 1 & 0 & e_4\\ 1 & 2 & 1 & 0\\ 0 & 1 & 2 & 1\end{bmatrix}\times\begin{bmatrix}1 & 0 & 0 & e_4\\ 1 & 1 & 0 & 0\\ 0 & 1 & 1 & 0\\ 0 & 0 & 1 & 1\end{bmatrix}=\begin{bmatrix}1 & e_4 & 3e_4 & 3e_4\\ 3 & 1 & e_4 & 3e_4\\ 3 & 3 & 1 & e_4\\ 1 & 3 & 3 & 1\end{bmatrix}>0\end{aligned}$$

当 $n=5$ 时，有

$$(I+|A_5|)^4=(I+|A_5|)^3(I+|A_5|)$$

$$=\begin{bmatrix}1&0&e_5&3e_5&3e_5\\3&1&0&e_5&3e_5\\3&3&1&0&e_5\\1&3&3&1&0\\0&1&3&3&1\end{bmatrix}\times\begin{bmatrix}1&0&0&0&e_5\\1&1&0&0&0\\0&1&1&0&0\\0&0&1&1&0\\0&0&0&1&1\end{bmatrix}=\begin{bmatrix}1&e_5&4e_5&6e_5&4e_5\\4&1&e_5&4e_5&6e_5\\6&4&1&e_5&4e_5\\4&6&4&1&e_5\\1&4&6&4&1\end{bmatrix}>0$$

通过观察和归纳可以发现，当$n\geqslant 3$时，有

$$(I+|A_n|)^{n-2}=\begin{bmatrix}1&0&*&\cdots&\cdots&*\\ *&1&0&\ddots&\ddots&\vdots\\ \vdots&\ddots&\ddots&\ddots&\ddots&\vdots\\ *&\ddots&\ddots&\ddots&\ddots&*\\ 1&*&\ddots&\ddots&1&0\\ 0&1&*&\cdots&*&1\end{bmatrix}\tag{6.11}$$

其中，$*$表示正数。假设当$n-2$时式(6.11)成立，则

$$(I+|A_n|)^{n-1}=(I+|A_n|)^{n-2}(I+|A_n|)$$

$$=\begin{bmatrix}1&0&*&\cdots&*\\ *&1&\ddots&\ddots&\vdots\\ \vdots&\vdots&\ddots&\ddots&\vdots\\ 1&*&\cdots&1&0\\ 0&1&*&\cdots&1\end{bmatrix}\times\begin{bmatrix}1&0&\cdots&0&e_n\\1&1&0&\cdots&0\\ \vdots&\ddots&\ddots&\ddots&\vdots\\0&\cdots&1&1&0\\0&\cdots&0&1&1\end{bmatrix}=\begin{bmatrix}1&*&\cdots&\cdots&*\\ *&1&*&\cdots&*\\ \vdots&\ddots&\ddots&\ddots&\vdots\\ *&\cdots&*&\ddots&*\\ 1&*&\cdots&*&1\end{bmatrix}>0$$

这表明，$(I+|A_n|)^{n-1}>0$。由引理 6.14 可知，A_n为不可约矩阵。

② $a_i\,(1\leqslant i\leqslant n-1)$不全为零。因$0\leqslant|A_n|\leqslant|A|$，故$0\leqslant(I+|A_n|)\leqslant(I+|A|)$。由引理 2.2 中的(5)可知，$(I+|A_n|)^{n-1}\leqslant(I+|A|)^{n-1}$。因①中已证得$(I+|A_n|)^{n-1}>0$，所以$(I+|A|)^{n-1}>0$。由引理 6.14 可知，$A$为不可约矩阵。

(2) 当$a_i\geqslant 0\,(1\leqslant i\leqslant n-1)$且$a_n>0$时，$A=|A|$。因②中已证得$A$为不可约矩阵，所以$A\geqslant 0$为不可约矩阵。 □

例 6.4　试判断下列系数矩阵是否为不可约矩阵：

$$A_1=\begin{bmatrix}1&-2&1\\0&1&1\\1&1&0\end{bmatrix},\quad A_2=\begin{bmatrix}1&-1&2\\1&0&0\\0&1&0\end{bmatrix}$$

解　由所给矩阵可得

$$|A_1|=\begin{bmatrix}1&2&1\\0&1&1\\1&1&0\end{bmatrix},\quad (I+|A_1|)^2=\begin{bmatrix}5&9&5\\1&5&3\\3&5&3\end{bmatrix}>0$$

由引理 6.14 可知，A_1 为不可约矩阵。

矩阵 A_2 形如式(6.10)，且 $a_3=2\neq 0$。由定理 6.8 可直接判定 A_2 不可约。

定理 6.9　设 $A\in\mathbb{R}^{n\times n}$，且 A 形如式(6.10)：①若 $a_i\neq 0$，则 $|A|\geqslant 0$ 为素矩阵；②若 $a_i>0\,(1\leqslant i\leqslant n)$，则 $A\geqslant 0$ 为素矩阵。

证明　(1) 在定理 6.8 中已证得，当 $a_i\in\mathbb{R}\,(1\leqslant i\leqslant n$ 且 $a_n\neq 0)$时，$|A|\geqslant 0$ 为不可约矩阵。下面仅证明 $|A|\geqslant 0$ 为素矩阵。仍然分两步证明。

① 设 $a=\min\{|a_i|\,|\,a_i\neq 0,1\leqslant i\leqslant n\}$，$A_i\in\mathbb{R}^{i\times i}\,(1\leqslant i\leqslant n)$为如下形式的矩阵：

$$A_i=\begin{bmatrix}a&\cdots&a&a\\1&\cdots&0&0\\\vdots&\ddots&\vdots&\vdots\\0&\cdots&1&0\end{bmatrix}$$

当 $n=1$ 时，$A_1=[a]>0$。当 $n=2$ 时，有

$$A_2^2=A_2A_2=\begin{bmatrix}a&a\\1&0\end{bmatrix}\times\begin{bmatrix}a&a\\1&0\end{bmatrix}=\begin{bmatrix}a^2+a&a^2\\a&a\end{bmatrix}>0$$

当 $n=3$ 时，有

$$A_3^3=A_3^2A_3=\begin{bmatrix}a^2+a&a^2+a&a^2\\a&a&a\\1&0&0\end{bmatrix}\times\begin{bmatrix}a&a&a\\1&0&0\\0&1&0\end{bmatrix}=a\begin{bmatrix}(a+1)^2&a^2+2a&a^2+a\\a+1&a+1&a\\1&1&1\end{bmatrix}>0$$

当 $n=4$ 时，有

$$\begin{aligned}A_4^4=A_4^3A_4&=\begin{bmatrix}a(a+1)^2&a(a+1)^2&a^3+2a^2&a^3+a^2\\a^2+a&a^2+a&a^2+a&a^2\\a&a&a&a\\1&0&0&0\end{bmatrix}\times\begin{bmatrix}a&a&a&a\\1&0&0&0\\0&1&0&0\\0&0&1&0\end{bmatrix}\\&=a\begin{bmatrix}a^3+3a^2+3a+1&a^3+3a^2+3a&a^3+3a^2+3a&a^3+2a^2+a\\(a+1)^2&(a+1)^2&a^2+2a&a^2+a\\a+1&a+1&a+1&a\\1&1&1&1\end{bmatrix}>0\end{aligned}$$

通过观察和归纳可以发现，当$n \geqslant 2$时，有

$$A_n^{n-1} = \begin{bmatrix} * & * & \cdots & \cdots & * \\ \vdots & \vdots & & & \vdots \\ * & * & \cdots & \cdots & * \\ a & a & \cdots & \cdots & a \\ 1 & 0 & \cdots & \cdots & 0 \end{bmatrix} \tag{6.12}$$

其中，$*$表示正数。设$n-1$时式(6.12)成立，则

$$A_n^n = A_n^{n-1} A_n = \begin{bmatrix} * & * & \cdots & \cdots & * \\ \vdots & \vdots & & & \vdots \\ * & * & \cdots & \cdots & * \\ a & a & \cdots & \cdots & a \\ 1 & 0 & \cdots & \cdots & 0 \end{bmatrix} \times \begin{bmatrix} a & a & \cdots & \cdots & a \\ 1 & 0 & \cdots & \cdots & 0 \\ 0 & \ddots & \ddots & \ddots & \vdots \\ \vdots & \ddots & \ddots & \ddots & \vdots \\ 0 & \cdots & \cdots & 1 & 0 \end{bmatrix}$$

$$= a\begin{bmatrix} * & * & \cdots & \cdots & * \\ * & * & \cdots & \cdots & * \\ \vdots & \vdots & & & \vdots \\ * & * & \cdots & \cdots & * \\ 1 & 1 & \cdots & \cdots & 1 \end{bmatrix} > 0$$

这表明，$A_n^n > 0$。由引理 6.8 可知，$A_n \geqslant 0$为素矩阵。

② 当$a_i \neq 0\,(1 \leqslant i \leqslant n)$时，因$a = \min\left\{|a_i| \mid a_i \neq 0, 1 \leqslant i \leqslant n\right\}$，所以$0 \leqslant A_n \leqslant |A|$。由引理 2.2 中的(5)可知，$A_n^n \leqslant |A|^n$。因(1)中已证得$A_n^n > 0$，故$|A|^n > 0$。由引理 6.8 可知，当$a_i \neq 0\,(1 \leqslant i \leqslant n)$时，$|A| \geqslant 0$为素矩阵。

(2) 当$a_i > 0\,(1 \leqslant i \leqslant n)$时，$A = |A|$。因②中已证得$|A|$为素矩阵，所以$A \geqslant 0$为素矩阵。 □

定理 6.10　给定系统(6.9)(系统(6.8))及其系数矩阵A(见式(6.10))。设$a_i \geqslant 0$ $(1 \leqslant i \leqslant n-1)$且$a_n > 0$($A \geqslant 0$)，则：

(1) 系统(6.9)(系统(6.8))渐近稳定的充要条件是$\rho(A) < 1$；

(2) 系统(6.9)(系统(6.8))稳定的充要条件是$\rho(A) = 1$；

(3) 系统(6.9)(系统(6.8))不稳定的充要条件是$\rho(A) > 1$。

由定理 6.8 可知，当$A \geqslant 0$且$a_n > 0$时，A为非负不可约矩阵。再由定理 6.5 可知，定理 6.10 的结论成立。

例 6.5　试判定如下单状态多时滞离散系统的稳定性:

$$x(k+1) = 0.5x(k) + 0.2x(k-1) + 0.2x(k-2) + 0.1x(k-3)$$

解　显然 $a_i \geqslant 0\,(1 \leqslant i \leqslant 3)$且 $a_4 > 0$。利用状态扩张方法，可得

$$A = \begin{bmatrix} 0.5 & 0.2 & 0.2 & 0.1 \\ 1 & 0 & 0 & 0 \\ 0 & 1 & 0 & 0 \\ 0 & 0 & 1 & 0 \end{bmatrix}$$

由定理 6.7 可知，状态扩张前后，系统的稳定性保持不变。因 $\rho(A)=1$，由定理 6.10 可以判定所给的系统稳定。

引理 6.15　设 $A \in \mathbb{R}^{n\times n}$，$A \geqslant 0$，则：

(1) $\rho(A)$是 A 的特征值，其对应的特征向量可取作非负的；

(2) 若 A 有一个正的特征向量 $Z > 0$，则 Z 必是属于 $\rho(A)$ 的特征向量。

引理 6.16　设 $A(a_{ij}) \in \mathbb{R}^{n\times n}$、$A(a_{ij}) \geqslant 0$ 且 $\sum\limits_{j=1}^{n} a_{ij} > 0\,(1 \leqslant i \leqslant n)$，则 $\rho(A) > 0$。特别地，若 $A > 0$ 或者 A 是非负不可约矩阵，则 $\rho(A) > 0$。

引理 6.17　设 $A(a_{ij}) \in \mathbb{R}^{n\times n}$，$A(a_{ij}) \geqslant 0$：

(1) 若 A 的各行之和相等，则 $\rho(A) = \|A\|_\infty \left(\|A\|_\infty = \max\limits_{1\leqslant i\leqslant n} \left\{ \sum\limits_{j=1}^{n} a_{ij} \right\} \right)$。

(2) 若 A 的各列之和相等，则 $\rho(A) = \|A\|_1 \left(\|A\|_1 = \max\limits_{1\leqslant j\leqslant n} \left\{ \sum\limits_{i=1}^{n} a_{ij} \right\} \right)$。

基于以上引理，定理 6.11 给出了矩阵系数与矩阵谱半径之间的关系。

定理 6.11　设 $A \in \mathbb{R}^{n\times n}$，$A \geqslant 0$ 且形如式(6.10)，则：

(1) 当$0 \leqslant \sum\limits_{i=1}^{n} a_i \leqslant 1$时，$\sum\limits_{i=1}^{n} a_i \leqslant \rho(A) \leqslant 1$；

(2) $\sum\limits_{i=1}^{n} a_i = 0$ 当且仅当 $\rho(A) = 0$，$\sum\limits_{i=1}^{n} a_i = 1$ 当且仅当 $\rho(A) = 1$；

(3) 当$0 < \sum\limits_{i=1}^{n} a_i < 1$时，$\sum\limits_{i=1}^{n} a_i \leqslant \rho(A) < 1$；

(4) 当$\sum\limits_{i=1}^{n} a_i > 1$时，$1 < \rho(A) \leqslant \sum\limits_{i=1}^{n} a_i$。

证明　(1) 设 $a = \max\limits_{1\leqslant i\leqslant n-1} \{a_i\}$，由 $A \geqslant 0$ 和引理 6.13 可知，当$0 \leqslant \sum\limits_{i=1}^{n} a_i \leqslant 1$时，$\sum\limits_{i=1}^{n} a_i \leqslant \rho(A) \leqslant 1$ 和 $a_n \leqslant \rho(A) \leqslant 1 + a$。因 $a \geqslant 0$，$\sum\limits_{i=1}^{n} a_i \geqslant a_n$，所以$\sum\limits_{i=1}^{n} a_i \leqslant \rho(A) \leqslant 1$。

(2) A 的特征多项式为 $\det(\lambda I - A) = \lambda^n - a_1\lambda^{n-1} - \cdots - a_{n-1}\lambda - a_n$。当 $\sum_{i=1}^{n} a_i = 0$ 时，A 的特征值满足特征方程 $\lambda^n = 0$。如此可以推出，$\lambda = 0$，$\rho(A) = 0$；反之，由 $\rho(A)$ 的定义可知，若要 $\rho(A) = 0$，则必须要 $\sum_{i=1}^{n} a_i = 0$。

当 $\sum_{i=1}^{n} a_i > 0$ 时，由 $A \geqslant 0$、引理 6.15 和引理 6.16 可知，$\rho(A) > 0$ 是 A 的特征值，且满足特征方程 $\rho^n(A) = a_1\rho^{n-1}(A) + \cdots + a_{n-1}\rho(A) + a_n$。若 $\rho(A) = 1$，则 $\sum_{i=1}^{n} a_i = 1$；反之，若 $\sum_{i=1}^{n} a_i = 1$，由引理 6.17 中的(1)可知，$\rho(A) = 1$。

(3) 当 $0 < \sum_{i=1}^{n} a_i < 1$ 时，$\rho(A) > 0$ 是 A 的特征值，且满足特征方程 $\rho^n(A) = a_1\rho^{n-1}(A) + \cdots + a_{n-1}\rho(A) + a_n = 0$。当 $a_i \geqslant 0$ 且 $0 < \sum_{i=1}^{n} a_i < 1$ 时，由(1)所证结果可知，$0 < \sum_{i=1}^{n} a_i \leqslant \rho(A) \leqslant 1$。但 $\rho(A)$ 不能等于 1，否则由特征方程可得 $\sum_{i=1}^{n} a_i = 1$，与假设矛盾。如此，当 $0 < \sum_{i=1}^{n} a_i < 1$ 时，$\sum_{i=1}^{n} a_i \leqslant \rho(A) < 1$。

(4) 当 $a_i \geqslant 0$ 且 $\sum_{i=1}^{n} a_i > 1$ 时，设 $a = \max_{1 \leqslant i \leqslant n-1}\{a_i\}$，$b = \min_{1 \leqslant i \leqslant n-1}\{a_i\}$，由引理 6.13 可知，$1 \leqslant \rho(A) \leqslant \sum_{i=1}^{n} a_i$ 和 $\min\{a_n, 1+b\} \leqslant \rho(A) \leqslant \max\{a_n, 1+a\}$。设 $c_1 = \min\{a_n, 1+b\}$，$c_2 = \max\{a_n, 1+a\}$，合并考虑上述两个不等式并由推论 6.3 可得，$\max\{1, c_1\} \leqslant \rho(A) \leqslant \min\left\{\sum_{i=1}^{n} a_i, c_2\right\}$。因 $\max\{1, c_1\} \geqslant 1$，$\min\left\{\sum_{i=1}^{n} a_i, c_2\right\} \leqslant \sum_{i=1}^{n} a_i$，所以 $1 \leqslant \rho(A) \leqslant \sum_{i=1}^{n} a_i$。当 $\sum_{i=1}^{n} a_i > 1$ 时，$\rho(A) > 0$ 是 A 的特征值，且满足特征方程 $\rho^n(A) = a_1\rho^{n-1}(A) + \cdots + a_{n-1}\rho(A) + a_n = 0$。当 $a_i \geqslant 0$ 且 $\sum_{i=1}^{n} a_i > 1$ 时，$\rho(A)$ 不能等于 1，否则，由特征方程可得 $\sum_{i=1}^{n} a_i = 1$，与假设矛盾。如此，当 $\sum_{i=1}^{n} a_i > 1$ 时，$1 < \rho(A) \leqslant \sum_{i=1}^{n} a_i$。 □

需要注意的是，在定理 6.11 中，除了 $\sum_{i=1}^{n} a_i = 0$、$\sum_{i=1}^{n} a_i = a_1 > 0 \left(\sum_{i=2}^{n} a_i = 0\right)$ 和

$\sum_{i=1}^{n} a_i = 1$时，$\rho(A) = \sum_{i=1}^{n} a_i$之外，其他情况下，$\rho(A) \neq \sum_{i=1}^{n} a_i$。或者说，$\rho(A)$几乎处处不等于$\sum_{i=1}^{n} a_i$。

定理 6.12　设$A \in \mathbb{R}^{n\times n}$，$A \geqslant 0$且形如式(6.10)，若$\rho(A) = 1$是$A$的特征值，则$\rho(A) = 1$是单特征值(代数重数和几何重数均为 1)。

证明　$\rho(A)$满足特征方程$f(\lambda) = \det(\lambda I - A) = \lambda^n - a_1\lambda^{n-1} - \cdots - a_{n-1}\lambda - a_n = 0$。由定理 6.11 中的(2)可知，$\rho(A) = 1$的充要条件是$\sum_{i=1}^{n} a_i = 1$。如此，$f(\rho(A) = 1) = 1 - \sum_{i=1}^{n} a_i = 0$。设$\rho(A) = 1$为$f(\lambda)$的$m$ ($2 \leqslant m \leqslant n$)次重根，则应有$f'(\rho(A) = 1) = 0$。但当$\sum_{i=1}^{n} a_i = 1$时，$f'(\rho(A) = 1) = \sum_{i=1}^{n} i a_i = 1 + \sum_{i=1}^{n} (i-1) a_i$。因$a_i \geqslant 0$ ($2 \leqslant i \leqslant n$)，故$\sum_{i=1}^{n} (i-1) a_i \geqslant 0$，$f'(\rho(A) = 1) \geqslant 1 \neq 0$，与假设矛盾。这便证明了$\rho(A) = 1$是单特征值。□

由定理 6.11、定理 6.12 和推论 6.5 可以得到下面的定理。

定理 6.13　给定系统(6.9)(系统(6.8))及其系数矩阵A(见式(6.10))。设$a_i \geqslant 0$ ($1 \leqslant i \leqslant n$)，则：

(1) 系统(6.9)(系统(6.8))渐近稳定的充要条件是$\rho(A) < 1$；

(2) 系统(6.9)(系统(6.8))稳定的充要条件是$\rho(A) = 1$；

(3) 系统(6.9)(系统(6.8))不稳定的充要条件是$\rho(A) > 1$。

需要注意的是，定理 6.13 并不直接要求系数矩阵$A \geqslant 0$不可约(因$a_n > 0$时，A不可约)，这是定理 6.13 与定理 6.10 的主要区别。

有了定理 6.11 和定理 6.13，可以得到如下更直观和更容易计算的结果。

定理 6.14　给定系统(6.9)(系统(6.8))及其系数矩阵A(见式(6.10))。设$a_i \geqslant 0$ ($1 \leqslant i \leqslant n$)，则：

(1) 系统(6.9)(系统(6.8))渐近稳定的充要条件是$\sum_{i=1}^{n} a_i < 1$；

(2) 系统(6.9)(系统(6.8))稳定的充要条件是$\sum_{i=1}^{n} a_i = 1$；

(3) 系统(6.9)(系统(6.8))不稳定的充要条件是$\sum_{i=1}^{n} a_i > 1$。

定理 6.13 是用谱半径表示的定理，定理 6.14 是用状态方程系数表示的定理；

定理 6.13 与定理 6.14 在判定系统稳定性的功能方面等价。定理 6.14 是单状态多时滞系统($A\geqslant 0$)稳定性分析方面最完整和最简洁的结果，不可能再有任何改进之处。定理 6.14 比定理 6.13 更直观，更便于计算，因而也更便于在具体的稳定性判定问题中应用。

例 6.6　试确定系数 a ($0\leqslant a\leqslant 3^{-1}$)的取值范围以保证如下离散系统渐近稳定：

$$x(k+1)=ax(k)+(1-3a)x(k-1)+0.15x(k-2)+0.1x(k-3)$$

解　显然 $a_i\geqslant 0\ (1\leqslant i\leqslant 4)$。由定理 6.14 可知，若要所给系统渐近稳定，则 a 的取值范围应满足 $a+(1-3a)+0.15+0.1<1$。如此，可得 $0.125<a\leqslant 3^{-1}$。

若用定理 6.13 确定 a 的取值范围，必然会涉及含未知参数的谱半径计算问题。因这种计算十分复杂，故使用定理 6.13 很难确定 a 的取值范围。使用定理 6.14，a 的取值范围很容易确定。例 6.6 从一个侧面说明，定理 6.14 在系统稳定性或系统稳定鲁棒性分析方面具有十分强大的功用。

例 6.7　试用定理 6.14 判定例 6.5 单状态多时滞离散系统的稳定性。

解　由于 $a_i\geqslant 0\ (1\leqslant i\leqslant 4)$且各系数之和为 0.5+0.2+0.2+0.1=1，由定理 6.14 可以判定，例 6.5 所给的系统稳定。

推论 6.6　给定系统(6.9)(系统(6.8))及其系数矩阵 A (见式(6.10))：

(1) 若 $\sum_{i=1}^{n}|a_i|<1$，则系统(6.9)(系统(6.8))渐近稳定；

(2) 若 $\sum_{i=1}^{n}|a_i|=1$，则系统(6.9)(系统(6.8))渐近稳定或者稳定。

证明　(1) 由定理 6.11 中的(1)可知，当 $\sum_{i=1}^{n}|a_i|<1$ 时，$\rho(|A|)<1$。由引理 6.12 中的(1)可知，$\rho(A)\leqslant\rho(|A|)$。如此，当 $\sum_{i=1}^{n}|a_i|<1$ 时，$\rho(A)<1$。由引理 6.1 可知，系统(6.9)(系统(6.8))渐近稳定。

(2) 由定理 6.11 中的(2)可知，当 $\sum_{i=1}^{n}|a_i|=1$ 时，$\rho(|A|)=1$。当 $\rho(A)<\rho(|A|)=1$ 时，由引理 6.1 可知，系统(6.9)(系统(6.8))渐近稳定。

由 $|A|$ 构造系统 $|\bar{X}(k+1)|=|A||\bar{X}(k)|$。由定理 6.13 可知，当 $\rho(|A|)=1$ 时，对任意选取的初始状态 $\bar{X}(0)$，系统 $|\bar{X}(k+1)|=|A||\bar{X}(k)|$ 稳定。由引理 2.1 中的(4)可知，$\forall k\in\mathbb{N}$，$|AX(k)|\leqslant|A||X(k)|$。如此，当 $\rho(A)=\rho(|A|)=1$ 时，任取 $X(0)=\bar{X}(0)$，$|X(k+1)|=|AX(k)|\leqslant|A||X(k)|=|A||\bar{X}(k)|=|\bar{X}(k+1)|$，即 $\forall k\in\mathbb{N}$，$|X(k)|\leqslant|\bar{X}(k)|$。因系统 $|\bar{X}(k+1)|=|A||\bar{X}(k)|$ 稳定，故 $|\bar{X}(k)|$ 有界；从而推出，

$|X(k)|$有界，系统(6.9)(系统(6.8))稳定。 □

6.3　多状态多时滞系统稳定性

考虑如下多状态多时滞离散系统：

$$\tilde{X}(k+1)=A_1\tilde{X}(k)+A_2\tilde{X}(k-1)+\cdots+A_N\tilde{X}(k-N+1) \tag{6.13}$$

其中，$\tilde{X}\in\mathbb{R}^n$为状态向量；$k\in\mathbb{R}$，$n\geqslant 2$，$N\geqslant 2$；$A_j\in\mathbb{R}^{n\times n}$ $(1\leqslant j\leqslant N)$为系数矩阵。

使用状态扩张方法，系统(6.13)变为

$$X(k+1)=\overline{A}X(k) \tag{6.14}$$

其中

$$\overline{A}=\begin{bmatrix} A_1 & A_2 & \cdots & A_{N-1} & A_N \\ I & 0 & \cdots & 0 & 0 \\ 0 & I & \cdots & 0 & 0 \\ \vdots & \vdots & \ddots & \vdots & \vdots \\ 0 & 0 & \cdots & I & 0 \end{bmatrix}\in\mathbb{R}^{nN\times nN} \tag{6.15}$$

定理 6.15　系统(6.14)的稳定性与系统(6.13)的稳定性等价。

证明　系统(6.13)的特征多项式为

$$F(\lambda)=\det(\lambda^N I-A_1\lambda^{N-1}-A_2\lambda^{N-2}-\cdots-A_{N-1}\lambda-A_N)$$

设

$$\overline{I}=\begin{bmatrix} I & 0 & \cdots & 0 \\ 0 & I & \cdots & 0 \\ \vdots & \vdots & \ddots & \vdots \\ 0 & 0 & \cdots & I \end{bmatrix}\in\mathbb{R}^{nN\times nN},\quad I_Z=\begin{bmatrix} 0 & \cdots & 0 & I \\ 0 & \cdots & I & 0 \\ \vdots & \ddots & \vdots & \vdots \\ I & \cdots & 0 & 0 \end{bmatrix}\in\mathbb{R}^{nN\times nN}$$

显然，$I_Z^{\mathrm{T}}=I_Z$，$I_Z^{\mathrm{T}}I_Z=\overline{I}$，$I_Z$为正交矩阵。如此，系统(6.14)的特征多项式为

$$G(\lambda)=\det(\lambda\overline{I}-\overline{A})=\det[I_Z^{\mathrm{T}}(\lambda\overline{I}-\overline{A})I_Z]$$

由行列式性质和 Laplace 展开方法可得

$$\det\left[I_Z^{\mathrm{T}}(\lambda\overline{I}-\overline{A})I_Z\right]=\det\begin{bmatrix} \lambda I & -I & 0 & \cdots & 0 \\ 0 & \lambda I & -I & \cdots & 0 \\ \vdots & \ddots & \ddots & \ddots & \vdots \\ 0 & \cdots & 0 & \lambda I & -I \\ -A_N & -A_{N-1} & \cdots & -A_2 & \lambda I-A_1 \end{bmatrix}$$

$$
=\det\begin{bmatrix} 0 & -I & 0 & \cdots & 0 \\ \lambda^2 I & \lambda I & -I & \cdots & 0 \\ \vdots & \ddots & \ddots & \ddots & \vdots \\ 0 & \cdots & 0 & \lambda I & -I \\ -A_N - A_{N-1}\lambda & -A_{N-1} & \cdots & -A_2 & \lambda I - A_1 \end{bmatrix}
$$

$$
=\det\begin{bmatrix} \lambda^2 I & -I & 0 & \cdots & 0 \\ 0 & \lambda I & -I & \cdots & 0 \\ \vdots & \ddots & \ddots & \ddots & \vdots \\ 0 & \cdots & 0 & \lambda I & -I \\ -A_N - A_{N-1}\lambda & -A_{N-2} & \cdots & -A_2 & \lambda I - A_1 \end{bmatrix}
$$

$$
=\cdots=
$$

$$
=\det\begin{bmatrix} \lambda^{N-1} I & -I \\ -A_N - A_{N-1}\lambda - \cdots - A_2\lambda^{N-2} & \lambda I - A_1 \end{bmatrix}
$$

$$
=\det\left[\lambda^N I - A_1\lambda^{N-1} - A_2\lambda^{N-2}\cdots - A_{N-1}\lambda - A_N\right]
$$

如此，$F(\lambda)=G(\lambda)$，系统(6.14)的稳定性与系统(6.13)的稳定性等价。 □

类似地，由引理 6.1、引理 6.2 和引理 6.3，可以得到下面的推论。

推论 6.7　给定系统(6.14)(系统(6.13))及其系数矩阵 $\bar{A}$ (见式(6.15))，则:

(1) 系统(6.14)(系统(6.13))渐近稳定的充要条件是 $\rho(\bar{A})<1$；

(2) 系统(6.14)(系统(6.13))稳定的充要条件是 $\rho(\bar{A})=1$，且所有模为 $1\left(\left|\lambda_i(\bar{A})\right|=1\right)$ 的特征值 $\lambda_i(\bar{A})$ 的代数重数等于其几何重数;

(3) 当 $\rho(\bar{A})>1$ 时，系统(6.14)(系统(6.13))不稳定。

给定系统(6.13)，当其系数矩阵具有如下形式时:

$$
A_l=\begin{bmatrix} a_{11}^{[l]} & 0 & \cdots & 0 \\ 0 & a_{22}^{[l]} & \ddots & \vdots \\ \vdots & \ddots & \ddots & 0 \\ 0 & \cdots & 0 & a_{nn}^{[l]} \end{bmatrix},\quad 1\leqslant l\leqslant N
$$

系统(6.13)退化为如下 n 个相互独立的子系统:

$$
\begin{cases} x_1(k+1)=a_{11}^{[1]}x_1(k)+a_{11}^{[2]}x_1(k-1)+\cdots+a_{11}^{[N]}x_1(k-N+1) \\ x_2(k+1)=a_{22}^{[1]}x_2(k)+a_{22}^{[2]}x_2(k-1)+\cdots+a_{22}^{[N]}x_2(k-N+1) \\ \quad\vdots \\ x_n(k+1)=a_{nn}^{[1]}x_n(k)+a_{nn}^{[2]}x_n(k-1)+\cdots+a_{nn}^{[N]}x_n(k-N+1) \end{cases} \tag{6.16}
$$

其中，每个子系统都可独立依据推论 6.5，或者定理 6.13、定理 6.14 判定其稳定性。

需要说明的是，本书不讨论退化系统(6.16)的稳定性。

定义 6.5　给定系统(6.14)及其系数矩阵 $\overline{A}$ (见式(6.15))，称 $\rho(\overline{A})$ 的取值范围 ($\rho(\overline{A})<1$ 、 $\rho(\overline{A})=1$ 、 $\rho(\overline{A})>1$)为系统(6.14)的稳定性条件。

不难理解，若两个不同系统的稳定性条件相同(除 1 之外，谱半径的取值可以不同)，则这两个系统的稳定性等价。

定理 6.16　设 $A\in\mathbb{R}^{n\times n}$ ， $l\in\mathbb{N}^{+}$ ，则系统 $X(k+1)=AX(k)$ 和系统 $X(k+1)=AX(k-l)$ 的稳定性等价。

证明　系统 $X(k+1)=AX(k)$ 的特征方程为 $\det(\lambda I-A)=0$ ，谱半径为 $\rho(A)$ 。系统 $X(k+1)=AX(k-l)$ 的特征方程为 $\det(z^{l+1}I-A)=0$ 。设 $z^{l+1}=\lambda$ ，则有 $|z^{l+1}|=|z|^{l+1}=|\lambda|$, $\det(z^{l+1}I-A)=\det(\lambda I-A)$ 。设 ρ_A 为系统 $X(k+1)=AX(k-l)$ 的谱半径，则 $\rho_A^{l+1}=\max\limits_i\{|z_i^{l+1}(A)|\}=\max\limits_i\{|\lambda_i(A)|\}=\rho(A)$ ，即 $\rho_A^{l+1}=\rho(A)$ ，或 $\rho_A=\rho^{\frac{1}{l+1}}(A)$ 。如此， $\rho_A<1\Leftrightarrow\rho(A)<1$ ， $\rho_A=1\Leftrightarrow\rho(A)=1$ ， $\rho_A>1\Leftrightarrow\rho(A)>1$ ，系统 $X(k+1)=AX(k)$ 和系统 $X(k+1)=AX(k-l)$ 的稳定性等价。　□

定理 6.16 表明，系统 $X(k+1)=AX(k-l)$ 的稳定性可由系统 $X(k+1)=AX(k)$ 的稳定性条件加以判定，且 6.1 节的引理、定理和推论都可直接照搬使用。

本节剩余部分不再讨论系统 $X(k+1)=AX(k-l)$ 的稳定性。

定理 6.17　设 $\overline{A}\in\mathbb{R}^{nN\times nN}$ 且 $\overline{A}$ 形如式(6.15)，若 A_N 不可约，则 $\overline{A}$ 不可约。

证明　设 $\widehat{A}$ 为如下形式的矩阵：

$$\widehat{A}=\begin{bmatrix}0 & \cdots & 0 & A_N\\ I & 0 & \cdots & 0\\ \vdots & \ddots & \ddots & \vdots\\ 0 & \cdots & I & 0\end{bmatrix}$$

由定义 6.2 可知，若 A_N 不可约，则 $\widehat{A}$ 不可约。由引理 6.14 可知，若 $\widehat{A}$ 不可约，则 $(I+|\widehat{A}|)^{nN-1}>0$ 。因 $|\widehat{A}|\leqslant|\overline{A}|$ ，故 $0<(I+|\widehat{A}|)^{nN-1}\leqslant(I+|\overline{A}|)^{nN-1}$ ， $(I+|\overline{A}|)^{nN-1}>0$ 。再由引理 6.14 可知， $\overline{A}$ 不可约。　□

定理 6.17 仅是充分条件，而非必要条件，即由 A_N 不可约可以推出 $\overline{A}$ 不可约，但由 $\overline{A}$ 不可约不能推出 A_N 不可约。下面的例子可以说明这一点。

例 6.8　试判定下列矩阵是否可约：

$$\overline{A}=\begin{bmatrix}A_1 & A_2\\ I & 0\end{bmatrix},\quad A_1=\begin{bmatrix}0 & 0\\ 1 & 1\end{bmatrix},\quad A_2=\begin{bmatrix}1 & 1\\ 0 & 0\end{bmatrix}$$

解 $I+|\bar{A}|=\begin{bmatrix}1&0&1&1\\1&2&0&0\\1&0&1&0\\0&1&0&1\end{bmatrix}$，$(I+|\bar{A}|)^3=\begin{bmatrix}5&4&4&4\\8&9&4&4\\4&1&4&3\\4&7&1&2\end{bmatrix}>0$。

由引理 6.14 可知，$\bar{A}$ 为不可约矩阵。依据引理 6.14，不难验证 A_1 和 A_2 (A_2 相当于 $N=2$ 时的 A_N)均为可约矩阵。

例 6.8 表明，$\bar{A}$ 为不可约矩阵时，$A_N \geqslant 0$ 不必不可约。

推论 6.8 给定系统(6.14)(系统(6.13))及其系数矩阵 $\bar{A}$ (见式(6.15))，若 $A_i \geqslant 0$ $(1 \leqslant i \leqslant N)$且 A_N 不可约，则：

(1) 系统(6.14)(系统(6.13))渐近稳定的充要条件是 $\rho(\bar{A})<1$；

(2) 系统(6.14)(系统(6.13))稳定的充要条件是 $\rho(\bar{A})=1$；

(3) 系统(6.14)(系统(6.13))不稳定的充要条件是 $\rho(\bar{A})>1$。

证明 若 $A_i \geqslant 0\,(1 \leqslant i \leqslant N)$，则 $\bar{A} \geqslant 0$。由定理 6.17 可知，若 A_N 不可约，则 $\bar{A}$ 不可约。再由定理 6.5 可知，推论 6.8 的结论成立。 □

依据定理 6.5 可以得到如下更一般的结果。

推论 6.9 给定系统(6.14)(系统(6.13))及其系数矩阵 $\bar{A}$ (见式(6.15))，若 $A_i \geqslant 0$ $(1 \leqslant i \leqslant N)$且 $\bar{A} \geqslant 0$ 不可约，则：

(1) 系统(6.14)(系统(6.13))渐近稳定的充要条件是 $\rho(\bar{A})<1$；

(2) 系统(6.14)(系统(6.13))稳定的充要条件是 $\rho(\bar{A})=1$；

(3) 系统(6.14)(系统(6.13))不稳定的充要条件是 $\rho(\bar{A})>1$。

推论 6.10 给定系统(6.14)(系统(6.13))及其系数矩阵 $\bar{A}$ (见式(6.15))：

(1) 若 $\rho(|\bar{A}|)<1$，则系统(6.14)(系统(6.13))渐近稳定；

(2) 若 $\rho(|\bar{A}|)=1$ 且 $\bar{A}$ 不可约，则系统(6.14)(系统(6.13))渐近稳定或者稳定。

证明 (1) 由推论 6.2 可知，本推论(1)的结论成立。

(2) 由推论 6.9 中的(2)并仿照推论 6.6 中(2)的证明方法，可证本推论(2)的结论成立。 □

推论 6.11 设 $\bar{A} \in \mathbb{R}^{nN\times nN}$，$\bar{A} \geqslant 0$ 形如式(6.15)，$A_l=[a_{ij}^{[l]}]$，$1 \leqslant i,j \leqslant n$，$1 \leqslant l \leqslant N$。

(1) 设 $\alpha_1=\min\limits_{1\leqslant i\leqslant n}\left\{\sum\limits_{j=1}^{n}\sum\limits_{l=1}^{N}a_{ij}^{[l]}\right\}$，$\alpha_2=\max\limits_{1\leqslant i\leqslant n}\left\{\sum\limits_{j=1}^{n}\sum\limits_{l=1}^{N}a_{ij}^{[l]}\right\}$，则

$$\min\{1,\alpha_1\} \leqslant \rho(\bar{A}) \leqslant \max\{1,\alpha_2\} \tag{6.17}$$

(2) 设 $\gamma_1=\min\limits_{1\leqslant l\leqslant N-1}\left\{\min\limits_{1\leqslant j\leqslant n}\left\{\sum\limits_{i=1}^{n}a_{ij}^{[l]}\right\}\right\}$，$\gamma_2=\max\limits_{1\leqslant l\leqslant N-1}\left\{\max\limits_{1\leqslant j\leqslant n}\left\{\sum\limits_{i=1}^{n}a_{ij}^{[l]}\right\}\right\}$；$\mu_1=\min\limits_{1\leqslant j\leqslant n}\left\{\sum\limits_{i=1}^{n}a_{ij}^{[N]}\right\}$，

$\mu_2 = \max\limits_{1 \leqslant j \leqslant n}\left\{\sum\limits_{i=1}^{n} a_{ij}^{[N]}\right\}$；则

$$\min\{\mu_1, 1+\gamma_1\} \leqslant \rho(\overline{A}) \leqslant \max\{\mu_2, 1+\gamma_2\} \tag{6.18}$$

(3) 设 $\beta_1 = \min\{1, \alpha_1\}$，$\beta_2 = \max\{1, \alpha_2\}$；$\eta_1 = \min\{\mu_1, 1+\gamma_1\}$，$\eta_2 = \max\{\mu_2, 1+\gamma_2\}$；则

$$\max\{\beta_1, \eta_1\} \leqslant \rho(\overline{A}) \leqslant \min\{\beta_2, \eta_2\} \tag{6.19}$$

由引理 6.13 可知，推论 6.11 的结论成立。

借用推论 6.11 中的记号，可以得到如下定理和推论。

定理 6.18　给定系统(6.14)(系统(6.13))及其系数矩阵 $\overline{A}$ (见式(6.15)),设 $A_j \geqslant 0$ $(1 \leqslant j \leqslant N)$，则有如下结论。

(1) $\gamma_1 > 0$ 时:

$$\rho(\overline{A}) < 1\text{，当且仅当 } \mu_1 < 1 \text{ 且 } \alpha_1 = \alpha_2 < 1\text{，或 } \mu_1 < 1 \text{ 且 } \alpha_1 < \alpha_2 \leqslant 1 \tag{6.20}$$

$$\rho(\overline{A}) = 1\text{，当且仅当 } \mu_1 \leqslant 1 \text{ 且 } \alpha_1 = \alpha_2 = 1 \tag{6.21}$$

(2) $\gamma_2 = 0$ 时:

$$\rho(\overline{A}) < 1\text{，当且仅当 } \alpha_1 < 1 \text{ 且 } \mu_1 = \mu_2 < 1\text{，或 } \alpha_1 < 1 \text{ 且 } \mu_1 < \mu_2 \leqslant 1 \tag{6.22}$$

$$\rho(\overline{A}) = 1\text{，当且仅当 } \alpha_1 \leqslant 1 \text{ 且 } \mu_1 = \mu_2 = 1 \tag{6.23}$$

(3) $$\rho(\overline{A}) > 1\text{，当且仅当 } \alpha_1 > 1 \text{ 或 } \mu_1 > 1 \tag{6.24}$$

证明　(1) $\gamma_1 > 0$ 时，$A_i\,(1 \leqslant i \leqslant N-1)$不全为零。当 $\mu_1 < 1$ 且 $\alpha_1 = \alpha_2 < 1$时：由式(6.17)可得，$\alpha_1 \leqslant \rho(\overline{A}) \leqslant 1$；由式(6.18)可得，$\mu_1 \leqslant \rho(\overline{A}) \leqslant \max\{\mu_2, 1+\gamma_2\}$。进一步，当 $\mu_2 \geqslant 1+\gamma_2$ 时，$\mu_1 \leqslant \rho(\overline{A}) \leqslant \mu_2$；当 $\mu_2 < 1+\gamma_2$ 时，$\mu_1 \leqslant \rho(\overline{A}) \leqslant 1+\gamma_2$。综合考虑上述各种情况，并由式(6.19)可得，$\max\{\alpha_1, \mu_1\} \leqslant \rho(\overline{A}) \leqslant 1$。下面证明 $\rho(\overline{A}) \neq 1$；否则，由引理 6.15，可选特征向量 $Z = [1 \ \ 1 \ \ \cdots \ \ 1]^{\mathrm{T}} \in \mathbb{R}^{nN}$，使得 $\overline{A}Z = Z$，$\alpha_1 = \alpha_2 = 1$，与假设矛盾。如此，$\max\{\alpha_1, \mu_1\} \leqslant \rho(\overline{A}) < 1$。反之，当 $\mu_1 < 1$ 且 $\alpha_1 = \alpha_2$ 时，由 $\rho(\overline{A}) < 1$ 可以推出，$\alpha_1 = \alpha_2 < 1$。类似可证，当 $\mu_1 < 1$ 且 $\alpha_1 < \alpha_2$ 时，$\alpha_1 < \alpha_2 < 1$ 或者 $\alpha_1 < \alpha_2 = 1$，当且仅当 $\rho(\overline{A}) < 1$。

当 $\gamma_2 = 0$ 时，$A_i\,(1 \leqslant i \leqslant N-1)$全为零。类似前面的方法可证：当 $\alpha_1 < 1$ 且 $\mu_1 = \mu_2$ 时，$\mu_1 = \mu_2 < 1$，当且仅当 $\rho(\overline{A}) < 1$；当 $\alpha_1 < 1$ 且 $\mu_1 < \mu_2$ 时，$\mu_1 < \mu_2 < 1$ 或者 $\mu_1 < \mu_2 = 1$，当且仅当 $\rho(\overline{A}) < 1$。当 $\alpha_1 < 1$ 且 $\mu_1 < \mu_2 = 1$时，$\rho(\overline{A}) < 1$。因全部互斥情况仅有 6 种，故(1)的结论成立。

(2) 当 $\gamma_1 > 0$，$\mu_1 \leqslant 1$ 且 $\alpha_1 = \alpha_2 = 1$时，由式(6.17)可知，$\rho(\overline{A}) = 1$。当 $\gamma_2 = 0$，

$\alpha_1 \leqslant 1$且$\mu_1 = \mu_2 = 1$时，$\gamma_1 = 0$。由式(6.18)可知，$\rho(\bar{A}) = 1$。

(3) 当$\alpha_1 > 1$时，$\alpha_2 > 1$。由式(6.17)可知，$1 \leqslant \rho(\bar{A}) \leqslant \alpha_2$。显然，$\rho(\bar{A}) = 1$不成立，否则将推出$\alpha_1 = \alpha_2 = 1$，与假设矛盾。所以，当$\alpha_1 > 1$时，$\rho(\bar{A}) > 1$。类似可证，当$\eta_1 > 1$时，$\rho(\bar{A}) > 1$。反之，若$\rho(\bar{A}) > 1$，则可以推出$\alpha_1 > 1$，或者可以推出$\eta_1 > 1$。　□

推论 6.12　给定系统(6.14)(系统(6.13))及其系数矩阵$\bar{A}$(见式(6.15))，设$A_j \geqslant 0$ $(1 \leqslant j \leqslant N-1)$且不全为零，$A_N \geqslant 0$不可约，则：

(1) 系统(6.14)(系统(6.13))渐近稳定，即$\rho(\bar{A}) < 1$的充要条件是$\mu_1 < 1$且$\alpha_1 = \alpha_2 < 1$，或$\mu_1 < 1$且$\alpha_1 < \alpha_2 \leqslant 1$；

(2) 系统(6.14)(系统(6.13))稳定，即$\rho(\bar{A}) = 1$的充要条件是$\mu_1 \leqslant 1$且$\alpha_1 = \alpha_2 = 1$；

(3) 系统(6.14)(系统(6.13))不稳定，即$\rho(\bar{A}) > 1$的充要条件是$\alpha_1 > 1$或$\mu_1 > 1$。

合并考虑推论 6.8 和定理 6.18 可知，推论 6.12 的结论成立。

两相比较可知，推论 6.8 与推论 6.12 等价，推论 6.8 形式简洁，但推论 6.12 中的参数化条件更易检验，故更适合在具体判定问题中应用。

推论 6.13　给定系统(6.14)(系统(6.13))及其系数矩阵$\bar{A}$(见式(6.15))，设$A_j \geqslant 0$ $(1 \leqslant j \leqslant N)$且不全为零，$\bar{A} \geqslant 0$不可约，则：

(1) 系统(6.14)(系统(6.13))渐近稳定，即$\rho(\bar{A}) < 1$的充要条件是$\mu_1 < 1$且$\alpha_1 = \alpha_2 < 1$，或$\mu_1 < 1$且$\alpha_1 < \alpha_2 \leqslant 1$；

(2) 系统(6.14)(系统(6.13))稳定，即$\rho(\bar{A}) = 1$的充要条件是$\mu_1 \leqslant 1$且$\alpha_1 = \alpha_2 = 1$；

(3) 系统(6.14)(系统(6.13))不稳定，即$\rho(\bar{A}) > 1$的充要条件是$\alpha_1 > 1$或$\mu_1 > 1$。

合并考虑推论 6.9 和定理 6.18 可知，推论 6.13 的结论成立。

不难理解，推论 6.9 与推论 6.13 等价，推论 6.9 形式简洁，但推论 6.13 更易检验，故更适合在实际问题中应用。

定义 6.6　设$\bar{A}$形如式(6.15)，$A_j \in \mathbb{R}^{n\times n}$，$A_j \geqslant 0$ $(1 \leqslant j \leqslant N)$，$\sum_{j=1}^{N} A_j \neq 0$，$\bar{A}_{\Sigma} = \sum_{j=1}^{N} A_j$，且

$$\hat{X}(k+1) = \bar{A}_{\Sigma}\hat{X}(k) \tag{6.25}$$

称系统(6.25)为系统(6.14)(系统(6.13))的导出系统。

定理 6.19　给定系统(6.25)，设$A_l = [a_{ij}^{[l]}]$ $(1 \leqslant l \leqslant N，1 \leqslant i,j \leqslant n)$，$\alpha_1 = \min\limits_{1\leqslant i\leqslant n}\left\{\sum_{j=1}^{n}\sum_{l=1}^{N} a_{ij}^{[l]}\right\}$，$\alpha_2 = \max\limits_{1\leqslant i\leqslant n}\left\{\sum_{j=1}^{n}\sum_{l=1}^{N} a_{ij}^{[l]}\right\}$，$\hat{\gamma}_1 = \min\limits_{1\leqslant j\leqslant n}\left\{\sum_{i=1}^{n}\sum_{l=1}^{N} a_{ij}^{[l]}\right\}$，$\hat{\gamma}_2 = \max\limits_{1\leqslant j\leqslant n}\left\{\sum_{i=1}^{n}\sum_{l=1}^{N} a_{ij}^{[l]}\right\}$，

则:

(1) $\widehat{\gamma}_1 < 1$时，$\rho(\overline{A}_\Sigma) < 1$当且仅当$\alpha_1 = \alpha_2 < 1$，或$\alpha_1 < \alpha_2 \leqslant 1$ (6.26)

$\alpha_1 < 1$时，$\rho(\overline{A}_\Sigma) < 1$当且仅当$\widehat{\gamma}_1 = \widehat{\gamma}_2 < 1$，或$\widehat{\gamma}_1 < \widehat{\gamma}_2 \leqslant 1$ (6.27)

(2) $\widehat{\gamma}_1 \leqslant 1$时，$\rho(\overline{A}_\Sigma) = 1$当且仅当$\alpha_1 = \alpha_2 = 1$ (6.28)

$\alpha_1 \leqslant 1$时，$\rho(\overline{A}_\Sigma) = 1$当且仅当$\widehat{\gamma}_1 = \widehat{\gamma}_2 = 1$ (6.29)

(3) $\rho(\overline{A}_\Sigma) > 1$，当且仅当$\alpha_1 > 1$或$\widehat{\gamma}_1 > 1$ (6.30)

依据引理 6.13 并仿照定理 6.18 的证明方法，可证定理 6.19 的结论成立。

推论 6.14　给定系统(6.25)，设 $A_l = [a_{ij}^{[l]}]$ ($1 \leqslant l \leqslant N$，$1 \leqslant i,j \leqslant n$)，$\alpha_1 = \min\limits_{1\leqslant i\leqslant n}\left\{\sum\limits_{j=1}^{n}\sum\limits_{l=1}^{N} a_{ij}^{[l]}\right\}$，$\alpha_2 = \max\limits_{1\leqslant i\leqslant n}\left\{\sum\limits_{j=1}^{n}\sum\limits_{l=1}^{N} a_{ij}^{[l]}\right\}$，$\widehat{\gamma}_1 = \min\limits_{1\leqslant j\leqslant n}\left\{\sum\limits_{i=1}^{n}\sum\limits_{l=1}^{N} a_{ij}^{[l]}\right\}$，$\widehat{\gamma}_2 = \max\limits_{1\leqslant j\leqslant n}\left\{\sum\limits_{i=1}^{n}\sum\limits_{l=1}^{N} a_{ij}^{[l]}\right\}$，$\overline{A}_\Sigma \geqslant 0$不可约，则:

(1) $\widehat{\gamma}_1 < 1$ 时，$\rho(\overline{A}_\Sigma) < 1$ 当且仅当 $\alpha_1 = \alpha_2 < 1$，或 $\alpha_1 < \alpha_2 \leqslant 1$；$\alpha_1 < 1$ 时，$\rho(\overline{A}_\Sigma) < 1$当且仅当$\widehat{\gamma}_1 = \widehat{\gamma}_2 < 1$，或$\widehat{\gamma}_1 < \widehat{\gamma}_2 \leqslant 1$。

(2) $\rho(\overline{A}_\Sigma) = 1$，当且仅当$\alpha_1 = \alpha_2 = 1$，或$\widehat{\gamma}_1 = \widehat{\gamma}_2 = 1$。

(3) $\rho(\overline{A}_\Sigma) > 1$，当且仅当$\alpha_1 > 1$或$\widehat{\gamma}_1 > 1$。

依据推论 6.9、引理 6.17 和定理 6.19，可证推论 6.14 的结论成立。

定理 6.20　给定系统(6.14)(系统(6.13))及其系数矩阵$\overline{A}$(见式(6.15))，设$A_j \geqslant 0$ ($1 \leqslant j \leqslant N$)，$\overline{A}_\Sigma = \sum\limits_{j=1}^{N} A_j$，则:

(1) $\rho(\overline{A}) = 0 \Leftrightarrow \rho(\overline{A}_\Sigma) = 0$；

(2) $\rho(\overline{A}) > 0 \Leftrightarrow \rho(\overline{A}_\Sigma) > 0$。

证明　(1)当$A_j \geqslant 0$ ($1 \leqslant j \leqslant N$)时，$\overline{A} \geqslant 0$，$\overline{A}_\Sigma \geqslant 0$。设$A_l = [a_{ij}^{[l]}]$ ($1 \leqslant l \leqslant N$，$1 \leqslant i,j \leqslant n$)，$\alpha_m = \min\limits_{1\leqslant i\leqslant n}\left\{\sum\limits_{j=1}^{n}\sum\limits_{l=1}^{N} a_{ij}^{[l]}\right\}$，$\alpha_M = \max\limits_{1\leqslant i\leqslant n}\left\{\sum\limits_{j=1}^{n}\sum\limits_{l=1}^{N} a_{ij}^{[l]}\right\}$，$\beta_m = \min\limits_{1\leqslant j\leqslant n}\left\{\sum\limits_{i=1}^{n}\sum\limits_{l=1}^{N} a_{ij}^{[l]}\right\}$，$\beta_M = \max\limits_{1\leqslant j\leqslant n}\left\{\sum\limits_{i=1}^{n}\sum\limits_{l=1}^{N} a_{ij}^{[l]}\right\}$。由引理 6.13 可得，$\max\{\alpha_m, \beta_m\} \leqslant \rho(\overline{A}_\Sigma) \leqslant \min\{\alpha_M, \beta_M\}$。显然，$\rho(\overline{A}_\Sigma) = 0$的充要条件是$\alpha_M = 0$，或者$\beta_M = 0$。当$\alpha_M = 0$时，$\sum\limits_{j=1}^{n}\sum\limits_{l=1}^{N} a_{ij}^{[l]} = 0$ ($1 \leqslant i \leqslant n$)。如此，$\beta_M = 0$，$\overline{A}_\Sigma = 0$，$A_j = 0$ ($1 \leqslant j \leqslant N$)，$\rho(\overline{A}) = 0$。当$\beta_M = 0$时，同样可得$\overline{A}_\Sigma = 0$，$A_j = 0$ ($1 \leqslant j \leqslant N$)，$\rho(\overline{A}) = 0$。上述两种情况表明，$\rho(\overline{A}_\Sigma) = 0 \Rightarrow$

$\rho(\bar{A})=0$。

由定理 6.15 可知，系统(6.14)的稳定性与系统(6.13)的稳定性等价；系统(6.13)的特征多项式为 $F(\lambda)=\det(\lambda^N I - A_1\lambda^{N-1} - \cdots - A_{N-1}\lambda - A_N)$。特征方程 $F(\lambda)=0$ 的根全部为零与 $\rho(\bar{A})=0$ 等价。$F(\lambda)=0$ 的根全部为零仅有两种可能情况：① $A_j=0$ ($1\leqslant j\leqslant N$)，此种情况下，$\bar{A}_\Sigma=0$，$\rho(\bar{A}_\Sigma)=0$。② A_j ($1\leqslant j\leqslant N$)是主对角和上三角元素均为零(或主对角和下三角元素均为零)，其他元素可取任意非负值的矩阵。此种情况下，$\bar{A}_\Sigma$ 也是主对角和上三角元素均为零(或主对角和下三角元素均为零)的矩阵。如此，仍可得 $\rho(\bar{A}_\Sigma)=0$。综合考虑上述两种情况可得 $\rho(\bar{A})=0 \Rightarrow \rho(\bar{A}_\Sigma)=0$。

合并前两段的证明结果可得，$\rho(\bar{A})=0 \Leftrightarrow \rho(\bar{A}_\Sigma)=0$。

(2) 设 $\rho(\bar{A}_\Sigma)>0$ 时，$\rho(\bar{A})=0$。因 $\rho(\bar{A})=0 \Rightarrow \rho(\bar{A}_\Sigma)=0$，故 $\rho(\bar{A}_\Sigma)>0$ 时，$\rho(\bar{A})=0$ 的假设不成立。如此，$\rho(\bar{A}_\Sigma)>0$ 时，$\rho(\bar{A})>0$；$\rho(\bar{A}_\Sigma)>0 \Rightarrow \rho(\bar{A})>0$。类似方法可证，$\rho(\bar{A})>0 \Rightarrow \rho(\bar{A}_\Sigma)>0$。综合考虑可得 $\rho(\bar{A})>0 \Leftrightarrow \rho(\bar{A}_\Sigma)>0$。□

借用推论 6.11、推论 6.14、定理 6.18 和定理 6.19 中的记号，可以得到如下定理。

定理 6.21 给定系统(6.14)(系统(6.13))及其系数矩阵 $\bar{A}$ (见式(6.15))，设 $A_j\geqslant 0$ ($1\leqslant j\leqslant N$)，$\bar{A}_\Sigma=\sum_{i=1}^{N}A_i$，则：

(1) $\rho(\bar{A}_\Sigma)<1 \Rightarrow \rho(\bar{A})<1$；

(2) $\rho(\bar{A}_\Sigma)=1 \Rightarrow \rho(\bar{A})=1$；

(3) $\rho(\bar{A})>1 \Rightarrow \rho(\bar{A}_\Sigma)>1$；

(4) 当 $\mu_1=\hat{\gamma}_1$ 且 $\mu_2=\hat{\gamma}_2$ 时，系统(6.14)(系统(6.13))与系统(6.25)稳定性等价。

证明 (1)当 $A_j\geqslant 0$ ($1\leqslant j\leqslant N$)时，$\gamma_1\geqslant 0$，$\gamma_2\geqslant 0$。设 $\varsigma_1=\min\limits_{1\leqslant j\leqslant n}\left\{\sum_{i=1}^{n}\sum_{l=1}^{N-1}a_{ij}^{[l]}\right\}$，可得 $\hat{\gamma}_1=\varsigma_1+\mu_1$。因 $\varsigma_1\geqslant\gamma_1$，故当 $\gamma_1\geqslant 0$ 时，$\varsigma_1\geqslant 0$，$\mu_1\leqslant\hat{\gamma}_1$。当 $\gamma_2>0$ (无论 $\gamma_1>0$ 还是 $\gamma_1=0$)且 $\hat{\gamma}_1<1$ 时，$\mu_1<1$，由式(6.26)可以推出式(6.20)。设 $\varsigma_2=\max\limits_{1\leqslant j\leqslant n}\left\{\sum_{i=1}^{n}\sum_{l=1}^{N-1}a_{ij}^{[l]}\right\}$，可得 $\hat{\gamma}_2=\varsigma_2+\mu_2$。因 $\varsigma_2\geqslant\gamma_2$，故当 $\gamma_2\geqslant 0$ 时，$\varsigma_2\geqslant 0$，$\mu_2\leqslant\hat{\gamma}_2$。当 $\gamma_2=0$ 时，$\gamma_1=0$，进而可得 $\varsigma_1=\varsigma_2=0$，$\hat{\gamma}_1=\mu_1$，$\hat{\gamma}_2=\mu_2$。当 $\hat{\gamma}_1=\hat{\gamma}_2<1$ 时，可得 $\mu_1=\mu_2<1$；当 $\hat{\gamma}_1<\hat{\gamma}_2<1$ 时，可得 $\mu_1<\mu_2<1$；当 $\hat{\gamma}_1<\hat{\gamma}_2=1$ 时，可得 $\mu_1<\mu_2=1$。如此，由式(6.27)可以推出式(6.23)。由定理 6.19 可知，当式(6.26)和式(6.27)成立时，$\rho(\bar{A}_\Sigma)<1$。由定理 6.18 可知，当式(6.20)和式(6.23)成立时，$\rho(\bar{A})<1$。这表明，由 $\rho(\bar{A}_\Sigma)<1$ 可以推出 $\rho(\bar{A})<1$，即 $\rho(\bar{A}_\Sigma)<1 \Rightarrow \rho(\bar{A})<1$。

(2) 设 $\varsigma_1 = \min_{1 \leqslant j \leqslant n}\left\{\sum_{i=1}^{n}\sum_{l=1}^{N-1} a_{ij}^{[l]}\right\}$，可得 $\widehat{\gamma}_1 = \varsigma_1 + \mu_1$。因 $\varsigma_1 \geqslant 0$，故 $\mu_1 \leqslant \widehat{\gamma}_1$。当 $\gamma_2 > 0$ (无论 $\gamma_1 > 0$ 还是 $\gamma_1 = 0$)且 $\widehat{\gamma}_1 \leqslant 1$ 时，$\mu_1 \leqslant 1$，由式(6.28)可以推出式(6.21)。设 $\varsigma_2 = \max_{1 \leqslant j \leqslant n}\left\{\sum_{i=1}^{n}\sum_{l=1}^{N-1} a_{ij}^{[l]}\right\}$，可得 $\widehat{\gamma}_2 = \varsigma_2 + \mu_2$。因 $\varsigma_2 \geqslant 0$，故 $\mu_2 \leqslant \widehat{\gamma}_2$。当 $\gamma_2 = 0$ 时，$\gamma_1 = 0$，进而可得 $\varsigma_1 = \varsigma_2 = 0$，$\widehat{\gamma}_1 = \mu_1$，$\widehat{\gamma}_2 = \mu_2$。当 $\widehat{\gamma}_1 = \widehat{\gamma}_2 = 1$ 时，$\mu_1 = \mu_2 = 1$，即当 $\gamma_2 = 0$ 时，由式(6.29)可以推出式(6.24)。由定理 6.19 可知，当式(6.28)和式(6.29)成立时，$\rho(\overline{A}_{\Sigma}) = 1$。由定理 6.18 可知，当式(6.21)和式(6.24)成立时，$\rho(\overline{A}) = 1$。这表明，由 $\rho(\overline{A}_{\Sigma}) = 1$ 可以推出 $\rho(\overline{A}) = 1$，即 $\rho(\overline{A}_{\Sigma}) = 1 \Rightarrow \rho(\overline{A}) = 1$。

(3) 由(1)中的证明结果可知，$\mu_1 \leqslant \widehat{\gamma}_1$。当 $\mu_1 > 1$ 时，$\widehat{\gamma}_1 > 1$，由式(6.22)可以推出式(6.30)，即由定理 6.18 中的 $\rho(\overline{A}) > 1$ 可以推出定理 6.19 中的 $\rho(\overline{A}_{\Sigma}) > 1$。这表明，$\rho(\overline{A}_{\Sigma}) > 1 \Rightarrow \rho(\overline{A}) > 1$。

(4) 当 $\mu_1 = \widehat{\gamma}_1$ 且 $\mu_2 = \widehat{\gamma}_2$ 时，$\gamma_1 = \gamma_2 = 0$，$A_1 = A_2 = \cdots = A_{N-1} = 0$，$A_{\Sigma} = A_N$，由定理 6.16 可知，系统(6.14)(系统(6.13))与系统(6.25)的稳定性等价。□

定理 6.22　给定系统(6.14)(系统(6.13))及其系数矩阵 $\overline{A}$ (见式(6.15))，设 $A_j \geqslant 0$ ($1 \leqslant j \leqslant N$)，$\overline{A}_{\Sigma} = \sum_{j=1}^{N} A_j$，$\rho(\overline{A}) > 0$，则：

(1) $0 < \rho(\overline{A}_{\Sigma}) < 1 \Leftrightarrow 0 < \rho(\overline{A}) < 1$；

(2) $\rho(\overline{A}_{\Sigma}) = 1 \Leftrightarrow \rho(\overline{A}) = 1$；

(3) $\rho(\overline{A}_{\Sigma}) > 1 \Leftrightarrow \rho(\overline{A}) > 1$。

证明　(1) 当 $A_j \geqslant 0$ ($1 \leqslant j \leqslant N$)时，$\overline{A} \geqslant 0$，$\overline{A}_{\Sigma} \geqslant 0$。由定理 6.21 中的(1)可得，$\rho(\overline{A}_{\Sigma}) < 1 \Rightarrow \rho(\overline{A}) < 1$。下证 $\rho(\overline{A}) < 1 \Rightarrow \rho(\overline{A}_{\Sigma}) < 1$。

当 $\rho(\overline{A}) > 0$ 时，由引理 6.15 可知，$\rho(\overline{A})$ 是 $\overline{A}$ 的特征值。设 $y > 0$，$Y = [y\ \ y\ \ \cdots\ \ y]^{\mathrm{T}} \in \mathbb{R}^n$；$\rho(\overline{A}) = \rho$，$X_j = \dfrac{Y}{\rho^j}$ ($1 \leqslant j \leqslant N$)，$X = \left[X_1^{\mathrm{T}}\ \ X_2^{\mathrm{T}}\ \ \cdots\ \ X_N^{\mathrm{T}}\right]^{\mathrm{T}} \in \mathbb{R}^{nN}$。因 $X > 0$，且 $\overline{A}X = \rho(\overline{A})X$，故 X 为 $\overline{A}$ 属于 $\rho(\overline{A})$ 的特征向量。展开 $\overline{A}X = \rho(\overline{A})X$ 可得

$$\begin{bmatrix} A_1 & A_2 & \cdots & \cdots & A_N \\ I & 0 & \cdots & \cdots & 0 \\ 0 & \ddots & \ddots & \ddots & \vdots \\ \vdots & \ddots & \ddots & \ddots & \vdots \\ 0 & \cdots & 0 & I & 0 \end{bmatrix}\begin{bmatrix} X_1 \\ X_2 \\ \vdots \\ \vdots \\ X_N \end{bmatrix} = \rho\begin{bmatrix} X_1 \\ X_2 \\ \vdots \\ \vdots \\ X_N \end{bmatrix}$$

考察上式两边的第一(分块)行可得：$A_1X_1 + A_2X_2 + \cdots + A_NX_N = \rho X_1$；$A_1Y\rho^{N-1} + A_2Y\rho^{N-2} + \cdots + A_NY = \rho^N Y$ 。因 $A_j \geqslant 0$（$1 \leqslant j \leqslant N$），故当 $\rho(\overline{A}) = \rho < 1$ 时，$A_1Y + A_2Y + \cdots + A_NY < Y$，此即 $\sum_{j=1}^{N} A_jY < Y$。设 $A_l = [a_{ij}^{[l]}]$（$1 \leqslant l \leqslant N$，$1 \leqslant i, j \leqslant n$），则 $\sum_{j=1}^{N} A_jY < Y$ 有两个解：① $\overline{A}_\Sigma = \sum_{j=1}^{N} A_j < I$（$I$ 为 n 阶单位矩阵），即 $\overline{A}_\Sigma < I$；② $\sum_{l=1}^{N}\sum_{j=1}^{n} a_{1j}^{[l]} = \sum_{l=1}^{N}\sum_{j=1}^{n} a_{2j}^{[l]} = \cdots = \sum_{l=1}^{N}\sum_{j=1}^{n} a_{nj}^{[l]} < 1$，即 $\overline{A}_\Sigma$ 各行元素之和相等且均小于 1。当 $\overline{A}_\Sigma < I$ 时，$\rho(\overline{A}_\Sigma) < 1$。依据引理 6.17，由第二个解可得 $\rho(\overline{A}_\Sigma) < 1$。综合考虑这两种解可得 $\rho(\overline{A}) < 1 \Rightarrow \rho(A_\Sigma) < 1$。

由定理 6.20 中的(2)可知，$\rho(\overline{A}_\Sigma) > 0 \Leftrightarrow \rho(\overline{A}) > 0$。将此结论与前述结论合并可得，$0 < \rho(\overline{A}_\Sigma) < 1 \Leftrightarrow 0 < \rho(\overline{A}) < 1$。

(2) 由定理 6.21 中的(2)可知，$\rho(\overline{A}_\Sigma) = 1 \Rightarrow \rho(\overline{A}) = 1$。下证 $\rho(\overline{A}) = 1 \Rightarrow \rho(A_\Sigma) = 1$。由(1)中的证明结果可得，$A_1X_1 + A_2X_2 + \cdots + A_NX_N = \rho X_1$；$A_1Y\rho^{-1} + A_2Y\rho^{-2} + \cdots + A_NY\rho^{-N} = Y$。当 $\rho(\overline{A}) = \rho = 1$ 时，$\sum_{j=1}^{N} A_jY = Y$。设 $A_l = [a_{ij}^{[l]}]$（$1 \leqslant l \leqslant N, 1 \leqslant i, j \leqslant n$），则 $\sum_{j=1}^{N} A_jY = Y$ 有两个解：① $\overline{A}_\Sigma = \sum_{j=1}^{N} A_j = I$，即 $\overline{A}_\Sigma = I$；② $\sum_{l=1}^{N}\sum_{j=1}^{n} a_{1j}^{[l]} = \sum_{l=1}^{N}\sum_{j=1}^{n} a_{2j}^{[l]} = \cdots = \sum_{l=1}^{N}\sum_{j=1}^{n} a_{nj}^{[l]} = 1$，即 $\overline{A}_\Sigma$ 各行元素之和均为 1。当 $\overline{A}_\Sigma = I$ 时，$\rho(\overline{A}_\Sigma) = 1$。依据引理 6.17，由第二个解可得 $\rho(\overline{A}_\Sigma) = 1$。综合这两种解可得 $\rho(\overline{A}) = 1 \Rightarrow \rho(A_\Sigma) = 1$。

(3) 由定理 6.21 中的(3)可知，$\rho(\overline{A}) > 1 \Rightarrow \rho(\overline{A}_\Sigma) > 1$。下证 $\rho(\overline{A}_\Sigma) > 1 \Rightarrow \rho(\overline{A}) > 1$。

由(1)和(2)的证明结果可知，当 $\rho(\overline{A}_\Sigma) > 1$ 时，$\rho(\overline{A}) = 1$ 和 $\rho(\overline{A}) < 1$ 均不成立，如此仅有 $\rho(\overline{A}) > 1$。此即 $\rho(\overline{A}_\Sigma) > 1 \Rightarrow \rho(\overline{A}) > 1$。 □

将定理 6.20 与定理 6.22 合并，可得如下推论。

推论 6.15　给定系统(6.14)(系统(6.13))及其系数矩阵 $\overline{A}$（见式(6.15)），设 $A_j \geqslant 0$（$1 \leqslant j \leqslant N$），$\overline{A}_\Sigma = \sum_{j=1}^{N} A_j$，则：

(1) $\rho(\overline{A}_\Sigma) = 0 \Leftrightarrow \rho(\overline{A}) = 0$；

(2) $0 < \rho(\overline{A}_\Sigma) < 1 \Leftrightarrow 0 < \rho(\overline{A}) < 1$；

(3) $\rho(\overline{A}_\Sigma) = 1 \Leftrightarrow \rho(\overline{A}) = 1$；

(4) $\rho(\bar{A}_{\Sigma})>1 \Leftrightarrow \rho(\bar{A})>1$。

推论 6.15 揭示了系统(6.14)的谱半径 $\rho(\bar{A})$ 与系统(6.25)的谱半径 $\rho(\bar{A}_{\Sigma})$ 之间的内在联系，但模为 1 的 $\lambda_i(\bar{A})$ 的代数重数等于其几何重数与模为 1 的 $\lambda_i(\bar{A}_{\Sigma})$ 的代数重数等于其几何重数之间的联系还没有找到。

推论 6.16　给定系统(6.14)(系统(6.13))及其系数矩阵 $\bar{A}$ (见式(6.15))，设 $A_j \geqslant 0$ $(1 \leqslant j \leqslant N)$，$\bar{A}_{\Sigma}=\sum_{j=1}^{N} A_j$，则：

(1) 系统(6.14)(系统(6.13))渐近稳定的充要条件是 $\rho(\bar{A}_{\Sigma})<1$；

(2) 当 $\rho(\bar{A}_{\Sigma})>1$时，系统(6.14)(系统(6.13))不稳定。

由推论 6.15 不难推知推论 6.16 的结论成立。

引理 6.18　设 $A \in \mathbb{R}^{n \times n}$ 且 $A \geqslant 0$，则存在置换矩阵 $P \in \mathbb{R}^{n \times n}$，使得

$$PAP^{\mathrm{T}}=\begin{bmatrix} A_{11} & A_{12} & \cdots & A_{1k} \\ 0 & A_{22} & \cdots & A_{2k} \\ \vdots & \ddots & \ddots & \vdots \\ 0 & \cdots & 0 & A_{kk} \end{bmatrix} \tag{6.31}$$

其中 $A_{ii}\,(1 \leqslant i \leqslant k)$是非负不可约方阵。

式(6.31)称为可约矩阵的标准形。下面的非负矩阵是另一种可约矩阵标准形：

$$PAP^{\mathrm{T}}=\begin{bmatrix} A_{11} & 0 & \cdots & 0 \\ A_{12} & A_{22} & \ddots & \vdots \\ \vdots & \vdots & \ddots & 0 \\ A_{1k} & A_{2k} & \cdots & A_{kk} \end{bmatrix} \tag{6.32}$$

定义 6.7　设 $A,B \in \mathbb{R}^{n \times n}$，$A$ 和 B 均为非负可约矩阵，且 A 和 B 均与式(6.31)(或式(6.32))具有相同的形式(结构)，则称 A 和 B 是同形的非负可约矩阵。

需要说明的是，定义 6.6 中的同形并不仅指完全相同，即两个矩阵同形并不仅要求这两个矩阵完全相等。另外，n 阶单位矩阵和 n 阶零矩阵都是非负可约矩阵，它们既与式(6.31)同形也与式(6.32)同形。

定理 6.23　设 $A,B \in \mathbb{R}^{n \times n}$，$A$ 和 B 均为非负可约矩阵且同形，则：

(1) $A+B$、AB、BA、$A^m\,(m \in \mathbb{N})$均为非负可约矩阵，且与 A 同形；

(2) 当 A 是分块矩阵时，若 A 的所有子块均是非负方阵且同形，则 A 是非负可约矩阵。

证明　(1) 依据定义 6.2，设 A 和 B 均为非负可约矩阵且同形，其中

$$A=\begin{bmatrix}A_{11} & A_{12}\\ 0 & A_{22}\end{bmatrix},\quad B=\begin{bmatrix}B_{11} & B_{12}\\ 0 & B_{22}\end{bmatrix}$$

则

$$A+B=\begin{bmatrix}A_{11}+B_{11} & A_{12}+B_{12}\\ 0 & A_{22}+B_{22}\end{bmatrix},\quad AB=\begin{bmatrix}A_{11}B_{11} & A_{11}B_{12}+A_{12}B_{22}\\ 0 & A_{22}B_{22}\end{bmatrix}$$

$$A^2=\begin{bmatrix}A_{11}^2 & A_{11}A_{12}+A_{12}A_{22}\\ 0 & A_{22}^2\end{bmatrix},\quad \cdots,\quad A^m=\begin{bmatrix}* & *\\ 0 & *\end{bmatrix}$$

$*$表示非负矩阵。

如此，$A+B$、AB 和 A^m ($m\in\mathbb{N}$)均为非负可约矩阵，且与 A 同形。

(2) 设 A、B、C 和 D 均为非负可约矩阵且同形，其中

$$A=\begin{bmatrix}A_{11} & A_{12}\\ 0 & A_{22}\end{bmatrix},\quad B=\begin{bmatrix}B_{11} & B_{12}\\ 0 & B_{22}\end{bmatrix},\quad C=\begin{bmatrix}C_{11} & C_{12}\\ 0 & C_{22}\end{bmatrix},\quad D=\begin{bmatrix}D_{11} & D_{12}\\ 0 & D_{22}\end{bmatrix},\quad E=\begin{bmatrix}A & B\\ C & D\end{bmatrix}$$

则存在置换矩阵：

$$P=P^{\mathrm{T}}=\begin{bmatrix}I & 0 & 0 & 0\\ 0 & 0 & I & 0\\ 0 & I & 0 & 0\\ 0 & 0 & 0 & I\end{bmatrix},\quad PEP^{\mathrm{T}}=\begin{bmatrix}A_{11} & B_{11} & A_{12} & B_{12}\\ C_{11} & D_{11} & C_{12} & D_{12}\\ 0 & 0 & A_{22} & B_{22}\\ 0 & 0 & C_{22} & D_{22}\end{bmatrix}=Q$$

显然，Q 为非负可约矩阵。 □

定理 6.24　给定系统(6.14)(系统(6.13))及其系数矩阵 $\bar{A}$ (见(6.15))，设 $A_j\geqslant 0$ ($1\leqslant j\leqslant N$)，$\bar{A}_{\Sigma}=\sum_{j=1}^{N}A_j$：

(1) $\bar{A}_{\Sigma}$ 可约的充要条件是 A_j ($1\leqslant j\leqslant N$)均可约且同形；

(2) 若存在一个 A_j 不可约，或存在两个及两个以上的 A_j 之和不可约，则 $\bar{A}_{\Sigma}$ 不可约；

(3) 若 $\bar{A}$ 不可约，则 $\bar{A}_{\Sigma}$ 不可约，但反之不一定成立。

证明　(1) 使用定理 6.23 中的相关结果，不难证明此结论成立。

(2) 设 A_j ($j\in\{1,2,\cdots,N\}$)不可约。因 $0\leqslant A_j\leqslant\bar{A}_{\Sigma}$，当 A_j 不可约时，由引理 6.14 可得 $0<(I+A_j)^{n-1}\leqslant(I+\bar{A}_{\Sigma})^{n-1}$，即 $(I+\bar{A}_{\Sigma})^{n-1}>0$。再由引理 6.14 可知，$\bar{A}_{\Sigma}\geqslant 0$ 不可约。其他情况的证明类似，这里不再重复。

(3) 设 $\bar{A}$ 不可约，$\bar{A}_{\Sigma}$ 可约。当 $\bar{A}_{\Sigma}$ 可约时，A_j ($1\leqslant j\leqslant N$)均可约且同形。设 A_j

与式(6.31)同形，则 $\bar{A}$ 中的 n 阶单位矩阵和 n 阶零矩阵都与式(6.31)同形。如此，$\bar{A}$ 中的所有分块矩阵均可约且同形。由定理 6.23 中的(2)可知，$\bar{A}$ 为非负可约矩阵，与假设矛盾。如此，若 $\bar{A}$ 不可约，则 $\bar{A}_\Sigma$ 不可约。

可以举例说明，$\bar{A}_\Sigma$ 不可约时 $\bar{A}$ 可约。设

$$A_1 = \begin{bmatrix} 0 & 0 \\ 1 & 1 \end{bmatrix}, \quad A_2 = \begin{bmatrix} 1 & 0 \\ 0 & 0 \end{bmatrix}, \quad A_3 = \begin{bmatrix} 0 & 1 \\ 0 & 0 \end{bmatrix}$$

则

$$\bar{A} = \begin{bmatrix} A_1 & A_2 & A_3 \\ I & 0 & 0 \\ 0 & I & 0 \end{bmatrix}, \quad \bar{A}_\Sigma = \sum_{i=1}^{3} A_i = \begin{bmatrix} 1 & 1 \\ 1 & 1 \end{bmatrix} > 0$$

即 $\bar{A}_\Sigma$ 不可约，但

$$(I + |\bar{A}|)^5 = \begin{bmatrix} 22 & 17 & 17 & 15 & 0 & 17 \\ 49 & 39 & 32 & 17 & 0 & 32 \\ 17 & 6 & 16 & 11 & 0 & 15 \\ 32 & 32 & 17 & 7 & 0 & 17 \\ 15 & 1 & 16 & 5 & 1 & 11 \\ 17 & 26 & 6 & 6 & 0 & 7 \end{bmatrix}$$

由引理 6.14 可知 $\bar{A}$ 可约。　□

定理 6.25　给定系统(6.14)(系统(6.13))及其系数矩阵 $\bar{A}$ (见式(6.15))，设 $A_j \geqslant 0$ $(1 \leqslant j \leqslant N)$，$\bar{A}_\Sigma = \sum_{j=1}^{N} A_j$，$\bar{A}$ 不可约，则:

(1) $\rho(\bar{A}_\Sigma) = 1 \Leftrightarrow \rho(\bar{A}) = 1$;

(2) $0 < \rho(\bar{A}_\Sigma) < 1 \Leftrightarrow 0 < \rho(\bar{A}) < 1$;

(3) $\rho(\bar{A}_\Sigma) > 1 \Leftrightarrow \rho(\bar{A}) > 1$。

证明　(1)当 $A_j \geqslant 0\,(1 \leqslant j \leqslant N)$时，$\bar{A} \geqslant 0$，$\bar{A}_\Sigma \geqslant 0$。由定理 6.21 中的(2)可知，$\rho(\bar{A}_\Sigma) = 1 \Rightarrow \rho(\bar{A}) = 1$。下证 $\rho(\bar{A}) = 1 \Rightarrow \rho(\bar{A}_\Sigma) = 1$。

由引理 6.7 可知，当 $\bar{A} \geqslant 0$ 不可约时，$\rho(\bar{A}) > 0$ 且 $\rho(\bar{A})$ 是 $\bar{A}$ 的特征值。设 $y > 0$，$Y = \begin{bmatrix} y & y & \cdots & y \end{bmatrix}^{\mathrm{T}} \in \mathbb{R}^n$；$\rho(\bar{A}) = \rho$，$X_j = \dfrac{Y}{\rho^j}(1 \leqslant j \leqslant N)$，$X = \begin{bmatrix} X_1^{\mathrm{T}} & X_2^{\mathrm{T}} & \cdots & X_N^{\mathrm{T}} \end{bmatrix}^{\mathrm{T}} \in \mathbb{R}^{nN}$。因 $X > 0$，故可取作 $\bar{A}$ 属于 $\rho(\bar{A})$ 的特征向量。如此，$\bar{A}X = \rho(\bar{A})X$，展开可得

$$\begin{bmatrix} A_1 & A_2 & \cdots & \cdots & A_N \\ I & 0 & \cdots & \cdots & 0 \\ 0 & \ddots & \ddots & \ddots & \vdots \\ \vdots & \ddots & \ddots & \ddots & \vdots \\ 0 & \cdots & 0 & I & 0 \end{bmatrix} \begin{bmatrix} X_1 \\ X_2 \\ \vdots \\ \vdots \\ X_N \end{bmatrix} = \rho \begin{bmatrix} X_1 \\ X_2 \\ \vdots \\ \vdots \\ X_N \end{bmatrix}$$

考察上式两边的第一(分块)行可得，$A_1X_1 + A_2X_2 + \cdots + A_NX_N = \rho X_1$；$A_1Y\rho^{N-1} + A_2Y\rho^{N-2} + \cdots + A_NY = \rho^N Y$。当$\rho(\bar{A}) = \rho = 1$时，$\sum_{j=1}^{N} A_jY = Y$。设$A_l = [a_{ij}^{[l]}]$($1 \leqslant l \leqslant N$，$1 \leqslant i, j \leqslant n$)，则$\sum_{j=1}^{N} A_jY = Y$有两个解：①$\bar{A}_\Sigma = \sum_{j=1}^{N} A_j = I$，即$\bar{A}_\Sigma = I$；②$\sum_{l=1}^{N}\sum_{j=1}^{n} a_{1j}^{[l]} = \sum_{l=1}^{N}\sum_{j=1}^{n} a_{2j}^{[l]} = \cdots = \sum_{l=1}^{N}\sum_{j=1}^{n} a_{nj}^{[l]} = 1$，即$\bar{A}_\Sigma$各行元素之和均为1。由定理6.24中的(2)可知，当A_N不可约时，$\bar{A}_\Sigma$不可约。因I可约，故$\bar{A}_\Sigma = I$不是满足本定理假设的解，只有第二个解适合本定理。由引理 6.17 可知，第二个解等同于$\rho(\bar{A}_\Sigma) = 1$。如此，$\rho(\bar{A}) = 1 \Rightarrow \rho(A_\Sigma) = 1$。

(2) 由定理6.21中的(1)可知，$\rho(\bar{A}_\Sigma) < 1 \Rightarrow \rho(\bar{A}) < 1$。下证$\rho(\bar{A}) < 1 \Rightarrow \rho(\bar{A}_\Sigma) < 1$。当$\rho(\bar{A}) > 0$时，由(1)中的证明结果可得$A_1X_1 + A_2X_2 + \cdots + A_NX_N = \rho X_1$；$A_1Y\rho^{-1} + A_2Y\rho^{-2} + \cdots + A_NY\rho^{-N} = Y$。因$A_j \geqslant 0$($1 \leqslant j \leqslant N$)，故当$\rho(\bar{A}) = \rho < 1$时，$A_1Y + A_2Y + \cdots + A_NY<Y$，此即$\sum_{j=1}^{N} A_jY<Y$。类似(1)中后半部分的证法，可得适合本定理的解为$\sum_{l=1}^{N}\sum_{j=1}^{n} a_{1j}^{[l]} = \sum_{l=1}^{N}\sum_{j=1}^{n} a_{2j}^{[l]} = \cdots = \sum_{l=1}^{N}\sum_{j=1}^{n} a_{nj}^{[l]} < 1$，即$\bar{A}_\Sigma$各行元素之和相等且均小于1。由引理6.17可得，$\rho(\bar{A}_\Sigma) < 1$。如此，$\rho(\bar{A}) < 1 \Rightarrow \rho(\bar{A}_\Sigma) < 1$。

因$\rho(\bar{A}) > 0$，由上述分析结果和定理6.20可得，$0 < \rho(\bar{A}_\Sigma) < 1 \Leftrightarrow 0 < \rho(\bar{A}) < 1$。

(3) 由定理6.21中的(3)可知，$\rho(\bar{A}) > 1 \Rightarrow \rho(\bar{A}_\Sigma) > 1$。下证$\rho(\bar{A}_\Sigma) > 1 \Rightarrow \rho(\bar{A}) > 1$。由(1)和(2)的证明结果可知，当$\rho(\bar{A}_\Sigma) > 1$时，$\rho(\bar{A}) = 1$和$\rho(\bar{A}) < 1$均不成立，如此仅有$\rho(\bar{A}) > 1$。此即$\rho(\bar{A}_\Sigma) > 1 \Rightarrow \rho(\bar{A}) > 1$。　□

推论 6.17　给定系统(6.14)(系统(6.13))及其系数矩阵$\bar{A}$(见式(6.15))，设$A_j \geqslant 0$($1 \leqslant j \leqslant N$)且$A_N$不可约，$\bar{A}_\Sigma = \sum_{j=1}^{N} A_j$，则：

(1) $\rho(\bar{A}_\Sigma) = 1 \Leftrightarrow \rho(\bar{A}) = 1$；

(2) $0<\rho(\bar{A}_{\Sigma})<1 \Leftrightarrow 0<\rho(\bar{A})<1$；

(3) $\rho(\bar{A}_{\Sigma})>1 \Leftrightarrow \rho(\bar{A})>1$。

证明　由定理 6.17 可知，当 $A_N \geqslant 0$ 不可约时，$\bar{A} \geqslant 0$ 不可约。再由定理 6.25 可知，推论 6.17 的结论成立。□

定理 6.26　给定系统(6.14)(系统(6.13))及其系数矩阵 $\bar{A}$ (见式(6.15))，设 $A_j \geqslant 0$ ($1 \leqslant j \leqslant N$)，$\bar{A}_{\Sigma}=\sum_{j=1}^{N} A_j$，$\bar{A}$ 不可约，则：

(1) 系统(6.14)(系统(6.13))渐近稳定的充要条件是 $\rho(\bar{A}_{\Sigma})<1$；

(2) 系统(6.14)(系统(6.13))稳定的充要条件是 $\rho(\bar{A}_{\Sigma})=1$；

(3) 系统(6.14)(系统(6.13))不稳定的充要条件是 $\rho(\bar{A}_{\Sigma})>1$。

证明　(1) 由推论 6.16 中的(1)可知，该结论成立。

(2) 当 $A_j \geqslant 0$ ($1 \leqslant j \leqslant N$)时，$\bar{A} \geqslant 0$，$\bar{A}_{\Sigma} \geqslant 0$。由定理 6.5 可知，当 $\bar{A}_{\Sigma} \geqslant 0$ 不可约时，$\rho(\bar{A}_{\Sigma})=1$ 是系统(6.25)稳定的充要条件。由推论 6.9 可知，当 $\bar{A} \geqslant 0$ 不可约时，$\rho(\bar{A})=1$ 是系统(6.14)稳定的充要条件。由定理 6.24 中的(3)可知，当 $\bar{A} \geqslant 0$ 不可约时，$\bar{A}_{\Sigma} \geqslant 0$ 不可约。由定理 6.25 中的(1)可知，当 $\bar{A} \geqslant 0$ 不可约时，$\rho(\bar{A}_{\Sigma})=1 \Leftrightarrow \rho(\bar{A})=1$。如此，当 $\bar{A} \geqslant 0$ 不可约时，$\rho(\bar{A}_{\Sigma})=1$ 是系统(6.14)(系统(6.13))稳定的充要条件。

(3) 由定理 6.5 可知，当 $\bar{A}_{\Sigma} \geqslant 0$ 不可约时，$\rho(\bar{A}_{\Sigma})>1$ 是系统(6.25)不稳定的充要条件。由推论 6.9 可知，当 $\bar{A} \geqslant 0$ 不可约时，$\rho(\bar{A})>1$ 是系统(6.14)不稳定的充要条件。由定理 6.24 中的(3)可知，当 $\bar{A} \geqslant 0$ 不可约时，$\bar{A}_{\Sigma} \geqslant 0$ 不可约。由定理 6.25 中的(3)可知，当 $\bar{A} \geqslant 0$ 不可约时，$\rho(\bar{A}_{\Sigma})>1 \Leftrightarrow \rho(\bar{A})>1$。如此，当 $\bar{A} \geqslant 0$ 不可约时，$\rho(\bar{A}_{\Sigma})>1$ 是系统(6.14)(系统(6.13))不稳定的充要条件。□

定理 6.26 表明，当 $\bar{A} \geqslant 0$ 不可约时，系统(6.14)(系统(6.13))的稳定性与系统(6.25)的稳定性等价。因此，可用系统(6.25)的稳定性条件判定系统(6.14)(系统(6.13))的稳定性。

需要再次说明的是，两个系统的稳定性等价是指这两个系统的稳定性条件相同，即谱半径的取值范围($\rho(A)<1$、$\rho(A)=1$、$\rho(A)>1$)相同，并不是指这两个系统的特征多项式(特征值)或动态行为完全相同。

推论 6.18　给定系统(6.14)(系统(6.13))及其系数矩阵 $\bar{A}$ (见式(6.15))，设 $A_j \geqslant 0$ ($1 \leqslant j \leqslant N$)且 A_N 不可约，$\bar{A}_{\Sigma}=\sum_{j=1}^{N} A_j$，则：

(1) 系统(6.14)(系统(6.13))渐近稳定的充要条件是 $\rho(\bar{A}_{\Sigma})<1$；

(2) 系统(6.14)(系统(6.13))稳定的充要条件是 $\rho(\bar{A}_{\Sigma})=1$；

(3) 系统(6.14)(系统(6.13))不稳定的充要条件是 $\rho(\bar{A}_{\Sigma})>1$。

证明 由定理 6.17 可知，当 $A_N \geqslant 0$ 不可约时，$\bar{A} \geqslant 0$ 不可约。再由定理 6.26 可知，推论 6.18 的结论成立。 □

定理 6.26 与推论 6.9 等价，推论 6.18 与推论 6.8 等价。因 $\dim(\bar{A}) > \dim(\bar{A}_{\Sigma})$，甚至 $\dim(\bar{A}) \gg \dim(\bar{A}_{\Sigma})$，所以，单就计算量而言，使用定理 6.26 或推论 6.18 比使用推论 6.9 或推论 6.8 要便利得多。

和定理 6.14 一样，定理 6.26 和推论 6.18 均与时滞无关。定理 6.26 和推论 6.18 均是新颖和有重要理论价值的结果，也是迄今为止人们期望得到的最好结果。

例 6.9 试判定如下多状态多时滞离散系统的稳定性：

$$\tilde{X}(k+1)=A_1\tilde{X}(k)+A_2\tilde{X}(k-1)+A_3\tilde{X}(k-2)$$

其中

$$A_1=\begin{bmatrix} 0 & \frac{1}{\sqrt{7}} \\ \frac{1}{\sqrt{3}} & 0 \end{bmatrix},\quad A_2=\begin{bmatrix} \frac{1}{\sqrt{2}} & 0 \\ 0 & \frac{1}{2} \end{bmatrix},\quad A_3=\begin{bmatrix} \frac{\sqrt{2}}{5} & \frac{1}{8} \\ \frac{1}{3} & \frac{1}{4} \end{bmatrix}$$

解 显然 $A_j \geqslant 0\,(1 \leqslant j \leqslant 3)$且矩阵 A_3 不可约。令 $\bar{A}_{\Sigma}=\sum_{j=1}^{3}A_j$，则有

$$\bar{A}_{\Sigma}=\begin{bmatrix} \frac{1}{\sqrt{2}}+\frac{\sqrt{2}}{5} & \frac{1}{\sqrt{7}}+\frac{1}{8} \\ \frac{1}{\sqrt{3}}+\frac{1}{3} & \frac{3}{4} \end{bmatrix}$$

经计算可得 $\rho(\bar{A}_{\Sigma}) \approx 1.56>1$。由推论 6.18 可知，本例所给系统不稳定。给定初始状态 $\tilde{X}(0)=[1\ \ 0.9]^{\mathrm{T}}$，$\tilde{X}(-1)=[0.8\ \ 0.9]^{\mathrm{T}}$，$\tilde{X}(-2)=[0.8\ \ 0.7]^{\mathrm{T}}$，则系统状态轨迹如图 6.1 所示。由图可见，状态发散，这验证了系统是不稳定的。

例 6.10 试分析如下多时滞离散系统($a \geqslant 0$)渐近稳定时，系数 a 应满足的条件。

$$\tilde{X}(k+1)=A_1\tilde{X}(k)+A_2\tilde{X}(k-1)+A_3\tilde{X}(k-2)$$

其中

$$A_1=\begin{bmatrix} 0 & 0 \\ \frac{a}{3} & 0 \end{bmatrix},\quad A_2=\begin{bmatrix} a & 0 \\ 0 & a \end{bmatrix},\quad A_3=\begin{bmatrix} \frac{1}{10} & \frac{1}{8} \\ \frac{1}{3} & \frac{1}{10} \end{bmatrix}$$

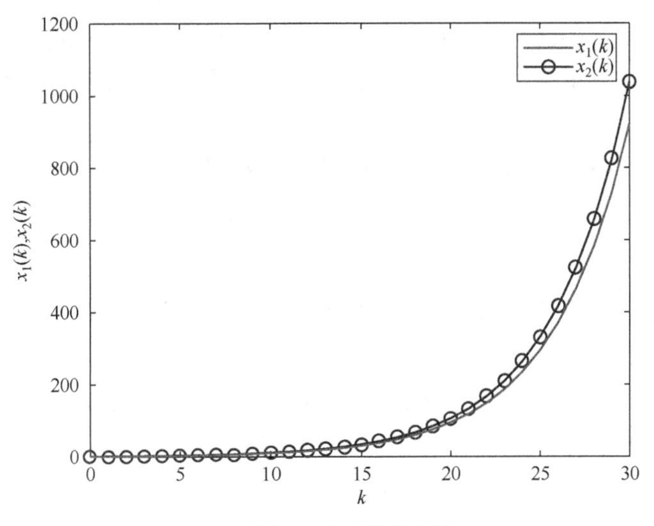

图 6.1　例 6.9 中系统状态轨迹

解　显然 $A_j \geqslant 0\,(1 \leqslant j \leqslant 3)$且矩阵 A_3不可约。令 $\bar{A}_{\Sigma} = \sum_{j=1}^{3} A_j$，则有

$$\bar{A}_{\Sigma} = \begin{bmatrix} a+\dfrac{1}{10} & \dfrac{1}{8} \\ \dfrac{a+1}{3} & a+\dfrac{1}{10} \end{bmatrix}$$

$\bar{A}_{\Sigma}$的特征方程为 $\lambda^2 - \left(2a+\dfrac{1}{5}\right)\lambda + \left(a^2 + \dfrac{19a}{120} - \dfrac{19}{600}\right) = 0$，不难解得特征值为 $\lambda_{1,2} = a+0.1 \pm \dfrac{\sqrt{a+1}}{2\sqrt{6}}$。根据推论 6.18，系统渐近稳定的充要条件为

$$\max\left\{\left|a+0.1+\frac{\sqrt{a+1}}{2\sqrt{6}}\right|, \left|a+0.1-\frac{\sqrt{a+1}}{2\sqrt{6}}\right|\right\} < 1$$

由此可得 $0 \leqslant a < 0.638$。

6.4　主子系统稳定性

定义 6.8　给定系统(6.1)及其系数矩阵 A，设 $\tilde{A}_i \in \mathbb{R}^{i \times i}\,(1 \leqslant i \leqslant n)$是 A 的 i 阶主子矩阵，$X_i \in \mathbb{R}^i$，则

$$X_i(k+1) = \tilde{A}_i X_i(k), \quad 1 \leqslant i \leqslant n \tag{6.33}$$

(1) 若 $\tilde{A}_i$ 是 A 的任一主子矩阵，则称系统(6.33)是系统(6.1)的 i 阶主子系统；

(2) 若 $\tilde{A}_i$ 是 A 的 $n\sim 1$ 阶主子矩阵(i 从 n 到1顺序取值)，则称系统(6.33)是系统(6.1)的顺序主子系统。

显然，当 $i=n$ 时，$\tilde{A}_n=A$，系统(6.33)就是系统(6.1)。

引理 6.19 设 $A\in\mathbb{R}^{n\times n}$，$A\geqslant 0$，$\tilde{A}_i\in\mathbb{R}^{i\times i}$ $(1\leqslant i\leqslant n)$是 A 的任一 i 阶主子矩阵，则 $\rho(\tilde{A}_i)\leqslant\rho(A)$。

定理 6.27 给定系统(6.1)及其系数矩阵 A，设 $A\geqslant 0$，$\tilde{A}_i\in\mathbb{R}^{i\times i}$ $(1\leqslant i\leqslant n)$是 A 的任一 i 阶主子矩阵。若 $\rho(A)<1$，则：

(1) 系统(6.1)的任一 i 阶主子系统(6.33)渐近稳定 $(\rho(\tilde{A}_i)<1)$；

(2) n 个顺序主子系统(6.33)全部渐近稳定。

依据引理 6.18，容易证明定理 6.27 的结论成立。

推论 6.19 给定系统(6.1)及其系数矩阵 A，设 $\tilde{A}_i\in\mathbb{R}^{i\times i}$ $(1\leqslant i\leqslant n)$是 A 的任一 i 阶主子矩阵。若 $\rho(|A|)<1$，则：

(1) 系统(6.1)的任一 i 阶主子系统(6.33)渐近稳定 $(\rho(\tilde{A}_i)<1)$；

(2) n 个顺序主子系统(6.33)全部渐近稳定。

证明 (1) 因 $0\leqslant|\tilde{A}_i|\leqslant|A|$，由引理 6.18 可知，$\rho(|\tilde{A}_i|)\leqslant\rho(|A|)$。由引理 6.12 可知，$\rho(\tilde{A}_i)\leqslant\rho(|\tilde{A}_i|)$。故当 $\rho(|A|)<1$ 时，$\rho(\tilde{A}_i)<1$，系统(6.1)的任一 i 阶主子系统(6.33)渐近稳定。

(2) 因对一切 $1\leqslant i\leqslant n-1$，$\rho(|\tilde{A}_i|)\leqslant\rho(|A|)$；故由引理 6.12 可知，对一切 $1\leqslant i\leqslant n-1$，$\rho(\tilde{A}_i)\leqslant\rho(|\tilde{A}_i|)\leqslant\rho(|A|)<1$。如此，$n$ 个顺序主子系统(6.33)全部渐近稳定。 □

需要注意的是，定理 6.27 中的(1)和推论 6.19 中的(1)不能直接用于单状态多时滞系统(6.8)和多状态多时滞系统(6.13)；定理 6.27 中的(2)和推论 6.19 中的(2)可用于系统(6.8)和系统(6.13)所对应的顺序主子系统。

第 7 章　非整数时滞线性定常离散系统稳定性

第 6 章已经讨论了多整数时滞离散系统的稳定性。含有非整数时滞参数特别是含有无理数时滞参数的离散系统稳定性分析既是研究的重点也是研究的难点，本章将对其展开讨论[147,149,150,152-164]。

7.1　单状态非整数时滞系统稳定性

考虑如下单状态非整数时滞离散系统：

$$x(k+1)=a_0x(k)+a_1x(k-\tau_1)+a_2x(k-\tau_2) \tag{7.1}$$

其中，$0<\tau_1<\infty$、$0<\tau_2<\infty$ 为非整数时滞，$\tau_1<\tau_2$。

设 ΔT 为系统的采样周期且非常小。就系统(7.1)而言，显然存在两个正整数 $m_1,m_2\in\mathbb{N}$，$m_1<m_2$，使得 $\tau_1=m_1+\mu_1$，$\tau_2=m_2+\mu_2$。其中，$0\leqslant\mu_1\Delta T<\Delta T$，$0\leqslant\mu_2\Delta T<\Delta T$，$\mu_1$、$\mu_2$ 为非整数。如此，系统(7.1)可等价地转化为

$$x(k+1)=a_0x(k)+a_1x(k-m_1-\mu_1)+a_2x(k-m_2-\mu_2) \tag{7.2}$$

一般地，对于任意给定的形如式(7.1)的非整数多时滞系统，总可将其等价地转化为形如式(7.2)的多时滞系统。

非整数时滞系统可以分成两类，即有理数时滞系统和无理数时滞系统。下面分别对这两类系统的稳定性展开讨论。

7.1.1　有理数时滞系统稳定性

考虑如下多有理数时滞离散系统：

$$x(k+1)=a_0x(k)+a_1x(k-\tau_1)+a_2x(k-1-\tau_2)+\cdots+a_nx(k-n+1-\tau_n) \tag{7.3}$$

其中，$x\in\mathbb{R}$ 为状态变量；$k\in\mathbb{N}$；$a_j\in\mathbb{R}$（$0\leqslant j\leqslant n$，$n\geqslant1$）为相关系数且 a_j 不全为零；τ_i（$1\leqslant i\leqslant n$）为时滞参数，满足 $0<\tau_i\Delta T<\Delta T$（$\Delta T$ 为采样周期）且至少有一个 τ_i 为有理数(分数)。

当至少有一个 τ_i（$1\leqslant i\leqslant n$）为有理数时，系统(7.3)不能通过状态扩张的方法化为无时滞系统（$X(k+1)=AX(k)$）。因此，第 6 章中的引理、定理和推论等均不能直接用于系统(7.3)的稳定性分析，有必要开展新的探索和研究。

下面将分析说明，当$\tau_i(1\leqslant i\leqslant n)$为有理数时，系统(7.3)可以通过采样变换(频率扩张)的方法化为多整数时滞系统。

1. 基本假设

基本假设如下：

(1) 不失一般性，设$\tau_i(1\leqslant i\leqslant n)$为既约分数，即设$\tau_i=\dfrac{m_i}{n_i}(1\leqslant i\leqslant n)$。其中，$m_i$为正整数，$n_i\geqslant 2$为正整数，$m_i<n_i$，$1\leqslant i\leqslant n$。

(2) 设$n_i(1\leqslant i\leqslant n)$的最小公倍数为$M_n$，$\eta_i=\dfrac{M_n}{n_i}$，则$\eta_i\geqslant 1$为正整数。

(3) 设$\Delta T_n=\dfrac{\Delta T}{M_n}$，则$\Delta T=M_n\Delta T_n$，$k\Delta T=kM_n\Delta T_n$。

(4) 设$s_i=m_i\eta_i(1\leqslant i\leqslant n)$，则$s_i<M_n$为正整数，$\tau_i\Delta T=\dfrac{m_i}{n_i}\Delta T=\dfrac{m_iM_n\Delta T}{n_iM_n}=\dfrac{m_iM_n}{n_i}\Delta T_n=m_i\eta_i\Delta T_n=s_i\Delta T_n$。

2. 采样变换

基于上述假设，对系统(7.3)做采样变换(减小采样周期，即$\Delta T\to\Delta T_n$；增大采样频率，即$k\to kM_n$)，设$k'=kM_n$，则系统(7.3)变为

$$x(k'+M_n)=a_0x(k')+a_1x(k'-s_1)+\cdots+a_nx(k'+M_n-s_n-nM_n) \tag{7.4}$$

进一步，若假设$k=k'+M_n-1$，$M=M_n-1$，$T_i=s_i+iM_n-1\ (1\leqslant i\leqslant n)$，则系统(7.4)变为

$$x(k+1)=a_0x(k-M)+a_1x(k-T_1)+a_2x(k-T_2)+\cdots+a_nx(k-T_n) \tag{7.5}$$

因$T_i=s_i+iM_n-1\ (1\leqslant i\leqslant n)$，$s_i<M_n$为正整数，故$T_i$为正整数，且$M<T_1<T_2<\cdots<T_n$，系统(7.5)为多整数时滞系统。

到此为止，已将多有理数时滞系统(7.3)转化为多整数时滞系统(7.5)。

定理 7.1 采样变换不改变多时滞线性定常离散系统的稳定性条件，即系统(7.3)与系统(7.5)的稳定性等价。

证明 首先考察$i=2$时的情况。考虑如下形如系统(7.3)的有理数时滞系统：

$$x(k+1)=a_0x(k)+a_1x\left(k-\frac{m_1}{n_1}\right)+a_2x\left(k-\frac{m_2}{n_2}\right) \tag{7.6}$$

其中，m_1、m_2、n_1和n_2均为正整数；$\dfrac{m_1}{n_1}$、$\dfrac{m_2}{n_2}$为既约分数且$\dfrac{m_1}{n_1}<\dfrac{m_2}{n_2}$。

设 n_1 和 n_2 互质，$M_2 = n_1 n_2$，$N=(k+1)M_2-1$，使用采样变换方法，系统(7.6)变为如下整数时滞系统：

$$x(N+1)=a_0x(N-M_2+1)+a_1x(N-M_2-n_2m_1+1)+a_2x(N-M_2-n_1m_2+1) \quad (7.7)$$

使用前向差分法，可得系统(7.7)的特征方程为

$$f(\lambda)=\lambda^{M_2+n_1m_2}-a_0\lambda^{n_1m_2}-a_1\lambda^{n_1m_2-n_2m_1}-a_2=0$$

使用 Z 变换法，可得系统(7.6)的特征方程为

$$g(z)=z-a_0-a_1z^{-\frac{m_1}{n_1}}-a_2z^{-\frac{m_2}{n_2}}=0$$

令 $\hat{\lambda}^{M_2}=z$，则上式变为 $\hat{\lambda}^{M_2}-a_0-a_1\hat{\lambda}^{-m_1n_2}-a_2\hat{\lambda}^{-m_2n_1}=0$。将该式两边同乘 $\hat{\lambda}^{n_1m_2}$，可得

$$g(\hat{\lambda})=\hat{\lambda}^{M_2+n_1m_2}-a_0\hat{\lambda}^{n_1m_2}-a_1\hat{\lambda}^{n_1m_2-m_1n_2}-a_2=0$$

两相比较可知，$f(\lambda)$ 与 $g(\hat{\lambda})$ 的根相等。设 ρ_1 和 ρ_2 分别是系统(7.6)和系统(7.7)的谱半径，则 $\rho_1=\rho_2^{M_2}$。如此，$\rho_1<1 \Leftrightarrow \rho_2<1$，$\rho_1=1 \Leftrightarrow \rho_2=1$，$\rho_1>1 \Leftrightarrow \rho_2>1$，系统(7.7)和系统(7.6)的稳定性条件相同。

当 $i=n$ 时，按照上述方法，依然可证系统(7.3)和系统(7.5)的稳定性条件相同，只是更加复杂而已。综上可得，采样变换不改变系统的稳定性。 □

由上述证明过程可知，当 $\rho_1=1$ 时，$\rho_2=1$；当 $\rho_1<1$ 时，$\rho_1<\rho_2<1$；当 $\rho_1>1$ 时，$\rho_1>\rho_2>1$。ρ_1 和 ρ_2 的关系如图 7.1 中的实线所示。

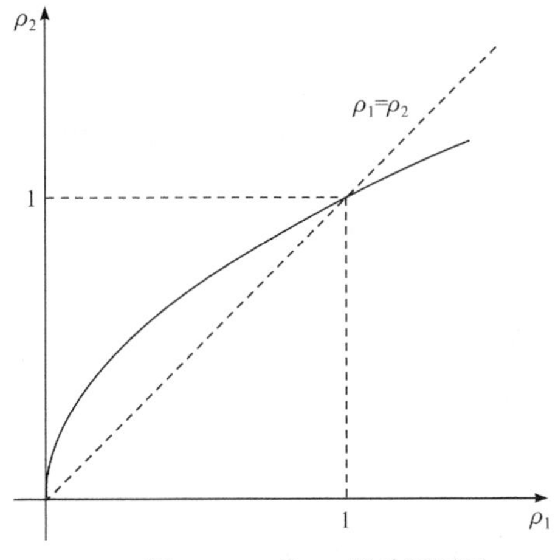

图 7.1　ρ_1 和 ρ_2 的关系图示

3. 相关说明

相关说明如下：

(1) 任意有理数时滞(τ_i 的个数有限)系统(7.3)都可经采样变换转化为多整数时滞系统(7.5)。

(2) 采样变换方法是一般方法，适用于任何形如系统(7.3)的系统。

(3) 因系统(7.5)是多整数时滞系统，故第 6 章的相关引理、定理和推论都可直接用于系统(7.5)。

为便于理解和实际应用，将上述分析结果总结如下。

使用状态扩张方法，系统(7.5)变为

$$X(k+1) = QX(k) \tag{7.8}$$

其中，Q 为适当维数的矩阵且具有如下形式：

$$Q = \begin{bmatrix} 0 & \cdots & a_0 & 0 & \cdots & a_1 & 0 & \cdots & 0 & a_n \\ 1 & & & & & & & & & \\ & \ddots & & & & & & & & \\ & & 1 & & & & & & & \\ & & & 1 & & & & & & \\ & & & & \ddots & & & & & \\ & & & & & 1 & & & & \\ & & & & & & 1 & & & \\ & & & & & & & \ddots & & \\ & & & & & & & & 1 & 0 \end{bmatrix} \tag{7.9}$$

因系统(7.5)的稳定性与系统(7.3)的稳定性等价，系统(7.8)的稳定性与系统(7.5)的稳定性等价，故由等价关系的传递性可知，系统(7.8)的稳定性与系统(7.3)的稳定性等价。

定理 7.2　给定系统(7.8)(系统(7.3))及其系数矩阵 Q (见式(7.9))，则：

(1) 系统(7.8)(系统(7.3))渐近稳定的充要条件是 $\rho(Q)<1$；

(2) 系统(7.8)(系统(7.3))稳定的充要条件是 $\rho(Q)=1$，且所有模为 1 的特征值 $\lambda_i(Q)$ ($|\lambda_i(Q)|=1$)的代数重数等于它们的几何重数；

(3) 系统(7.8)(系统(7.3))不稳定的充要条件是 $\rho(Q)>1$，或存在模为 1 的特征值 $\lambda_i(Q)$，其代数重数大于几何重数。

比较推论 6.5，可知定理 7.2 的结论成立。

定理 7.2 是一个新颖而重要的结果：①就新颖性而言，定理 7.2 完整彻底地解决了形如式(7.3)的多有理数时滞系统的稳定性判定问题，它比现有的采用任何其他方法(L-K 泛函方法等)所得的结果都好。②由于测量工具在测量精度上的有(局)限性，工程实际中所得到的时滞均是有理数时滞。因此，工程实际中任何形如式(7.3)的多时滞系统稳定性判定问题都可以由定理 7.2 解决。从工程应用的角度讲，形如式(7.3)的多时滞系统稳定性判定问题已经解决。

定理 7.3　给定系统(7.8)(系统(7.3))及其系数矩阵 Q (见式(7.9))，设 $a_j \geqslant 0$ $(0 \leqslant j \leqslant n)$，则：

(1) 系统(7.8)(系统(7.3))渐近稳定的充要条件是 $\rho(Q)<1$；

(2) 系统(7.8)(系统(7.3))稳定的充要条件是 $\rho(Q)=1$；

(3) 系统(7.8)(系统(7.3))不稳定的充要条件是 $\rho(Q)>1$。

由定理 6.13 可知，定理 7.3 的结论成立。

就同一个系统而言，若系统的稳定性条件不变，则该系统的稳定性也不变。

当系统(7.3)中的时滞参数 $\tau_i = 1\,(1 \leqslant i \leqslant n)$时，系统(7.3)变为

$$x(k+1) = a_0 x(k) + a_1 x(k-1) + \cdots + a_n x(k-n) \tag{7.10}$$

使用状态扩张方法，系统(7.10)变为

$$X(k+1) = \widehat{Q} X(k) \tag{7.11}$$

其中

$$\widehat{Q} = \begin{bmatrix} a_0 & a_1 & \cdots & a_n \\ 1 & 0 & \cdots & 0 \\ \vdots & \ddots & \ddots & \vdots \\ 0 & \cdots & 1 & 0 \end{bmatrix} \in \mathbb{R}^{(n+1)\times(n+1)} \tag{7.12}$$

下面讨论系统(7.3)的系数矩阵 Q 与系统(7.11)的系数矩阵 $\widehat{Q}$ 之间的关系。

定理 7.4　给定系统(7.8)(系统(7.3))及其系数矩阵 Q (见式(7.9))，可以得到系统(7.11)及其系数矩阵 $\widehat{Q}$ (见式(7.12))，若 $a_j \geqslant 0\,(0 \leqslant j \leqslant n)$，则：

(1) $\rho(Q)<1 \Leftrightarrow \rho(\widehat{Q})<1$；

(2) $\rho(Q)=1 \Leftrightarrow \rho(\widehat{Q})=1$；

(3) $\rho(Q)>1 \Leftrightarrow \rho(\widehat{Q})>1$。

证明　(1) 当 $a_j \geqslant 0\,(0 \leqslant j \leqslant n)$时，由定理 6.11、定理 6.13 和定理 6.14 可知，若 $\rho(Q)<1$ (系统(7.8))，则 $\sum_{j=0}^{n} a_j < 1$；进而，若 $\sum_{j=0}^{n} a_j < 1$ (系统(7.11))，则 $\rho(\widehat{Q})<1$，此即 $\rho(Q)<1 \Rightarrow \rho(\widehat{Q})<1$。反之，若 $\rho(\widehat{Q})<1$ (系统(7.11))，则 $\sum_{j=0}^{n} a_j < 1$；进而，若 $\sum_{j=0}^{n} a_j < 1$ (系统(7.8))，则 $\rho(Q)<1$，此即 $\rho(\widehat{Q})<1 \Rightarrow \rho(Q)<1$。综合考虑可得 $\rho(Q)<1 \Leftrightarrow \rho(\widehat{Q})<1$。

类似(1)的证法，可证(2)和(3)的结论成立。 □

由定理 7.4 直接可以得到下面两个推论。

推论 7.1　当 $a_j \geqslant 0\,(0 \leqslant j \leqslant n)$ 时，系统(7.8)(系统(7.3))与系统(7.11)(系统(7.6))的稳定性等价。

推论 7.2　给定系统(7.8)(系统(7.3))及其系数矩阵 Q (见式(7.9))，可以得到系统(7.11)(系统(7.6))及其系数矩阵 $\hat{Q}$ (见式(7.12))，设 $a_j \geqslant 0\,(0 \leqslant j \leqslant n)$，则：

(1) 系统(7.8)(系统(7.3))渐近稳定的充要条件是 $\rho(\hat{Q})<1$；

(2) 系统(7.8)(系统(7.3))稳定的充要条件是 $\rho(\hat{Q})=1$；

(3) 系统(7.8)(系统(7.3))不稳定的充要条件是 $\rho(\hat{Q})>1$。

推论 7.2 与定理 7.2 等价。通常情况下，因 $\dim(Q)>\dim(\hat{Q})$，甚至 $\dim(Q)\gg\dim(\hat{Q})$，故将推论 7.2 用于具体的稳定性问题判定时，其计算量要比使用定理 7.2 小得多。

考虑系统参数 a_j 的性质，可得如下定理与推论。

定理 7.5　给定系统(7.3)，设 $a_j \geqslant 0\,(0 \leqslant j \leqslant n)$，则：

(1) 系统(7.3)渐近稳定的充要条件是 $\sum_{j=0}^{n} a_j <1$；

(2) 系统(7.3)稳定的充要条件是 $\sum_{j=0}^{n} a_j =1$；

(3) 系统(7.3)不稳定的充要条件是 $\sum_{j=0}^{n} a_j >1$。

由推论 7.2 和定理 6.14 可知，定理 7.5 的结论成立。

定理 7.5 与推论 7.2 等价，但定理 7.5 更加简洁且更便于计算。

定理 7.5 与定理 6.14 具有完全相同的形式，这也表明采样变换没有改变系统(7.3)的稳定性条件，换言之，系统(7.3)的稳定性与采样频率的大小无关。

推论 7.3　给定系统(7.3)：①若 $\sum_{j=0}^{n}|a_j|<1$，则系统(7.3)渐近稳定；②若 $\sum_{j=0}^{n}|a_j|=1$，则系统(7.3)渐近稳定或者稳定。

仿照推论 6.6，可证推论 7.3 的结论成立。

例 7.1　试判定如下多有理数时滞离散系统的稳定性：

$$x(k+1)=0.25x(k)+0.1x\left(k-\frac{1}{4}\right)+0.05x\left(k-1-\frac{1}{2}\right)-0.2x\left(k-2-\frac{3}{8}\right)-0.15x\left(k-3-\frac{1}{4}\right)$$

解　该系统为多有理数时滞系统，时滞参数分母的最小公倍数为 $M_n=8$，进行采样变换可得如下多整数时滞系统：

$$x(k+1)=0.25x(k-7)+0.1x(k-9)+0.05x(k-19)-0.2x(k-26)-0.15x(k-33)$$

通过状态扩张方法，不难得到 $X(k+1)=QX(k)$，其中

$$Q=\begin{bmatrix} 0 & \cdots & 0.25 & 0 & \cdots & 0.1 & \cdots & 0.05 & \cdots & -0.2 & \cdots & -0.15 \\ 1 & & & & & & & & & & & \\ & \ddots & & & & & & & & & & \\ & & 1 & & & & & & & & & \\ & & & 1 & & & & & & & & \\ & & & & \ddots & & & & & & & \\ & & & & & 1 & & & & & & \\ & & & & & & 1 & & & & & \\ & & & & & & & \ddots & & & & \\ & & & & & & & & 1 & & & \\ & & & & & & & & & \ddots & & \\ & & & & & & & & & & 1 & 0 \end{bmatrix}$$

由于维数过大，计算该矩阵的特征值比较困难。

因 $\sum_{i=0}^{33}|a_i|=0.75<1$，故由推论 7.3 可以判定所给系统渐近稳定。

例 7.2　试判定如下多有理数时滞离散系统的稳定性：

$$\begin{aligned} x(k+1)=&0.3x(k)+0.05x\left(k-\frac{1}{4}\right)+0.15x\left(k-1-\frac{1}{4}\right)+0.15x\left(k-2-\frac{3}{8}\right) \\ &+0.1x\left(k-3-\frac{1}{2}\right)+0.05x\left(k-4-\frac{3}{4}\right)+0.05x\left(k-5-\frac{5}{8}\right)+0.03x\left(k-6-\frac{1}{8}\right) \end{aligned}$$

解　系统时滞参数分母的最小公倍数为 $M_n=8$，进行采样变换可得如下多整数时滞系统：

$$\begin{aligned} x(k+1)=&0.3x(k-7)+0.05x(k-9)+0.15x(k-17)+0.15x(k-26) \\ &+0.1x(k-35)+0.05x(k-45)+0.05x(k-52)+0.03x(k-56) \end{aligned}$$

因 $a_i\geqslant 0$，$\sum_{i=0}^{56}a_i=0.88<1$，由定理 7.5 可以判定所给系统渐近稳定。给定初始状态 $x(0),x(-1),\cdots,x(-56)$ 如图 7.2 所示，则系统状态如图 7.3 所示，可以看到系统状态收敛到零，这也就说明了系统是渐近稳定的。

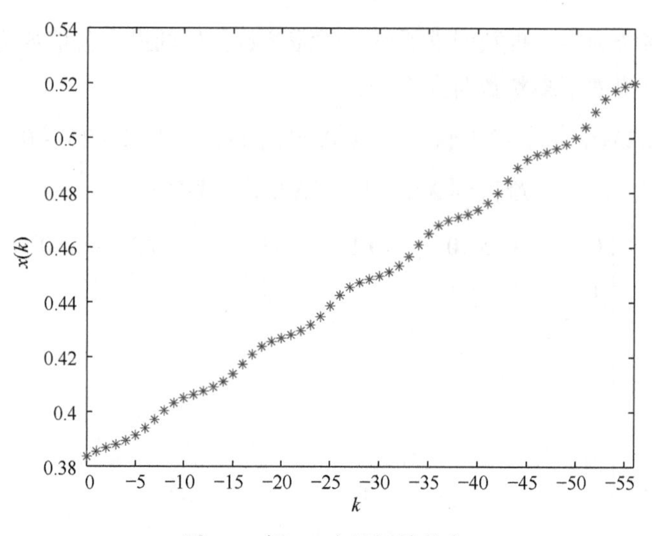

图 7.2　例 7.2 中的初始状态

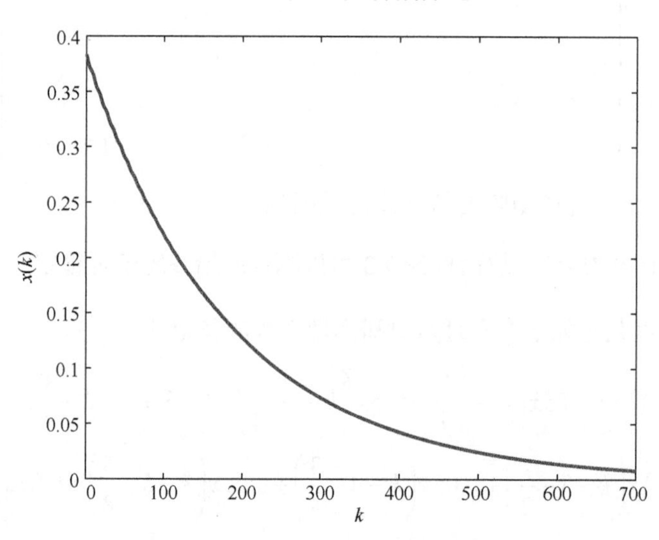

图 7.3　例 7.2 中系统状态轨迹

例 7.3　试判定如下多有理数时滞离散系统的稳定性：

$$
\begin{aligned}
x(k+1)=&0.3x(k)+0.02x\left(k-\frac{1}{4}\right)+0.08x\left(k-1-\frac{7}{8}\right)+0.15x\left(k-2-\frac{3}{4}\right)\\
&+0.1x\left(k-3-\frac{1}{8}\right)+0.15x\left(k-4-\frac{1}{2}\right)+0.2x\left(k-5-\frac{1}{4}\right)
\end{aligned}
$$

解　该系统时滞分母的最小公倍数为 $M_n=8$，进行采样变换可得如下多整数时滞系统：

$$x(k+1)=0.3x(k-7)+0.02x(k-9)+0.08x(k-22)+0.15x(k-29)$$
$$+0.1x(k-32)+0.15x(k-43)+0.2x(k-49)$$

因 $a_i \geqslant 0$ ，$\sum_{i=0}^{49} a_i = 1$ ，由定理 7.5 可以判定所给系统稳定。给定系统初始状态 $x(0), x(-1), \cdots, x(-49)$ 如图 7.4 所示，则系统状态如图 7.5 所示，可以看到 $\lim_{k\to\infty} x(k) = 0.811$ ，这也验证了系统的稳定性。

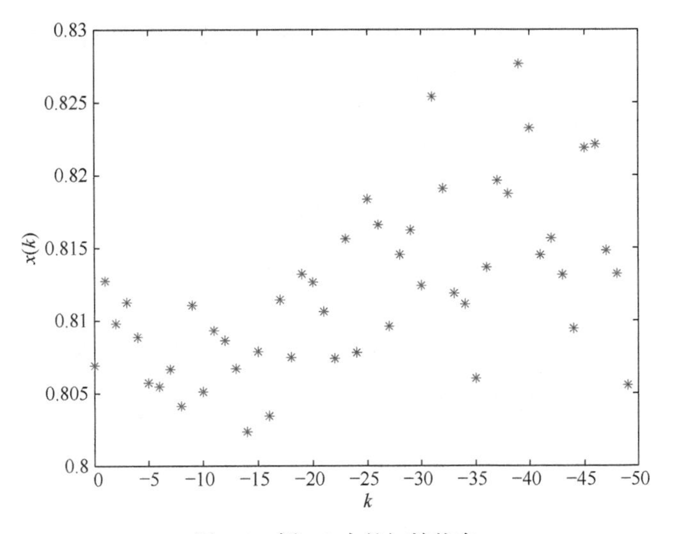

图 7.4　例 7.3 中的初始状态

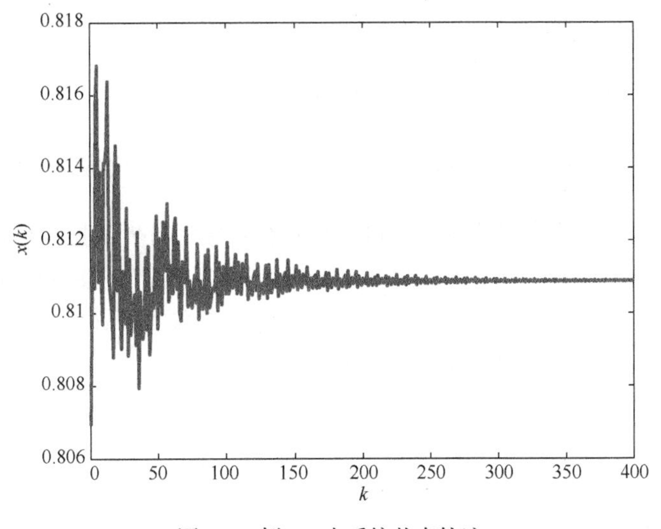

图 7.5　例 7.3 中系统状态轨迹

7.1.2　无理数时滞系统稳定性

考虑如下含无理数时滞参数的离散系统：

$$x(k+1)=a_0x(k)+a_1x(k-\tau_1)+a_2x(k-1-\tau_2)+\cdots+a_nx(k-n+1-\tau_n) \tag{7.13}$$

其中，$x\in\mathbb{R}$ 为状态变量；$k\in\mathbb{N}$；$a_j\in\mathbb{R}$ ($0\leqslant j\leqslant n$，$n\geqslant 1$)为相关系数且 a_j 不全为零；τ_i ($1\leqslant i\leqslant n$)为时滞参数，满足 $0<\tau_i\Delta T<\Delta T$ (ΔT 为采样周期)且至少有一个 τ_i 为无理数。

当至少有一个 τ_i ($1\leqslant i\leqslant n$)为无理数时，系统(7.13)不能通过采样变换和状态扩张的方法化为有限维数的无时滞系统。

定理 7.6　给定系统(7.13)，若 $\sum_{j=0}^{n}|a_j|<1$，则系统(7.13)渐近稳定。

证明　对系统(7.13)的等式两边取绝对值，可得

$$|x(k+1)|\leqslant|a_0||x(k)|+\sum_{i=1}^{n}|a_i||x(k+1-i-\tau_i)| \tag{7.14}$$

对于任意给定的初始状态 $|x(0)|,|x(-\tau_1)|,\cdots,|x(1-n-\tau_n)|$，设 k 充分大时，系统(7.13)不渐近稳定。下面分两种情况证明，当 $\sum_{j=0}^{n}|a_j|<1$ 时，这种假设不成立。

(1) 设 $|x(k)|$ 单调不减有上界或单调发散，即当 k 充分大时，$|x(k+1)|\geqslant|x(k)|$，$|x(k)|\geqslant|x(k-\tau_1)|\geqslant|x(k-1)|\geqslant\cdots\geqslant|x(k+1-n)|\geqslant|x(k+1-n-\tau_n)|$。如此，由式(7.14)可得

$$|x(k+1)|\leqslant\left(\sum_{j=0}^{n}|a_j|\right)|x(k)| \tag{7.15}$$

当 $\sum_{j=0}^{n}|a_j|<1$ 时，由式(7.14)可得，$|x(k+1)|<|x(k)|$，与前面假设矛盾。

(2) 设 $|x(k)|$ 振荡有界或振荡发散。因 $|x(k)|$ 振荡有界或振荡发散，故当 ΔT 充分小时，至少存在两个采样时刻 k_1 ($k_1\geqslant n$)和 k_2 ($k_2\gg k_1$)，使得 $|x(k)|$ 在 k_1 和 k_2 之间单调不减，即 $|x(k_2+1)|\geqslant|x(k_1+1)|\geqslant|x(k_1)|$，$|x(k_1)|\geqslant|x(k_1-\tau_1)|\geqslant\cdots\geqslant|x(k_1+1-n)|\geqslant|x(k_1+1-n-\tau_n)|$。同样，由式(7.14)可得

$$|x(k_1+1)|\leqslant\left(\sum_{j=0}^{n}|a_j|\right)|x(k_1)| \tag{7.16}$$

当 $\sum_{j=0}^{n}|a_j|<1$ 时，由式(7.16)可得，$|x(k_1+1)|<|x(k_1)|$，与前面假设矛盾。

综合考虑上述两种情况可知，当$\sum_{j=0}^{n}|a_j|<1$时，系统(7.13)渐近稳定。□

定理 7.6 是一个充分条件，其优点是简洁适用，缺点是当$a_j\ (0\leqslant j\leqslant n)$的取值有正有负时保守性比较大。

定理 7.7　给定系统(7.13)，设$a_j\geqslant 0\ (0\leqslant j\leqslant n)$，则：

(1) 系统(7.13)渐近稳定的充要条件是$\sum_{j=0}^{n}a_j<1$；

(2) 系统(7.13)稳定的充要条件是$\sum_{j=0}^{n}a_j=1$；

(3) 系统(7.13)不稳定的充要条件是$\sum_{j=0}^{n}a_j>1$。

证明　(1) 充分性：设当$\sum_{j=0}^{n}a_j<1$时，系统(7.13)稳定。由定义 5.9 可知，系统(7.13)的稳定性关于时滞参数$\tau_i\ (1\leqslant i\leqslant n)$的变化具有鲁棒性，故对任意给定的一组$\tau_i\ (1\leqslant i\leqslant n)$，当系统(7.13)稳定时，一定存在一个邻域$\Omega=\Omega_1\times\Omega_2\times\cdots\times\Omega_n$ ($\Omega_i\stackrel{\text{def}}{=}\{|t-\tau_i|<\delta_i\,|\,0<\delta_i<\Delta T\}$，$1\leqslant i\leqslant n$)，$\forall t_i\in\Omega_i\ (1\leqslant i\leqslant n)$，下面的系统稳定：

$$y(k+1)=a_0y(k)+a_1y(k-t_1)+a_2y(k-1-t_2)+\cdots+a_ny(k-n+1-t_n) \tag{7.17}$$

设$\delta=\min\limits_{1\leqslant i\leqslant n}\{\delta_i\}$，则$\delta>0$。由无理数和有理数在数轴上的分布规律可知，无论$\delta>0$多么小，总存在一组有理数$\tau_i'\in\Omega_i\ (1\leqslant i\leqslant n)$，使得下面的有理数时滞系统稳定：

$$y(k+1)=a_0y(k)+a_1y(k-\tau_1')+a_2y(k-1-\tau_2')+\cdots+a_ny(k-n+1-\tau_n') \tag{7.18}$$

因$\tau_i'\ (1\leqslant i\leqslant n)$为有理数，由定理 7.5 中的(2)可知，当系统(7.18)稳定时，$\sum_{j=0}^{n}a_j=1$。上述分析表明，"设当$\sum_{j=0}^{n}a_j<1$时，系统(7.13)稳定"，等价于"设当$\sum_{j=0}^{n}a_j<1$时，$\sum_{j=0}^{n}a_j=1$"，相互矛盾。故当$\sum_{j=0}^{n}a_j<1$时，系统(7.13)稳定的假设不成立。

类似可证，当$\sum_{j=0}^{n}a_j<1$时，系统(7.13)不稳定的假设也不成立。综合考虑可得，若$\sum_{j=0}^{n}a_j<1$，则系统(7.13)渐近稳定。

必要性：假设系统(7.13)渐近稳定，由定义 5.9 可知，一定存在一个充分小的邻域$\Omega=\Omega_1\times\Omega_2\times\cdots\times\Omega_n$ ($\Omega_i\stackrel{\text{def}}{=}\{|t-\tau_i|<\delta_i\,|\,0<\delta_i<\Delta T\}$, $1\leqslant i\leqslant n$)，$\forall t_i\in\Omega_i\ (1\leqslant i\leqslant$

n)，系统(7.17)渐近稳定。如此，存在一组有理数$\tau_i' \in \Omega_i (1 \leqslant i \leqslant n)$，使得有理数时滞系统(7.18)渐近稳定。由定理 7.5 中的(1)可知，当系统(7.18)渐近稳定时，$\sum_{j=0}^{n} a_j < 1$。因此，若系统(7.13)渐近稳定，则$\sum_{j=0}^{n} a_j < 1$。

(2) 充分性：设当$\sum_{j=0}^{n} a_j = 1$时，系统(7.13)不稳定。对于任意给定的时滞参数$\tau_i\ (1 \leqslant i \leqslant n)$，一定存在一个邻域$\bar{\Omega} = \bar{\Omega}_1 \times \bar{\Omega}_2 \times \cdots \times \bar{\Omega}_n$，其中$\bar{\Omega}_i \overset{\text{def}}{=} \{|t - \tau_i| < \eta_i | 0 < \eta_i < \Delta T\}\ (1 \leqslant i \leqslant n)$，$\forall t_i \in \bar{\Omega}_i\ (1 \leqslant i \leqslant n)$，当系统(7.13)不稳定时，下面的系统也不稳定：

$$z(k+1) = a_0 z(k) + a_1 z(k - t_1) + a_2 z(k - 1 - t_2) + \cdots + a_n z(k - n + 1 - t_n) \tag{7.19}$$

设$\eta = \min_{1 \leqslant i \leqslant n} \{\eta_i\}$，则$\eta > 0$。由无理数和有理数在数轴上的分布规律可知，无论$\eta > 0$多么小，总存在一组有理数$\tau_i' \in \bar{\Omega}_i\ (1 \leqslant i \leqslant n)$，使得下面的有理数时滞系统不稳定：

$$z(k+1) = a_0 z(k) + a_1 z(k - \tau_1') + a_2 z(k - 1 - \tau_2') + \cdots + a_n z(k - n + 1 - \tau_n') \tag{7.20}$$

因$\tau_i'\ (1 \leqslant i \leqslant n)$为有理数，由定理 7.5 中的(3)可知，当系统(7.20)不稳定时，$\sum_{j=0}^{n} a_j > 1$，而不是$\sum_{j=0}^{n} a_j = 1$。如此，当$\sum_{j=0}^{n} a_j = 1$时，系统(7.13)不稳定的假设不成立。由(1)的结论可知，当$\sum_{j=0}^{n} a_j = 1$时，系统(7.13)不渐近稳定。综合考虑可得，若$\sum_{j=0}^{n} a_j = 1$，则系统(7.13)稳定。

必要性：类似(1)中的必要性证法，可证：若系统(7.13)稳定，则$\sum_{j=0}^{n} a_j = 1$。

(3) 类似(1)和(2)中的充分性证法，可证：若$\sum_{j=0}^{n} a_j > 1$，则系统(7.13)不稳定。类似(1)和(2)中的必要性证法，可证：若系统(7.13)不稳定，则$\sum_{j=0}^{n} a_j > 1$。 □

定理 7.7 是一个重要而有用的结果，且是现有已知结果中最好的结果。顺便说明一下，定理 7.6 可由定理 7.7 中的结论(1)推出。

比较系统(7.3)和系统(7.13)可知，当系统的状态系数$a_j \geqslant 0\ (1 \leqslant i \leqslant n)$时，无论时滞参数$\tau_i\ (1 \leqslant i \leqslant n)$是有理数还是无理数，系统(7.3)和系统(7.13)的稳定性条件都是相同的，这可由定理 7.5 和定理 7.7 在形式上的完全相同性来保证。定理 7.5 和定理 7.7 中的稳定性条件在形式上均与时滞无关，极易计算和验证，且没有任何保守性。

例 7.4 试判定如下多无理数时滞离散系统的稳定性：

$$x(k+1)=0.3x(k)+0.05x\left(k-\frac{\sqrt{3}}{6}\right)+0.2x\left(k-1-\frac{\sqrt{2}}{6}\right)+0.15x\left(k-2-\frac{\sqrt{3}}{10}\right)$$
$$+0.1x\left(k-3-\frac{1}{10}\right)+0.1x\left(k-4-\frac{3}{10}\right)$$

解 显然 $a_i>0\,(0\leqslant i\leqslant 5)$且满足 $\sum_{i=0}^{5}a_i=0.9<1$，由定理 7.7 可以判定所给系统渐近稳定。

例 7.5 试判定如下多无理数时滞离散系统的稳定性：

$$x(k+1)=0.4x(k)+0.3x\left(k-1-\frac{\sqrt{3}}{8}\right)+0.25x\left(k-2-\frac{\sqrt{3}}{10}\right)+0.15x\left(k-3-\frac{\sqrt{5}}{5}\right)$$

解 显然 $a_i>0\,(0\leqslant i\leqslant 3)$且满足 $\sum_{i=0}^{3}a_i=1.1>1$，根据定理 7.7 可知系统不稳定。

7.2 多状态非整数时滞系统稳定性

7.2.1 有理数时滞系统稳定性

考虑如下多有理数时滞离散系统：

$$X(k+1)=A_0X(k)+A_1X(k-\tau_1)+A_2X(k-1-\tau_2)+\cdots+A_NX(k-N+1-\tau_N) \tag{7.21}$$

其中，$X\in\mathbb{R}^n$ 为状态向量；$k\in\mathbb{N}$；$A_j\in\mathbb{R}^{n\times n}\,(0\leqslant j\leqslant N)$为系数矩阵，$n\geqslant 2$，$N\geqslant 1$；$0<\tau_i<\Delta T\ (1\leqslant i\leqslant N)$ 为有理数时滞参数，ΔT 为采样周期。

使用 7.1.1 节中的采样变换方法，系统(7.21)可转化为如下多整数时滞系统：

$$X(k+1)=A_0X(k-H)+A_1X(k-S_1)+A_2X(k-S_2)+\cdots+A_NX(k-S_N) \tag{7.22}$$

其中，$H<S_1<S_2<\cdots<S_{N-1}<S_N$。

使用状态扩张方法，系统(7.22)变为

$$\bar{X}(k+1)=G\bar{X}(k) \tag{7.23}$$

其中，G 具有如下形式：

$$G=\begin{bmatrix} 0 & \cdots & A_0 & \cdots & A_1 & \cdots & \cdots & A_N \\ I & 0 & 0 & \cdots & 0 & \cdots & \cdots & 0 \\ 0 & \ddots & \ddots & \cdots & \vdots & \cdots & \cdots & \vdots \\ \vdots & \ddots & I & \ddots & \vdots & \vdots & \vdots & \vdots \\ \vdots & \vdots & 0 & \ddots & 0 & \vdots & \vdots & \vdots \\ \vdots & \vdots & \vdots & \ddots & I & \ddots & \vdots & \vdots \\ \vdots & \vdots & \vdots & \vdots & 0 & \ddots & \ddots & \vdots \\ 0 & \cdots & \cdots & \cdots & \cdots & 0 & I & 0 \end{bmatrix} \tag{7.24}$$

当$\tau_i = m_i n_i^{-1}$ $(1 \leqslant i \leqslant N)$时，$G$的维数($\dim(G)$)除与$n$和$N$有关，还与各$n_i$的最小公倍数$M_N$有关。一般情况下，$\dim(G) > nN$，甚至$\dim(G) \gg nN$。

类似定理 7.2，可以得到如下定理。

定理 7.8　给定系统(7.23)(系统(7.21))及其系数矩阵G(见式(7.24))，则：

(1) 系统(7.23)(系统(7.21))渐近稳定的充要条件是$\rho(G) < 1$；

(2) 系统(7.23)(系统(7.21))稳定的充要条件是$\rho(G) = 1$，且所有模为 1 的特征值$\lambda_i(G)$($|\lambda_i(G)| = 1$)的代数重数等于它们的几何重数；

(3) 系统(7.23)(系统(7.21))不稳定的充要条件是$\rho(G) > 1$，或存在模为 1 的特征值$\lambda_i(G)$，其代数重数大于几何重数。

定理 7.8 是另一个新颖而重要的结果：①定理 7.8 完整彻底地解决了形如系统(7.21)的多有理数时滞系统的稳定性判定问题，它比现有的采用任何其他方法(线性矩阵不等式方法和 Krasovskii 泛函方法等)所得的结果都好。②工程实际中出现的时滞均是有理数时滞。因此，工程实际中任何形如系统(7.21)(系统(7.22))的多有理数时滞系统的稳定性判定问题都可以由定理 7.8 解决。

例 7.6　试判定如下多有理数时滞系统的稳定性：

$$\begin{aligned} X(k+1) = {} & A_0 X(k) + A_1 X\left(k - 1 - \frac{1}{3}\right) + A_2 X\left(k - 2 - \frac{1}{9}\right) \\ & + A_3 X\left(k - 3 - \frac{5}{9}\right) + A_4 X\left(k - 4 - \frac{2}{3}\right) \end{aligned}$$

其中

$$A_0 = \begin{bmatrix} 0.15 & 0 \\ 0.15 & 0.05 \end{bmatrix},\quad A_1 = \begin{bmatrix} 0.05 & 0.05 \\ 0.05 & 0.1 \end{bmatrix},\quad A_2 = \begin{bmatrix} 0.15 & 0.1 \\ 0.05 & 0.2 \end{bmatrix}$$

$$A_3 = \begin{bmatrix} 0.1 & 0.05 \\ 0.2 & 0 \end{bmatrix},\quad A_4 = \begin{bmatrix} 0.15 & 0.05 \\ 0.05 & 0.1 \end{bmatrix}$$

解　令$\Delta T_N = \Delta T / 9$，使用采样变换方法可得如下多整数时滞系统：

$$X(k+1)=A_0X(k-8)+A_1X(k-20)+A_2X(k-27)+A_3X(k-40)+A_4X(k-50)$$

使用状态扩张方法，上述系统变为 $\bar{X}(k+1)=G\bar{X}(k)$，其中

$$G=\begin{bmatrix} 0 & \cdots & A_0 & \cdots & A_1 & \cdots & \cdots & A_4 \\ I & 0 & 0 & \cdots & 0 & \cdots & \cdots & 0 \\ 0 & \ddots & \ddots & \ddots & \ddots & \ddots & \ddots & \vdots \\ \vdots & \ddots & I & \ddots & \ddots & \ddots & \ddots & \vdots \\ \vdots & \ddots & 0 & \ddots & 0 & \ddots & \ddots & \vdots \\ \vdots & \ddots & \ddots & \ddots & I & \ddots & \ddots & \vdots \\ \vdots & \ddots & \ddots & \ddots & 0 & \ddots & \ddots & 0 \\ 0 & \cdots & \cdots & \cdots & \cdots & 0 & I & 0 \end{bmatrix}$$

经计算可得 $\rho(G)=0.9951<1$，由定理 7.8 可判所给系统渐近稳定。

例 7.7　试判定如下多有理数时滞系统的稳定性：

$$X(k+1)=A_0X(k)+A_1X\left(k-1-\frac{1}{4}\right)+A_2X\left(k-2-\frac{7}{8}\right)$$
$$+A_3X\left(k-3-\frac{1}{2}\right)+A_4X\left(k-4-\frac{1}{8}\right)$$

其中

$$A_0=\begin{bmatrix} 0.3 & 0 \\ 0.05 & 0.15 \end{bmatrix},\quad A_1=\begin{bmatrix} 0.25 & 0.05 \\ 0.05 & 0.1 \end{bmatrix},\quad A_2=\begin{bmatrix} 0 & 0.1 \\ 0.05 & 0.15 \end{bmatrix}$$
$$A_3=\begin{bmatrix} 0.15 & 0.05 \\ 0.2 & 0.3 \end{bmatrix},\quad A_4=\begin{bmatrix} 0.15 & 0.2 \\ 0.05 & 0.1 \end{bmatrix}$$

解　令 $\Delta T_N=\Delta T/8$，使用采样变换方法可得如下多整数时滞系统：

$$X(k+1)=A_0X(k-7)+A_1X(k-17)+A_2X(k-30)+A_3X(k-35)+A_4X(k-40)$$

使用状态扩张方法，上述系统变为 $\bar{X}(k+1)=G\bar{X}(k)$，其中

$$G=\begin{bmatrix} 0 & \cdots & A_0 & \cdots & A_1 & \cdots & \cdots & A_4 \\ I & 0 & 0 & \cdots & 0 & \cdots & \cdots & 0 \\ 0 & \ddots & \ddots & \ddots & \ddots & \ddots & \ddots & \vdots \\ \vdots & \ddots & I & \ddots & \ddots & \ddots & \ddots & \vdots \\ \vdots & \ddots & 0 & \ddots & 0 & \ddots & \ddots & \vdots \\ \vdots & \ddots & \ddots & \ddots & I & \ddots & \ddots & \vdots \\ \vdots & \ddots & \ddots & \ddots & 0 & \ddots & \ddots & \vdots \\ 0 & \cdots & \cdots & \cdots & \cdots & 0 & I & 0 \end{bmatrix}$$

经计算可得 $\rho(G)=1.0097>1$，由定理 7.8 可以判定所给系统不稳定。

下面讨论系数矩阵 G 的性质。

推论 7.4　给定系统(7.23)(系统(7.21))及其系数矩阵 G (见式(7.24))，若 A_N 不可约，则 G 不可约。

类似定理 6.17 的证法，可证推论 7.4 的结论成立。

基于推论 7.4，可得如下定理与推论。

定理 7.9　给定系统(7.23)(系统(7.21))及其系数矩阵 G (见式(7.24))，设 $A_j \geqslant 0$，$0 \leqslant j \leqslant N$，$A_N$ 不可约，则：

(1) 系统(7.23)(系统(7.21))渐近稳定的充要条件是 $\rho(G)<1$；

(2) 系统(7.23)(系统(7.21))稳定的充要条件是 $\rho(G)=1$；

(3) 系统(7.23)(系统(7.21))不稳定的充要条件是 $\rho(G)>1$。

比较推论 6.8，可知定理 7.8 的结论成立。

推论 7.5　给定系统(7.23)(系统(7.21))及其系数矩阵 G (见式(7.24))：①若 $\rho(|G|)<1$，则系统(7.23)(系统(7.21))渐近稳定；②若 $\rho(|G|)=1$ 且 G 不可约，则系统(7.23)(系统(7.21))渐近稳定或者稳定。

比较推论 6.10，可知推论 7.5 的结论成立。

就系统(7.23)(系统(7.21))而言，当 $A_j \geqslant 0\ (0 \leqslant j \leqslant N)$ 且 A_N 不可约时，仿照第 6 章相关内容，可以得到用 $A_j\ (0 \leqslant j \leqslant N)$ 的元素表示的稳定性条件，这里不再赘述。

给定系统(7.21)，当时滞参数 $\tau_i = 1\ (1 \leqslant i \leqslant N)$ 时，使用状态扩张方法，系统(7.21)可表示为

$$\hat{X}(k+1)=\hat{G}\hat{X}(k) \tag{7.25}$$

其中

$$\hat{G}=\begin{bmatrix} A_0 & A_1 & \cdots & \cdots & A_N \\ I & 0 & \cdots & \cdots & 0 \\ 0 & \ddots & \ddots & \ddots & \vdots \\ \vdots & \ddots & \ddots & \ddots & \vdots \\ 0 & \cdots & 0 & I & 0 \end{bmatrix} \in \mathbb{R}^{n(N+1)\times n(N+1)} \tag{7.26}$$

定理 7.10　给定系统(7.21)，可以得到系数矩阵 $\hat{G}$ (见式(7.26))，$\hat{G}$ 可约当且仅当下列各条件中至少有一个条件成立：

(1) $\hat{G}$ 有全为零的行；

(2) $\hat{G}\ (A_N)$ 有全为零的列；

(3) $A_j\ (0 \leqslant j \leqslant N)$ 可约且同形。

证明　充分性：不难验证，当 $\hat{G}$ 有全为零的行或者有全为零的列时，

$D_{\hat{G}}=(I+|\hat{G}|)^{nN+n-1}>0$不成立，$D_{\hat{G}}$的分块子矩阵中至少有$N+1$个零矩阵。如此，由引理 6.14 可知，$\hat{G}$可约。当$A_j$($0\leqslant j\leqslant N$)均为同形可约矩阵时，因单位矩阵和零矩阵与任何可约矩阵同形，故$\hat{G}$的所有分块子矩阵都是同形可约矩阵，由定理 6.23 中的(2)可知，$\hat{G}$可约。

必要性：设$n=N=2$，$\hat{G}=\begin{bmatrix} A_0 & A_1 \\ I & 0 \end{bmatrix}$，$A=|A_0|$，$B=|A_1|$，则

$$I+|\hat{G}|=\begin{bmatrix} I+A & B \\ I & I \end{bmatrix},\quad (I+|\hat{G}|)^2=\begin{bmatrix} I+2A+A^2+B & AB+2B \\ 2I+A & I+B \end{bmatrix}$$

$$(I+|\hat{G}|)^3=\begin{bmatrix} (I+A)^3+BA+AB+3B & A^2B+3AB+B^2+3B \\ (2I+A)(I+A)+I+B & (2I+A)B+I+B \end{bmatrix}$$

当A和B中任何一个不可约，或A和B均可约但不同形(如A与式(6.31)同形，B与式(6.32)同形)时，$\hat{G}$都不可约。因此，若要$\hat{G}$可约，A和B必须均可约且同形。A和B可约且同形包括A和B有相同的行为零，也包括B有全为零的列。

当$n>2$或$N>2$时，结论也如此，只不过证明更复杂而已。□

定理 7.11　给定系统(7.21)，可以得到系数矩阵$\hat{G}$(见式(7.26))，若$\hat{G}$没有全为零的行或者没有全为零的列，则$\hat{G}$不可约当且仅当A_j ($0\leqslant j\leqslant N$)不是可约且同形的矩阵。

类似定理 7.10，可证定理 7.11 的结论成立。

定理 7.12　给定系统(7.23)(系统(7.21))及其系数矩阵G(见式(7.24))，可以得到系统(7.25)的系数矩阵$\hat{G}$(见式(7.26))，则($\hat{G}$与G的可约性等价)：

(1) $\hat{G}$可约当且仅当G可约；

(2) $\hat{G}$不可约当且仅当G不可约。

依据定理 7.10 和定理 7.11，可证定理 7.12 的结论成立。具体证明过程这里省略。

定理 7.12 表明，采样变换不改变系数矩阵的可约性。

定理 7.13　给定系统(7.21)，设$A_j\geqslant 0$($0\leqslant j\leqslant N$)，则系统(7.25)的稳定性条件与系统(7.23)(系统(7.21))的稳定性条件相同。

证明　(1) 系统(7.25)的稳定性条件。设$A_l=\left[a_{ij}^{[l]}\right]$($0\leqslant l\leqslant N$，$1\leqslant i,j\leqslant n$)。由推论 6.11 并使用其中的相关记号可得：①设$\alpha_1=\min\limits_{1\leqslant i\leqslant n}\left\{\sum\limits_{j=1}^{n}\sum\limits_{l=0}^{N}a_{ij}^{[l]}\right\}$，$\alpha_2=\max\limits_{1\leqslant i\leqslant n}\left\{\sum\limits_{j=1}^{n}\sum\limits_{l=0}^{N}a_{ij}^{[l]}\right\}$，

$\beta_1=\min\{1,\alpha_1\}$ ，$\beta_2=\max\{1,\alpha_2\}$ ，则 $\beta_1\leqslant\rho(\widehat{G})\leqslant\beta_2$ 。②设 $\mu_1=\min\limits_{1\leqslant j\leqslant n}\left\{\sum\limits_{i=1}^{n}a_{ij}^{[N]}\right\}$ ，$\mu_2=\max\limits_{1\leqslant j\leqslant n}\left\{\sum\limits_{i=1}^{n}a_{ij}^{[N]}\right\}$ ，$\gamma_1=\min\limits_{0\leqslant l\leqslant N-1}\left\{\min\limits_{1\leqslant j\leqslant n}\left\{\sum\limits_{i=1}^{n}a_{ij}^{[l]}\right\}\right\}$ ，$\gamma_2=\max\limits_{0\leqslant l\leqslant N-1}\left\{\max\limits_{1\leqslant j\leqslant n}\left\{\sum\limits_{i=1}^{n}a_{ij}^{[l]}\right\}\right\}$ ，$\eta_1=\min\{\mu_1,1+\gamma_1\}$ ，$\eta_2=\max\{\mu_2,1+\gamma_2\}$ ；则 $\eta_1\leqslant\rho(\widehat{G})\leqslant\eta_2$ 。由①中的 $\beta_1\leqslant\rho(\widehat{G})\leqslant\beta_2$ 和②中的 $\eta_1\leqslant\rho(\widehat{G})\leqslant\eta_2$ ，可得系统(7.25)的稳定性条件为 $\max\{\beta_1,\eta_1\}\leqslant\rho(\widehat{G})\leqslant\min\{\beta_2,\eta_2\}$ 。

(2) 系统(7.23)(系统(7.21))的稳定性条件。观测 G (见式(7.24))的元素并使用(1)中的记号和方法，可得系统(7.23)(系统(7.21))的稳定性条件为 $\max\{\beta_1,\eta_1\}\leqslant\rho(G)\leqslant\min\{\beta_2,\eta_2\}$ 。

由(1)和(2)可得，系统(7.25)的稳定性条件与系统(7.23)的稳定性条件相同。如此，系统(7.25)的稳定性与系统(7.23)(系统(7.21))的稳定性等价。 □

定理 7.13 表明，可以使用 $\rho(\widehat{G})$ 来判定系统(7.21)的稳定性。据此，可以得到下面两个推论。

推论 7.6 给定系统(7.21)，可得系统(7.25)及其系数矩阵 $\widehat{G}$ (见式(7.26))，设 $A_j\geqslant 0\,(0\leqslant j\leqslant N)$，$A_N$ 不可约，则：

(1) 系统(7.21)渐近稳定的充要条件是 $\rho(\widehat{G})<1$；

(2) 系统(7.21)稳定的充要条件是 $\rho(\widehat{G})=1$；

(3) 系统(7.21)不稳定的充要条件是 $\rho(\widehat{G})>1$。

证明 由定理 6.17 可知，当 $A_N\geqslant 0$ 不可约时，$\widehat{G}\geqslant 0$ 不可约。由定理 6.5 和推论 6.8 可知，推论 7.6 的结论成立。 □

推论 7.7 给定系统(7.21)，可得系统(7.25)及其系数矩阵 $\widehat{G}$ (见式(7.26))，设 $A_j\geqslant 0\,(0\leqslant j\leqslant N)$，$\widehat{G}$ 不可约，则：

(1) 系统(7.21)渐近稳定的充要条件是 $\rho(\widehat{G})<1$；

(2) 系统(7.21)稳定的充要条件是 $\rho(\widehat{G})=1$；

(3) 系统(7.21)不稳定的充要条件是 $\rho(\widehat{G})>1$。

比较推论 6.9，可知推论 7.7 的结论成立。

系统(7.21)的稳定性同样可通过系数矩阵和的谱半径来进行判定，相关推论如下。

推论 7.8 给定系统(7.21)，可得系统(7.25)及其系数矩阵 $\widehat{G}$ (见式(7.26))，设 $A_j\geqslant 0\,(0\leqslant j\leqslant N)$且 A_N 不可约，$A_{\Sigma}=\sum\limits_{j=0}^{N}A_j$ ，则：

(1) 系统(7.21)渐近稳定的充要条件是 $\rho(A_{\Sigma})<1$；

(2) 系统(7.21)稳定的充要条件是 $\rho(A_{\Sigma})=1$；

(3) 系统(7.21)不稳定的充要条件是 $\rho(A_{\Sigma})>1$。

比较推论 6.18，可知推论 7.8 的结论成立。

推论 7.9　给定系统(7.21)，可得系统(7.25)及其系数矩阵 $\widehat{G}$ (见式(7.26))，设 $A_j\geqslant 0\,(0\leqslant j\leqslant N)$，$A_{\Sigma}=\sum_{j=0}^{N}A_j$，$\widehat{G}$ 不可约，则：

(1) 系统(7.21)渐近稳定的充要条件是 $\rho(A_{\Sigma})<1$；

(2) 系统(7.21)稳定的充要条件是 $\rho(A_{\Sigma})=1$；

(3) 系统(7.21)不稳定的充要条件是 $\rho(A_{\Sigma})>1$。

比较定理 6.26，可知推论 7.9 的结论成立。

定理 7.9、推论 7.6 和推论 7.8 等价，推论 7.7 和推论 7.9 等价。通常情况下，因 $\dim(A_{\Sigma})<\dim(\widehat{G})<\dim(G)$，甚至 $\dim(A_{\Sigma})\ll\dim(\widehat{G})\ll\dim(G)$，故使用推论 7.8 或推论 7.9 进行系统的稳定性判定时，所需的计算量要小得多。这里再次领略了采样变换不改变系统稳定性的优点，以及定理 6.26 和推论 6.18 的重要性。

定理 7.14　给定系统(7.21)，可以得到系数矩阵 $\widehat{G}$ (见式(7.26))：①若 $\rho(|\widehat{G}|)<1$，则系统(7.21)渐近稳定；②若 $\rho(|\widehat{G}|)=1$ 且 $\widehat{G}$ 不可约，则系统(7.21)渐近稳定或者稳定。

证明　(1) 由系统(7.21)可以得到如下多有理数时滞系统：

$$Y(k+1)=|A_0|Y(k)+|A_1|Y(k-\tau_1)+\cdots+|A_N|Y(k-N+1-\tau_N) \tag{7.27}$$

系统(7.27)经采样变换后可以得到一个维数与 G (见式(7.24))相同的非负系数矩阵 $Q\geqslant 0$。显然，$Q=|G|$，$\rho(Q)=\rho(|G|)$。由推论 7.5 中的①可知，当 $\rho(Q)=\rho(|G|)<1$ 时，系统(7.21)渐近稳定。由定理 7.13 可知，采样变换不改变系统(7.27)的稳定性条件，故 $\rho(|G|)=\rho(|\widehat{G}|)$。如此，当 $\rho(Q)=\rho(|G|)=\rho(|\widehat{G}|)<1$ 时，系统(7.21)渐近稳定。

(2) 由定理 7.12 可知，$\widehat{G}$ 不可约与 G 不可约等价。因 $\rho(|G|)=\rho(|\widehat{G}|)$，故条件 $\rho(|G|)=1$ 且 G 不可约与条件 $\rho(|\widehat{G}|)=1$ 且 $\widehat{G}$ 不可约等价。如此，由推论 7.5 中的②可知，若 $\rho(|\widehat{G}|)=1$ 且 $\widehat{G}$ 不可约，则系统(7.21)渐近稳定或者稳定。　□

推论 7.10　给定系统(7.21)，可以得到系数矩阵 $\widehat{G}$ (见式(7.26))，设 $A_{\Sigma}=\sum_{j=0}^{N}A_j$：①若 $\rho(|A_{\Sigma}|)<1$，则系统(7.21)渐近稳定；②若 $\rho(|A_{\Sigma}|)=1$ 且 $\widehat{G}$ 不可约，则系统(7.21)渐近稳定或者稳定。

结合推论 7.9 和定理 7.14，可证推论 7.10 的结论成立。

定理 7.14 和推论 7.10 是新颖、简洁和有重要应用价值的结果。

7.2.2 无理数时滞系统稳定性

考虑如下含无理数时滞参数的离散系统：

$$X(k+1)=A_0X(k)+A_1X(k-\tau_1)+A_2X(k-1-\tau_2)+\cdots+A_NX(k-N+1-\tau_N) \quad (7.28)$$

其中，$X\in\mathbb{R}^n$ 为状态向量；$k\in\mathbb{N}$；$A_j\in\mathbb{R}^{n\times n}$ $(0\leqslant j\leqslant N)$为系数矩阵，$n\geqslant 2$，$N\geqslant 1$；$0<\tau_i\Delta T<\Delta T$ $(1\leqslant i\leqslant N)$为时滞参数，且至少有一个 τ_i 为无理数，ΔT 为采样周期。

当有一个 $\tau_i(1\leqslant i\leqslant N)$为无理数时，系统(7.28)不能通过采样变换的方法化为多整数时滞系统。

定理 7.15 给定系统(7.28)，可以得到系数矩阵 $\widehat{G}$ (见式(7.26))，设 $A_j\geqslant 0$，$0\leqslant j\leqslant N$，$\widehat{G}$ 不可约，则：

(1) 系统(7.28)渐近稳定的充要条件是 $\rho(\widehat{G})<1$；

(2) 系统(7.28)稳定的充要条件是 $\rho(\widehat{G})=1$；

(3) 系统(7.28)不稳定的充要条件是 $\rho(\widehat{G})>1$。

仿照定理 7.8 的证明方法并结合使用定理 7.13(采样变换不改变系统稳定性条件)，可证定理 7.15 的结论成立，具体证明不再重复。

定理 7.16 给定系统(7.28)，可以得到系数矩阵 $\widehat{G}$ (见式(7.26))，设 $A_j\geqslant 0$ $(0\leqslant j\leqslant N)$，$A_N$ 不可约，则：

(1) 系统(7.28)渐近稳定的充要条件是 $\rho(\widehat{G})<1$；

(2) 系统(7.28)稳定的充要条件是 $\rho(\widehat{G})=1$；

(3) 系统(7.28)不稳定的充要条件是 $\rho(\widehat{G})>1$。

证明 当 $A_N\geqslant 0$ 不可约时，$\widehat{G}\geqslant 0$ 不可约。当 $\widehat{G}\geqslant 0$ 不可约时，定理 7.16 就是定理 7.15。 □

推论 7.11 给定系统(7.28)，可以得到系数矩阵 $\widehat{G}$ (见式(7.26))，设 $A_j\geqslant 0$ $(0\leqslant j\leqslant N)$，$A_\Sigma=\sum_{j=0}^{N}A_j$，$\widehat{G}$ 不可约，则：

(1) 系统(7.28)渐近稳定的充要条件是 $\rho(A_\Sigma)<1$；

(2) 系统(7.28)稳定的充要条件是 $\rho(A_\Sigma)=1$；

(3) 系统(7.28)不稳定的充要条件是 $\rho(A_\Sigma)>1$。

依据定理 7.15 并仿照定理 6.26 的证明方法，可证推论 7.11 的结论成立。

推论 7.12 给定系统(7.28)，可以得到系数矩阵 $\widehat{G}$ (见式(7.26))，设 $A_j\geqslant 0$

($0\leqslant j\leqslant N$)且 A_N 不可约，$A_{\Sigma}=\sum_{j=0}^{N}A_j$，则：

(1) 系统(7.28)渐近稳定的充要条件是 $\rho(A_{\Sigma})<1$；

(2) 系统(7.28)稳定的充要条件是 $\rho(A_{\Sigma})=1$；

(3) 系统(7.28)不稳定的充要条件是 $\rho(A_{\Sigma})>1$。

证明　当 $A_N\geqslant 0$ 不可约时，$\widehat{G}\geqslant 0$ 不可约。当 $\widehat{G}\geqslant 0$ 不可约时，推论 7.12 就是推论 7.11。 □

推论 7.11 与定理 7.15 等价，推论 7.12 与定理 7.16 等价，但推论 7.11 和推论 7.12 更简洁也更便于实际应用。定理 7.15、定理 7.16、推论 7.11 和推论 7.12 都是有重要理论价值的新结果。

定理 7.17　给定系统(7.28)，可以得到系数矩阵 $\widehat{G}$ (见式(7.26))：①若 $\rho(|\widehat{G}|)<1$，则系统(7.28)渐近稳定；②若 $\rho(|\widehat{G}|)=1$ 且 $\widehat{G}$ 不可约，则系统(7.28)渐近稳定或者稳定。

证明　(1) 任给 $0<\delta<\Delta T$，可以得到 N 个邻域 $\omega_i\overset{\text{def}}{=}\{|t-\tau_i|<\delta\,|\,0<\delta<\Delta T\}$ ($1\leqslant i\leqslant N$)。因系统(7.28)的解关于系数矩阵的元素和时滞参数连续，故当 δ 充分小时，系统(7.28)的稳定性在 ω_i ($1\leqslant i\leqslant N$)内保持不变。因此，无论 δ 多么小，总存在一组有理数 $\mu_i\in\omega_i$ ($1\leqslant i\leqslant N$)，使得下列系统的稳定性与系统(7.28)的稳定性一致(同敛散或同有界)。

$$X(k+1)=A_0X(k)+A_1X(k-\mu_1)+\cdots+A_NX(k-N+1-\mu_N)\tag{7.29}$$

系统(7.29)为多有理数时滞系统，经采样变换后可以得到一个形如 G (见式(7.24))的系数矩阵 Q。由推论 7.5 中的(1)可知，当 $\rho(|Q|)<1$ 时，系统(7.29)渐近稳定。进一步考察如下系统：

$$Y(k+1)=|A_0|Y(k)+|A_1|Y(k-\mu_1)+\cdots+|A_N|Y(k-N+1-\mu_N)\tag{7.30}$$

系统(7.30)经采样变换后也可得到一个与 Q 维数相同的非负系数矩阵 $\bar{Q}$。不难理解，$\bar{Q}=|Q|$，$\rho(\bar{Q})=\rho(|Q|)$。由推论 7.5 中的①可知，当 $\rho(\bar{Q})=\rho(|Q|)<1$ 时，系统(7.29)渐近稳定。由定理 7.13 可知，采样变换不改变系统(7.30)的稳定性条件，故 $\rho(\bar{Q})=\rho(|\widehat{G}|)$。如此，当 $\rho(\bar{Q})=\rho(|Q|)=\rho(|\widehat{G}|)<1$ 时，系统(7.28)渐近稳定。

(2) 由定理 7.11 可知，$\widehat{G}$ 不可约与 $\bar{Q}$ 不可约等价，$\bar{Q}$ 不可约与 Q 不可约等价；如此，$\widehat{G}$ 不可约与 Q 不可约等价。因 $\rho(|G|)=\rho(|Q|)$，故条件 $\rho(|G|)=1$ 且 G 不可约与条件 $\rho(|Q|)=1$ 且 Q 不可约等价。如此，由推论 7.5 中的②可知，若 $\rho(|\widehat{G}|)=1$ 且 $\widehat{G}$ 不可约，则系统(7.28)渐近稳定或者稳定。 □

推论 7.13　给定系统(7.28)，可以得到系数矩阵 $\widehat{G}$ (见式(7.26))，设 $A_{\Sigma}=\sum_{j=0}^{N}A_j$：

①若 $\rho(|A_{\Sigma}|)<1$，则系统(7.28)渐近稳定；②若 $\rho(|A_{\Sigma}|)=1$ 且 $\widehat{G}$ 不可约，则系统(7.28)渐近稳定或者稳定。

结合推论 7.11 和定理 7.17，可证推论 7.13 的结论成立。

上述定理 7.15、定理 7.16、定理 7.17、推论 7.11、推论 7.12 和推论 7.13 均是新颖和有重要应用价值的结果，其中，推论 7.13 更加简洁和便于实际应用。

例 7.8　试判定如下多无理数时滞系统的稳定性：

$$X(k+1)=A_0X(k)+A_1X\left(k-\frac{\sqrt{2}}{7}\right)+A_2X\left(k-1-\frac{\sqrt{3}}{9}\right)+A_3X\left(k-2-\frac{\sqrt{5}}{8}\right)$$
$$+A_4X\left(k-3-\frac{1}{6}\right)+A_5X\left(k-4-\frac{1}{8}\right)$$

其中

$$A_0=\begin{bmatrix}0.2 & 0\\ 0.1 & 0.05\end{bmatrix},\ A_1=\begin{bmatrix}-0.15 & 0\\ 0.15 & 0.05\end{bmatrix},\ A_2=\begin{bmatrix}-0.05 & -0.05\\ 0.05 & -0.1\end{bmatrix}$$
$$A_3=\begin{bmatrix}0.15 & -0.1\\ 0.05 & 0.2\end{bmatrix},\ A_4=\begin{bmatrix}0.15 & 0\\ 0 & 0.1\end{bmatrix},\ A_5=\begin{bmatrix}0 & 0.05\\ 0.05 & 0\end{bmatrix}$$

解　类似例 7.6，使用状态扩张方法可得矩阵 $\widehat{G}$，经计算可得 $\rho(|\widehat{G}|)=0.9675<1$。由定理 7.17 可知所给系统渐近稳定。

7.2.3　无理数时滞系统稳定性近似分析

为分析方便，再次考察系统(7.28)：

$$X(k+1)=A_0X(k)+A_1X(k-\tau_1)+A_2X(k-1-\tau_2)+\cdots+A_NX(k-N+1-\tau_N) \tag{7.31}$$

其中，$\tau_j\,(1\leqslant j\leqslant N)$为无理数时滞参数，$0<\tau_j\Delta T<\Delta T$。

假设 f 为系统(7.31)的采样频率，T 为单位采样时间(通常取值为 1，意指 1s、1min 或 1h 等)，$\tau_{\max}=\max\limits_{1\leqslant j\leqslant N}\{\tau_j\}$，则 $\Delta T=f^{-1}T$，$\sum\limits_{j=1}^{N}\tau_j\leqslant N\tau_{\max}<N\Delta T=Nf^{-1}T$。

当 $N<f$ (时滞个数小于采样频率)且 $T=1$ 时，$\sum\limits_{j=1}^{N}\tau_j\leqslant N\tau_{\max}<1$，即时滞之和小于单位采样时间。

选择 N 个充分靠近 τ_j 的有理数 $\tau'_j\,(1\leqslant j\leqslant N)$，可以得到如下一个多有理数时滞系统：

$$X(k+1)=A_0X(k)+A_1X(k-\tau'_1)+\cdots+A_NX(k-N+1-\tau'_N) \tag{7.32}$$

不难理解，系统(7.32)是系统(7.31)的一种近似表示。

定理 7.18　给定系统(7.31)，选择一组充分接近τ_j的有理数$\tau'_j\,(1\leqslant j\leqslant N)$，可以得到一个近似系统(7.32)。设系统(7.32)经采样频率变换和状态扩张后的系数矩阵为Q(见式(7.24))，则：

(1) 任给充分小的正数$\varepsilon>0$，存在$\delta=\sum_{j=1}^{N}|\tau'_j-\tau_j|\leqslant\varepsilon$；

(2) 当$\rho(Q)<1-\delta$时，系统(7.31)渐近稳定或者稳定；

(3) 当$\rho(Q)>1+\delta$时，系统(7.31)不稳定。

证明　(1) 由实数在数轴上的分布规律可知，任给充分小的正数$\varepsilon>0$，总可选择一组有理数$\tau'_j\,(1\leqslant j\leqslant N)$，使得$\delta=\sum_{j=1}^{N}|\tau'_j-\tau_j|\leqslant\varepsilon$。

(2) 设$\rho(Q)<1-\delta$，系统(7.31)不稳定。由第 5 章的稳定鲁棒性结论可知，当$\tau_j\,(1\leqslant j\leqslant N)$微小变动时，系统(7.31)的稳定性保持不变。若系统(7.31)不稳定，则一定存在一个邻域$\Omega=\Omega_1\times\Omega_2\times\cdots\times\Omega_N$ ($\Omega_j\overset{\text{def}}{=}\left\{\left|t_j-\tau_j\right|<\eta_j\,\middle|\,0<\eta_j<\Delta T\right\}$，$1\leqslant j\leqslant N$)，$\forall t_j\in\Omega_j\,(1\leqslant j\leqslant N)$，系统$X(k+1)=A_0X(k)+\sum_{j=1}^{N}A_jX(k+1-j-t_j)$不稳定。因$\tau'_j$可以任意接近$\tau_j$，故$\left|\tau'_j-\tau_j\right|(1\leqslant j\leqslant N)$和$\delta$可以任意小。当$0<\delta<N\min\limits_{1\leqslant j\leqslant N}\{\eta_j\}$时，$\tau'_j\in\Omega_j$。如上分析，当$\tau'_j\in\Omega_j$时，系统(7.32)不稳定，即$\rho(Q)>1$，这与$\rho(Q)<1-\delta$矛盾。故当$\rho(Q)<1-\delta$时，系统(7.31)渐近稳定或者稳定。

(3)设$\rho(Q)>1+\delta$，系统(7.31)渐近稳定。同理，若系统(7.31)渐近稳定，则一定存在一个邻域$\bar{\Omega}=\bar{\Omega}_1\times\bar{\Omega}_2\times\cdots\times\bar{\Omega}_N$ ($\bar{\Omega}_j\overset{\text{def}}{=}\left\{\left|t'_j-\tau_j\right|<\mu_j\,\middle|\,0<\mu_j<\Delta T\right\}$，$1\leqslant j\leqslant N$)，$\forall t'_j\in\bar{\Omega}_j$，系统$X(k+1)=A_0X(k)+\sum_{j=1}^{N}A_jX(k+1-j-t'_j)$渐近稳定。因$\left|\tau'_j-\tau_j\right|$ $(1\leqslant j\leqslant N)$和$\delta$可以任意小，故当$0<\delta<N\min\limits_{1\leqslant j\leqslant N}\{\mu_j\}$时，$\tau'_j\in\bar{\Omega}_j$。由前述分析可知，当$\tau'_j\in\bar{\Omega}_j$时，系统(7.32)渐近稳定，即$\rho(Q)<1$，这与$\rho(Q)>1+\delta$矛盾。故当$\rho(Q)>1+\delta$时，系统(7.31)稳定或者不稳定(不渐近稳定)。

当$\tau'_j\to\tau_j\,(1\leqslant j\leqslant N)$且$\tau'_j$始终为有理数时，$\delta\to0$，$\rho(Q)>1+\delta\to\rho(Q)>1$，系统(7.32)趋于系统(7.31)。由第 5 章的稳定鲁棒性结论可知，当$\tau'_j\to\tau_j$时，系统(7.32)和系统(7.31)具有相同的稳定性。如此，由$\rho(Q)>1$(系统(7.32)不稳定)可以推得系统(7.31)不稳定。

综合上述两种情况可知，当$\rho(Q)>1+\delta$时，系统(7.31)不稳定。　□

显然，定理 7.18 也适用于一般单状态多无理数时滞系统(7.13)。定理 7.18 的重要贡献在于：建立了系统(7.31)与其近似系统(7.32)稳定性之间的关系；给出了一种利用近似系统稳定性条件判定原系统稳定性的方法。定理 7.18 是一个充分条件，其保守性取决于δ的取值大小，δ取值越小判定结果的精度越高，而其所付出的计算代价越大。

为便于判定系统(7.31)的稳定性，下面给出两种基于近似表示系统的稳定性判定方法，且总假设$N < f$或$N \ll f$。

方法 1　给定系统(7.31)：

(1) 选择一组有理数$\tau'_j\,(1\leqslant j\leqslant N)$，使得$\delta_1 = N\max\limits_{1\leqslant j\leqslant N}\{|\tau'_j-\tau_j|\}\ll 1$，得到一个近似表示系统(7.32)。

(2) 对所得多有理数时滞系统(7.32)进行采样频率变换和状态扩张，得到系数矩阵Q_1。

(3) 求解$\rho(Q_1)$，若$\rho(Q_1)<1-\delta_1$，则由定理 7.18 可以判定系统(7.31)渐近稳定或者稳定；若$\rho(Q_1)>1+\delta_1$，则由定理 7.18 可以判定系统(7.31)不稳定。

方法 2　给定系统(7.31)，当$N\ll f$(时滞个数远小于采样频率)时，可以认为系统状态的变化率在ΔT内几乎保持不变，即式(7.33)近似成立：

$$\frac{X(k\Delta T)-X(k\Delta T-\tau)}{k\Delta T-(k\Delta T-\tau)}=\frac{X(k\Delta T-\tau)-X(k\Delta T-\Delta T)}{(k\Delta T-\tau)-(k\Delta T-\Delta T)},\quad k\geqslant 1,\quad 0<\tau<\Delta T \tag{7.33}$$

式(7.33)可简化为如下形式：

$$X(k-\tau)=(1-\tau/\Delta T)X(k)+\tau/\Delta T\cdot X(k-1) \tag{7.34}$$

令$\hat{\tau}=\tau/\Delta T$，式(7.34)变为

$$X(k-\tau)=(1-\hat{\tau})X(k)+\hat{\tau}X(k-1),\quad \hat{\tau}=\tau/\Delta T \tag{7.35}$$

使用式(7.35)，系统(7.31)可近似地表示为

$$X(k+1)=(A_0+(1-\hat{\tau}_1)A_1)X(k)+(\hat{\tau}_1A_1+(1-\hat{\tau}_2)A_2)X(k-1)+\cdots+\hat{\tau}_NA_NX(k-N) \tag{7.36}$$

系统(7.36)是多整数时滞系统，它是多无理数时滞系统(7.31)的近似表示。不难理解，采样频率越高，系统(7.36)的近似程度就越高。基于系统(7.36)，可以给出系统(7.31)的稳定性判定方法：

(1) 求解$\Delta\tau_{\max}=\max\limits_{1\leqslant j\leqslant N}\{\Delta T(1-\tau_j)\}$，$\delta_2=N\Delta\tau_{\max}$，以及系统(7.36)经状态扩张后的系数矩阵$Q_2$。

(2) 若$\rho(Q_2)<1-\delta_2$，则由定理 7.18 可以判定系统(7.31)渐近稳定或者稳定；

若 $\rho(Q_2)>1+\delta_2$，则由定理 7.18 可以判定系统(7.31)不稳定。

不难理解，对于单状态多无理数时滞系统(7.13)，方法 1 和方法 2 同样适用。

例 7.9　试判定如下多无理数时滞系统的稳定性：

$$X(k+1)=A_0X(k)+A_1X\left(k-1-\frac{\sqrt{3}}{5}\right)+A_2X\left(k-2-\frac{\sqrt{3}}{14}\right)+A_3X\left(k-3-\frac{\sqrt{5}}{4}\right)$$
$$+A_4X\left(k-4-\frac{\sqrt{7}}{4}\right)$$

其中

$$A_0=\begin{bmatrix}-0.03 & -0.02\\ 0.04 & 0.03\end{bmatrix},\quad A_1=\begin{bmatrix}-0.02 & 0\\ 0.02 & 0.02\end{bmatrix},\quad A_2=\begin{bmatrix}-0.01 & -0.01\\ 0.02 & 0.02\end{bmatrix}$$
$$A_3=\begin{bmatrix}-0.01 & 0.01\\ 0.03 & 0.01\end{bmatrix},\quad A_4=\begin{bmatrix}-0.02 & -0.01\\ 0.02 & 0.01\end{bmatrix}$$

解　选择 4 个充分靠近 τ_j 的有理数 $\tau'_j\,(1\leqslant j\leqslant 4)$，可得如下一个多有理数时滞系统：

$$X(k+1)=A_0X(k)+A_1X\left(k-1-\frac{1}{3}\right)+A_2X\left(k-2-\frac{1}{9}\right)+A_3X\left(k-3-\frac{5}{9}\right)$$
$$+A_4X\left(k-4-\frac{2}{3}\right)$$

$\delta_1=4\times\max\limits_{1\leqslant j\leqslant 4}\{|\tau'_j-\tau_j|\}=0.0523$，经采样频率变换和状态扩张后，上述系统变为 $\bar{X}(k+1)=Q_1\bar{X}(k)$，其中

$$Q_1=\begin{bmatrix}0 & \cdots & A_0 & \cdots & A_1 & \cdots & \cdots & A_4\\ I & 0 & 0 & \cdots & 0 & \cdots & \cdots & 0\\ 0 & \ddots & \ddots & \cdots & \vdots & \cdots & \cdots & \vdots\\ \vdots & \ddots & I & \ddots & \vdots & \vdots & \vdots & \vdots\\ \vdots & \vdots & 0 & \ddots & 0 & \vdots & \vdots & \vdots\\ \vdots & \vdots & \vdots & \ddots & I & \ddots & \vdots & \vdots\\ \vdots & \vdots & \vdots & \vdots & 0 & \ddots & \ddots & \vdots\\ 0 & \cdots & \cdots & \cdots & \cdots & 0 & I & 0\end{bmatrix}$$

经计算可得 $\rho(Q_1)=0.9131<1-\delta_1=0.9477$，由方法 1 可知原多无理数时滞系统渐近稳定或者稳定。

例 7.10　试判定如下多无理数时滞系统的稳定性：

$$X(k+1)=A_0X(k)+A_1X\left(k-1-\frac{\sqrt{12}}{5}\right)+A_2X\left(k-2-\frac{\sqrt{8}}{3}\right)+A_3X\left(k-3-\frac{\sqrt{14}}{4}\right)$$
$$+A_4X\left(k-4-\frac{\sqrt{15}}{4}\right)$$

其中

$$A_0=\begin{bmatrix}-0.02 & -0.03\\ 0.03 & 0.04\end{bmatrix},\ A_1=\begin{bmatrix}-0.06 & -0.04\\ 0.04 & 0.04\end{bmatrix},\ A_2=\begin{bmatrix}-0.03 & -0.03\\ 0.03 & 0.03\end{bmatrix}$$
$$A_3=\begin{bmatrix}0.02 & 0.01\\ -0.01 & 0.02\end{bmatrix},\ A_4=\begin{bmatrix}-0.03 & -0.03\\ 0.03 & 0.06\end{bmatrix}$$

解　用方法 2 可将上述系统近似表述为如下一个多整数时滞系统：

$$X(k+1)=B_0X(k)+B_1X(k-1)+B_2X(k-2)+B_3X(k-3)+B_4X(k-4)$$

其中

$$B_0=\begin{bmatrix}-0.0384 & -0.0423\\ 0.0423 & 0.0523\end{bmatrix},\ B_1=\begin{bmatrix}-0.0433 & -0.0294\\ 0.0294 & 0.0294\end{bmatrix},\ B_2=\begin{bmatrix}-0.027 & -0.0276\\ 0.0276 & 0.0296\end{bmatrix}$$
$$B_3=\begin{bmatrix}0.0178 & 0.0084\\ -0.0084 & 0.0206\end{bmatrix},\ B_4=\begin{bmatrix}-0.029 & -0.029\\ 0.029 & 0.0581\end{bmatrix}$$

再经状态扩张后有 $\bar{X}(k+1)=Q_2\bar{X}(k)$ ，其中

$$Q_2=\begin{bmatrix}A_0 & A_1 & A_2 & A_3 & A_4\\ I & 0 & 0 & 0 & 0\\ 0 & I & 0 & 0 & 0\\ 0 & 0 & I & 0 & 0\\ 0 & 0 & 0 & I & 0\end{bmatrix}$$

另外，$\Delta\tau_{\max}=\max\limits_{1\leqslant j\leqslant 4}\{\Delta T(1-\tau_j)\}=0.0646$ ，$\delta_2=N\Delta\tau_{\max}=0.2583$ 。运用方法 2 判断稳定性，$\rho(Q_2)=0.598<1-\delta_2=0.7417$ ，可知原多无理数时滞系统渐近稳定或者稳定。

第 8 章　多整数时滞线性时变离散系统稳定性

第 6 章对线性定常离散系统的稳定性进行了讨论，本章针对线性时变离散系统，利用矩阵范数及谱半径等工具进行分析并给出若干新结果[147-150,152-164]。

8.1　无时滞系统稳定性

考虑如下时变无时滞离散系统：

$$X(k+1)=A(k)X(k) \tag{8.1}$$

其中，$X\in\mathbb{R}^n$ 为状态向量；$k\in\mathbb{N}$；$n\geqslant 2$；$A(k)=[a_{ij}(k)]\in\mathbb{R}^{n\times n}$，$\alpha_{ij}\leqslant a_{ij}(k)\leqslant\beta_{ij}$，$\alpha_{ij},\beta_{ij}\in\mathbb{R}$，$|\alpha_{ij}|<\infty$，$|\beta_{ij}|<\infty$，$1\leqslant i,j\leqslant n$。

定理 8.1　设 $A\in\mathbb{R}^{n\times n}$，则 $\|A\|_2\leqslant\||A|\|_2$。

证明　设 $A\in\mathbb{R}^{n\times n}$，则 $A^{\mathrm{T}}A\in\mathbb{R}^{n\times n}$，$B=|A|^{\mathrm{T}}|A|\in\mathbb{R}^{n\times n}$。由引理 2.1 中的(5)可知，$|A^{\mathrm{T}}A|\leqslant|A^{\mathrm{T}}||A|=|A|^{\mathrm{T}}|A|=B$，即 $|A^{\mathrm{T}}A|\leqslant B$。由引理 6.12 中的①和谱半径与 $\|\cdot\|_2$ 的关系式可得 $\|A\|_2^2=\rho(A^{\mathrm{T}}A)\leqslant\rho(|A^{\mathrm{T}}A|)\leqslant\rho(B)=\rho(|A|^{\mathrm{T}}|A|)=\||A|\|_2^2$，即 $\|A\|_2^2\leqslant\||A|\|_2^2$，$\|A\|_2\leqslant\||A|\|_2$。□

定理 8.2　设 $A,B\in\mathbb{R}^{n\times n}$，$0\leqslant A\leqslant B$，则 $\|A\|_2\leqslant\|B\|_2$。

证明　设 $A,B\in\mathbb{R}^{n\times n}$，则 $A^{\mathrm{T}},B^{\mathrm{T}}\in\mathbb{R}^{n\times n}$。由 $0\leqslant A\leqslant B$ 可得，$0\leqslant A^{\mathrm{T}}\leqslant B^{\mathrm{T}}$。由引理 2.2 中的(4)可得，$0\leqslant A^{\mathrm{T}}A\leqslant B^{\mathrm{T}}B$。由引理 6.12 中的②和谱半径与 $\|\cdot\|_2$ 的关系式可得 $\|A\|_2^2=\rho(A^{\mathrm{T}}A)\leqslant\rho(B^{\mathrm{T}}B)=\|B\|_2^2$，此即 $\|A\|_2^2\leqslant\|B\|_2^2$，$\|A\|_2\leqslant\|B\|_2$。□

推论 8.1　设 $A,B\in\mathbb{R}^{n\times n}$，$0\leqslant A\leqslant B$，则 $\rho(A)\leqslant\rho(B)$ 与 $\|A\|_2\leqslant\|B\|_2$ 同时成立。

由引理 6.12 中的②和定理 8.2 可知，推论 8.1 的结论成立。

引理 8.1　设 $A\in\mathbb{C}^{n\times n}$，则对任意的正数 ε，存在某种矩阵范数 $\|\cdot\|_M$，使得 $\|A\|_M\leqslant\rho(A)+\varepsilon$。

基于以上矩阵性质，可得如下稳定性判定条件。

定理 8.3　给定系统(8.1)及其系数矩阵 $A(k)$，设存在 $l\in\mathbb{N}$ 和 $A(l)$，使得

$\| A(l) \|_2 = \sup\limits_{k\in\mathbb{N}}\{\| A(k) \|_2\}$，若 $\rho(| A(l) |) < 1$，则系统(8.1)一致渐近稳定。

证明　由定理 8.1 可知，$\forall k \in \mathbb{N}$，$\|A(k)\|_2 \leqslant \| A(l) \|_2$。由矩阵范数的等价性可知，存在常数 $c > 0$，$\forall k \in \mathbb{N}$，使得 $\|A(k)\|_M \leqslant c\| A(l) \|_M$。对系统(8.1)的两边取 $\|\cdot\|_M$ 范数，可得 $\|X(k+1)\|_M \leqslant \|A(k)\|_M \|X(k)\|_M \leqslant c\| A(l) \|_M \|X(k)\|_M$。因 $\rho(| A(l) |) < 1$，故存在 $\max\left\{0, 1-\dfrac{1}{c}\right\} < \delta < 1$，使得 $\rho(| A(l) |) = 1-\delta < 1$。选择 $0 < \varepsilon < \dfrac{1}{c} - 1 + \delta$，由引理 8.1 可知，存在某种矩阵范数 $\|\cdot\|_M$，使得 $\| A(l) \|_M \leqslant \rho(| A(l) |) + \varepsilon = 1-\delta+\varepsilon$。因 $1-\dfrac{1}{c} < \delta-\varepsilon < \delta$，故 $c(1-\delta) < c(1-\delta+\varepsilon) < 1$。因此，$\|X(k+1)\|_M \leqslant c^{k+1}\| A(l) \|_M^{k+1} \cdot \|X(0)\|_M \leqslant c^{k+1}(1-\delta+\varepsilon)^{k+1}\|X(0)\|_M$，即 $\|X(k)\|_M \leqslant [c(1-\delta+\varepsilon)]^k \|X(0)\|_M$。如此，任给 $X(0) \neq 0$，当 $k \to \infty$ 时，$\|X(k)\|_M \to 0$，$X(k) \to 0$，系统(8.1)一致渐近稳定。□

由定理 8.3 立即可以得到下面的推论。

推论 8.2　给定系统(8.1)及其系数矩阵 $A(k)$，设 $\forall k \in \mathbb{N}$，$A(k) \geqslant 0$，$\rho_A = \sup\limits_{k\in\mathbb{N}}\{\|A(k)\|_2\}$，若 $\rho_A < 1$，则系统(8.1)一致渐近稳定。

例 8.1　试判定如下时变离散系统的稳定性：

$$X(k+1) = A(k)X(k)$$

其中

$$A(k) = \begin{bmatrix} 2^{-(1+k)} & \dfrac{1}{3}\sin k \\ \dfrac{1}{3} & \dfrac{1}{2}\mathrm{e}^{-k} \end{bmatrix}$$

解　显然 $\forall k \in \mathbb{N}$，$A(k) \geqslant 0$，同时由矩阵范数的性质可知，$\|A(k)\|_2 \leqslant \|A(k)\|_F = \sqrt{2^{-2(k+1)} + \dfrac{1}{9}\sin^2 k + \dfrac{1}{9} + \dfrac{1}{4}\mathrm{e}^{-2k}} \leqslant \sqrt{\dfrac{1}{4}+\dfrac{1}{9}+\dfrac{1}{9}+\dfrac{1}{4}} = \dfrac{\sqrt{26}}{6} < 1$，有 $\rho_A < 1$。由推论 8.2 可知该系统一致渐近稳定。

定理 8.3 和推论 8.2 的主要作用在于分析，而不在于计算和应用。

定理 8.4　给定系统(8.1)及其系数矩阵 $A(k)$，设 $A_s = [a_{ij}^{(s)}]$，$a_{ij}^{(s)} = \sup\limits_{k\in\mathbb{N}}\{| a_{ij}(k) |\}$，$1 \leqslant i, j \leqslant n$，若 $\rho(A_s) < 1$，则系统(8.1)一致渐近稳定。

证明　由 A_s 的定义和定理 8.3 的证明过程可知，$A_s \geqslant 0$，$\forall k \in \mathbb{N}$，$| A(k) | \leqslant A_s$。由引理 6.12 中的①可知，$\forall k \in \mathbb{N}$，$\rho(A(k)) \leqslant \rho(| A(k) |) \leqslant \rho(A_s)$。如此，存在 $l \in \mathbb{N}$ 和 $A(l)$，使得 $\| A(l) \|_2 = \sup\limits_{k\in\mathbb{N}}\{\| A(k) \|_2\}$，$\rho(| A(l) |) = \sup\limits_{k\in\mathbb{N}}\{\rho(| A(k) |)\} \leqslant \rho(A_s)$；当

$\rho(A_s)<1$时，$\rho(|A(l)|)<1$。由定理 8.3 可知，系统(8.1)一致渐近稳定。□

由定理 8.4 可以得到下面的推论。

推论 8.3　给定系统(8.1)及其系数矩阵$A(k)$，设$\forall k\in\mathbb{N}$，$A(k)\geqslant 0$，$A_s=[a_{ij}^{(s)}]$，$a_{ij}^{(s)}=\sup_{k\in\mathbb{N}}\{a_{ij}(k)\}$，$1\leqslant i,j\leqslant n$，若$\rho(A_s)<1$，则系统(8.1)一致渐近稳定。

定理 8.4 和推论 8.3 是充分条件，其突出优点是便于计算和应用，但保守性比定理 8.3 和推论 8.2 大。

例 8.2　用定理 8.4 的方法判断例 8.1 中系统的稳定性。

解　由定理 8.4 可得

$$A_s=\begin{bmatrix}\frac{1}{2} & \frac{1}{3}\\ \frac{1}{3} & \frac{1}{2}\end{bmatrix},\qquad \rho(A_s)\approx 0.83<1$$

如此，可以判定例 8.1 中的系统一致渐近稳定。

在某些场合下，下面两个推论也是有用的。

推论 8.4　给定系统(8.1)及其系数矩阵$A(k)$，设$\forall k\in\mathbb{N}$，$A(k)=[a_{ij}(k)]$，$a_{ij}(k)\geqslant 0\ (1\leqslant i,j\leqslant n)$且单调不增，若$\rho(A(0))<1$，则系统(8.1)一致渐近稳定。

证明　当$a_{ij}(k)\geqslant 0$（$1\leqslant i,j\leqslant n$）且单调不增时，$a_{ij}(0)=a_{ij}^{(s)}=\sup_{k\in\mathbb{N}}\{a_{ij}(k)\}$，$A(0)=A_s$。由推论 8.3 可知，当$\rho(A(0))=\rho(A_s)<1$时，系统(8.1)一致渐近稳定。□

推论 8.5　给定系统(8.1)及其系数矩阵$A(k)$，设$\forall k\in\mathbb{N}$，$A(k)=[a_{ij}(k)]$，$a_{ij}(k)\geqslant 0\ (1\leqslant i,j\leqslant n)$且单调不减，若$\rho(A(\infty))<1$，则系统(8.1)一致渐近稳定。

证明　当$a_{ij}(k)\geqslant 0$（$1\leqslant i,j\leqslant n$）且单调不减时，$a_{ij}(\infty)=a_{ij}^{(s)}=\sup_{k\in\mathbb{N}}\{a_{ij}(k)\}$，$A(\infty)=A_s$。由推论 8.3 可知，当$\rho(A(\infty))=\rho(A_s)<1$时，系统(8.1)一致渐近稳定。□

考虑时变参数的边界，则系统稳定性条件也可由如下定理给出。

定理 8.5　给定系统(8.1)及其系数矩阵$A(k)$，设$\forall k\in\mathbb{N}$，$\alpha_{ij}\leqslant a_{ij}(k)\leqslant\beta_{ij}$，$\alpha_{ij},\beta_{ij}\in\mathbb{R}$，$|\alpha_{ij}|<\infty$，$|\beta_{ij}|<\infty$，$1\leqslant i,j\leqslant n$，$A_M=[a_{ij}^{(M)}]$，$a_{ij}^{(M)}=\max\{|\alpha_{ij}|,|\beta_{ij}|\}$，$1\leqslant i,j\leqslant n$，若$\rho(A_M)<1$，则系统(8.1)一致渐近稳定。

证明　设$\forall k\in\mathbb{N}$，$A_s=[a_{ij}^{(s)}]$，$a_{ij}^{(s)}=\sup_{k\in\mathbb{N}}\{|a_{ij}(k)|\}$，$1\leqslant i,j\leqslant n$。因$0\leqslant a_{ij}^{(s)}\leqslant a_{ij}^{(M)}$，故$0\leqslant A_s\leqslant A_M$。由引理 6.12 中的②可知，$\rho(A_s)\leqslant\rho(A_M)$。当$\rho(A_M)<1$时，$\rho(A_s)<1$。再由定理 8.4 可知，系统(8.1)一致渐近稳定。□

由定理 8.5 立即可以得到下面两个推论。

推论 8.6　给定系统(8.1)及其系数矩阵 $A(k)$，设 $\forall k\in\mathbb{N}$，$0\leqslant a_{ij}(k)\leqslant\beta_{ij}$，$\beta_{ij}\in\mathbb{R}$，$\beta_{ij}<\infty$，$1\leqslant i,j\leqslant n$；$A_{\tilde{M}}=[a_{ij}^{(\tilde{M})}]$，$a_{ij}^{(\tilde{M})}=\beta_{ij}$，$1\leqslant i,j\leqslant n$。若 $\rho(A_{\tilde{M}})<1$，则系统(8.1)一致渐近稳定。

推论 8.7　给定系统(8.1)及其系数矩阵 $A(k)$，设 $\forall k\in\mathbb{N}$，$\alpha_{ij}\leqslant a_{ij}(k)\leqslant 0$，$\alpha_{ij}\in\mathbb{R}$，$-\alpha_{ij}<\infty$，$1\leqslant i,j\leqslant n$；$A_{\hat{M}}=[a_{ij}^{(\hat{M})}]$，$a_{ij}^{(\hat{M})}=|\alpha_{ij}|$，$1\leqslant i,j\leqslant n$。若 $\rho(A_{\hat{M}})<1$，则系统(8.1)一致渐近稳定。

由对系统(8.1)的假设可知，$a_{ij}(k)$ 的值可以取到 α_{ij} 和 β_{ij}，$1\leqslant i,j\leqslant n$。如此，对一切 $1\leqslant i,j\leqslant n$，$a_{ij}^{(s)}=\sup\limits_{k\in\mathbb{N}}\{|a_{ij}(k)|\}=\max\{|\alpha_{ij}|,|\beta_{ij}|\}=a_{ij}^{(M)}$，$A_s=A_M$。这表明，定理 8.4 和定理 8.5 等价，推论 8.3 和推论 8.6 等价。但相比较而言，定理 8.5 和推论 8.6 更直观，更便于计算，因此也更便于在实际的稳定性判定问题中应用。

例 8.3　试判定如下时变离散系统的稳定性：

$$X(k+1)=A(k)X(k)$$

其中

$$A(k)=\begin{bmatrix}\dfrac{\pi}{6}-\dfrac{1}{3}\arctan k & \dfrac{1}{4}\\ \dfrac{1}{3} & \dfrac{1}{2}\mathrm{e}^{-k}\end{bmatrix}$$

解　$\forall k\in\mathbb{N}$，$a_{ij}(k)\geqslant 0$ 且单调不增，则有

$$A(0)=\begin{bmatrix}\dfrac{\pi}{6} & \dfrac{1}{4}\\ \dfrac{1}{3} & \dfrac{1}{2}\end{bmatrix},\qquad \rho(A(0))=0.8<1$$

由推论 8.4 可知，该系统一致渐近稳定。

例 8.4　试判定如下时变离散系统的稳定性：

$$X(k+1)=A(k)X(k)$$

其中

$$A(k)=\begin{bmatrix}\dfrac{1}{3}\arctan k & \dfrac{1}{2}\cos k\\ \dfrac{1}{2}\sin k & \dfrac{1}{4}\mathrm{e}^{-k}\end{bmatrix}$$

解　$\forall k\in\mathbb{N}$，$a_{ij}(k)$ 均有界，则有

$$A_M=\begin{bmatrix}\dfrac{\pi}{6} & \dfrac{1}{2}\\ \dfrac{1}{2} & \dfrac{1}{4}\end{bmatrix},\quad \rho\left(A_M\right)=0.9<1$$

由定理 8.5 可知，该系统一致渐近稳定。

8.2　单状态多时滞系统稳定性

考虑如下时变单状态多时滞离散系统：

$$x(k+1)=a_1(k)x(k)+a_2(k)x(k-1)+\cdots+a_n(k)x(k-n+1)\tag{8.2}$$

其中，$x\in\mathbb{R}$ 为状态变量；$k\in\mathbb{N}$；$a_i(k)\in[\alpha_i,\beta_i]$，$\alpha_i,\beta_i\in\mathbb{R}$，$\alpha_i\leqslant\beta_i$；$n\geqslant 2$，$1\leqslant i\leqslant n$。

使用状态扩张方法，系统(8.2)可简化为

$$X(k+1)=A(k)X(k)\tag{8.3}$$

其中

$$A(k)=\begin{bmatrix}a_1(k) & a_2(k) & \cdots & a_{n-1}(k) & a_n(k)\\ 1 & 0 & \cdots & 0 & 0\\ 0 & 1 & \cdots & 0 & 0\\ \vdots & \vdots & & \vdots & \vdots\\ 0 & 0 & \cdots & 1 & 0\end{bmatrix}\in\mathbb{R}^{n\times n}\tag{8.4}$$

定理 8.6　系统(8.2)的稳定性与系统(8.3)的稳定性等价。

证明　分三种情况予以证明。

(1) 设系统(8.2)渐近稳定，即对任意给定的初值 $x(-n+1), x(-n+2),\cdots,x(-1)$, $x(0)\in\mathbb{R}$，当 $k\to\infty$ 时，$x(k)\to 0$。由 $k\to\infty$ 时，$x(k)\to 0$，可以推得 $x(k-1)\to 0$，$x(k-2)\to 0$，$\cdots$，$x(k-n+1)\to 0$。如此，$X(k)=[x(k)\quad x(k-1)\quad\cdots\quad x(k-n+1)]^{\mathrm{T}}\to 0$，系统(8.3)渐近稳定。反之，设系统(8.3)渐近稳定，类似地可以推得系统(8.2)渐近稳定。

(2) 设系统(8.2)稳定，即对任意给定的 $\varepsilon>0$ 及任意给定的 $k_0\in\mathbb{N}$，都存在 $\delta=\delta(k_0,\varepsilon)>0$，使当 $\|x_0\|\leqslant\delta\left(k_0,\varepsilon\right)$ 时，$\forall k\geqslant k_0$，都有 $\left\|x\left(k;k_0,x_0\right)\right\|<\varepsilon$。如此，$\forall k\geqslant k_0$，都有 $\left\|X\left(k;k_0,X_0\right)\right\|<n\varepsilon$，这便推得系统(8.3)稳定。反之，设系统(8.3)稳定，类似可证系统(8.2)稳定。

(3) 类似(1)的证明方法，可证系统(8.2)不稳定与系统(8.3)不稳定等价。

综合考虑(1)、(2)和(3)，可知系统(8.2)与系统(8.3)的稳定性等价。 □

下面讨论系统(8.3)(系统(8.2))稳定性的判定条件。

定理 8.7 给定系统(8.3)(系统(8.2))及其系数矩阵 $A(k)$ (见式(8.4))，设 $\rho_m = \sup\limits_{k\in\mathbb{N}}\left\{\sum\limits_{i=1}^{n}|a_i(k)|\right\}$，若 $\rho_m<1$，则系统(8.3)(系统(8.2))一致渐近稳定。

证明 因 $|a_i(k)|<\infty$，$1\leqslant i\leqslant n$，所以存在 $l\in\mathbb{N}$ 和 $A(l)$，使得 $\| A(l)\|_2 = \sup\limits_{k\in\mathbb{N}}\left\{\| A(k)\|_2\right\}$，$\rho(|A(l)|)=\sup\limits_{k\in\mathbb{N}}\{\rho(|A(k)|)\}$，且 $\forall k\in\mathbb{N}$，$\rho(A(k))\leqslant\rho(|A(k)|)\leqslant\rho(|A(l)|)$。其中，$|A(l)|\geqslant 0$ 为常值矩阵，并具有如下形式：

$$|A(l)|=\begin{bmatrix} |a_1(l)| & |a_2(l)| & \cdots & \cdots & |a_n(l)| \\ 1 & 0 & \cdots & \cdots & 0 \\ 0 & 1 & \ddots & \ddots & \vdots \\ \vdots & \ddots & \ddots & \ddots & \vdots \\ 0 & \cdots & 0 & 1 & 0 \end{bmatrix}$$

由定理 8.2 不难推得，$\rho_m=\sup\limits_{k\in\mathbb{N}}\left\{\sum\limits_{i=1}^{n}|a_i(k)|\right\}=\sum\limits_{i=1}^{n}|a_i(l)|$。如此，$\sum\limits_{i=1}^{n}|a_i(l)|<1$，则 $\rho_m<1$。由定理 6.11 可知，当 $\sum\limits_{i=1}^{n}|a_i(l)|<1$ ($\rho_m<1$)时，$\rho(|A(l)|)<1$。由定理 8.3 可知，当 $\rho_m<1$ 时，$\rho(|A(l)|)<1$，系统(8.3)(系统(8.2))一致渐近稳定。 □

例 8.5 试判定如下时变单状态多时滞离散系统的稳定性：

$$x(k+1)=a_1(k)x(k)+a_2(k)x(k-1)+a_3(k)x(k-2)$$

其中，$a_i(k)=\dfrac{1}{2i}\cos k$，$1\leqslant i\leqslant 3$。

解 $a_i(k)$ 的变化如图 8.1 所示。

因 $\forall k\in\mathbb{N}$，$\sum\limits_{i=1}^{3}|a_i(k)|=\dfrac{11}{12}|\cos k|<1$，故由定理 8.7 可知，$\rho_m<1$ 成立，所给系统一致渐近稳定。给定初始状态 $x(0)=10\cos 1, x(-1)=10\cos 2,\ x(-2)=10\cos 3$，则系统的状态如图 8.2 所示。观察可见，系统状态收敛到零，验证了系统是一致渐近稳定的。

由定理 8.7 立即可以得到下面的推论。

推论 8.8 给定系统(8.3)(系统(8.2))及其系数矩阵 $A(k)$ (见式(8.4))，设 $a_i(k)\geqslant 0$，$1\leqslant i\leqslant n$，$\hat{\rho}_m=\sup\limits_{k\in\mathbb{N}}\left\{\sum\limits_{i=1}^{n}a_i(k)\right\}$，若 $\hat{\rho}_m<1$，则系统(8.3)(系统(8.2))一致

渐近稳定。

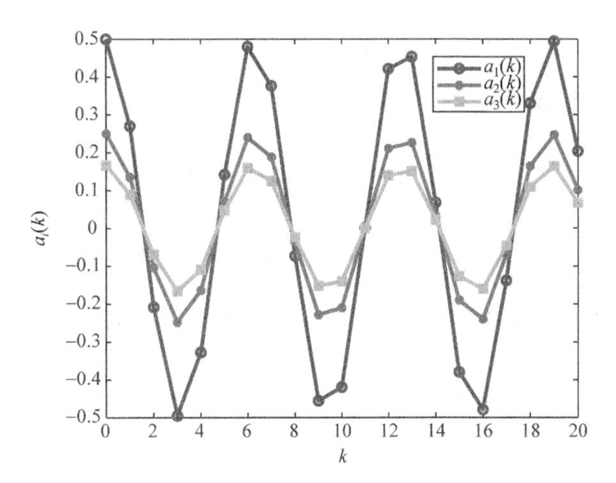

图 8.1　例 8.5 中 $a_i(k)$ 的变化轨迹

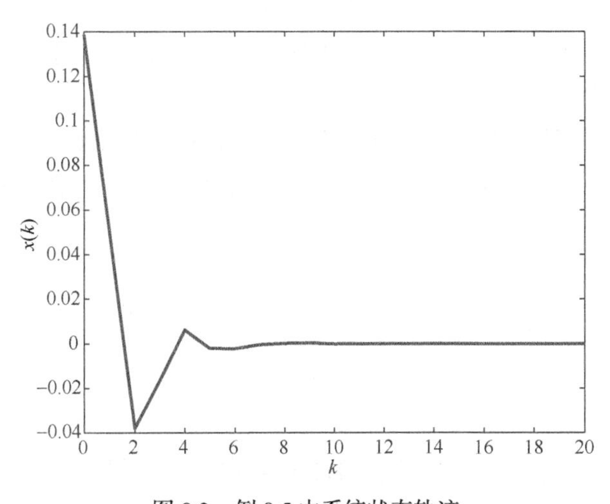

图 8.2　例 8.5 中系统状态轨迹

由推论 8.8 可以进一步得到如下两个推论。

推论 8.9　给定系统(8.3)(系统(8.2))及其系数矩阵 $A(k)$ (见式(8.4))，设 $a_i(k) \geqslant 0\ (1 \leqslant i \leqslant n)$ 且单调不增，若 $\sum_{i=1}^{n} a_i(0) < 1$，则系统(8.3)(系统(8.2))一致渐近稳定。

推论 8.10　给定系统(8.3)(系统(8.2))及其系数矩阵 $A(k)$ (见式(8.4))，设 $a_i(k) \geqslant 0\ (1 \leqslant i \leqslant n)$ 且单调不减，若 $\sum_{i=1}^{n} a_i(\infty) < 1$，则系统(8.3)(系统(8.2))一致渐近稳定。

例 8.6 试判定如下时变单状态多时滞离散系统的稳定性：

$$x(k+1)=a_1(k)x(k)+a_2(k)x(k-1)+a_3(k)x(k-2)+a_4(k)x(k-3)$$

其中，$a_i(k)=\frac{1}{4i}\arctan k$，$1\leqslant i\leqslant 4$。

解 $\forall k\in\mathbb{N}$，时变系数 $a_i(k)\geqslant 0$ 且单调递增，那么 $\sum_{i=1}^{4}a_i(\infty)=\frac{1}{4}\times\frac{\pi}{2}+\frac{1}{8}\times\frac{\pi}{2}+\frac{1}{12}\times\frac{\pi}{2}+\frac{1}{16}\times\frac{\pi}{2}=0.82<1$，由推论 8.10 可知，该系统一致渐近稳定。

定理 8.8 给定系统(8.3)(系统(8.2))及其系数矩阵 $A(k)$ (见式(8.4))，设 $a_i(k)\in[\alpha_i,\beta_i]$，$1\leqslant i\leqslant n$，$\rho_M=\sum_{i=1}^{n}\max\{|\alpha_i|,|\beta_i|\}$，若 $\rho_M<1$，则系统(8.3)(系统(8.2))一致渐近稳定。

证明 与定理 8.7 比较可知，$\rho_m=\sup_{k\in\mathbb{N}}\left\{\sum_{i=1}^{n}|a_i(k)|\right\}\leqslant\sum_{i=1}^{n}\sup_{k\in\mathbb{N}}\{|a_i(k)|\}=\sum_{i=1}^{n}\max\{|\alpha_i|,|\beta|\}=\rho_M$，即 $\rho_m\leqslant\rho_M$。当 $\rho_M<1$ 时，$\rho_m<1$，由定理 8.7 可知，系统(8.3)(系统(8.2))一致渐近稳定。 □

例 8.7 试判定如下时变单状态多时滞离散系统的稳定性：

$$x(k+1)=a_1(k)x(k)+a_2(k)x(k-1)+a_3(k)x(k-2)+a_4(k)x(k-3)$$

其中，$a_i(k)=\frac{1}{4i}\mathrm{e}^{-k}$，$1\leqslant i\leqslant 4$。

解 $\forall k\in\mathbb{N}$，$a_i(k)$ 均有界，$\rho_M=\sum_{i=1}^{4}\left|\frac{1}{4i}\right|=0.521<1$，由定理 8.8 可知，该系统一致渐近稳定。

8.3 多状态多时滞系统稳定性

考虑如下时变多状态多时滞离散系统：

$$\tilde{X}(k+1)=A_1(k)\tilde{X}(k)+A_2(k)\tilde{X}(k-1)+\cdots+A_N(k)\tilde{X}(k-N+1) \tag{8.5}$$

其中，$\tilde{X}\in\mathbb{R}^n$ 为状态向量；$k\in\mathbb{N}$；$A_l(a_{ij}^{[l]})=A_l(a_{ij}^{[l]}(k))\in\mathbb{R}^{n\times n}$ 为系数矩阵，$a_{ij}^{[l]}(k)\in\left[\alpha_{ij}^{[l]},\beta_{ij}^{[l]}\right]$，$\alpha_{ij}^{[l]},\beta_{ij}^{[l]}\in\mathbb{R}$，$\alpha_{ij}^{[l]}\leqslant\beta_{ij}^{[l]}$，$1\leqslant i,j\leqslant n$，$n\geqslant 2$；$N\geqslant 2$，$1\leqslant l\leqslant N$。

使用状态扩张方法，可将系统(8.5)转化为系统(8.6)：

$$X(k+1)=\overline{A}(k)X(k) \tag{8.6}$$

其中

$$\overline{A}(k)=\begin{bmatrix} A_1(k) & A_2(k) & \cdots & A_{N-1}(k) & A_N(k) \\ I & 0 & \cdots & 0 & 0 \\ 0 & I & \cdots & 0 & 0 \\ \vdots & \vdots & & \vdots & \vdots \\ 0 & 0 & \cdots & I & 0 \end{bmatrix} \in \mathbb{R}^{nN\times nN} \tag{8.7}$$

定理 8.9　系统(8.5)的稳定性与系统(8.6)的稳定性等价。

类似定理 8.6 的证明方法，可证定理 8.9 的结论成立。

类似地，可得如下稳定性判定条件。

定理 8.10　给定系统(8.6)(系统(8.5))及其系数矩阵 $\overline{A}(k)$ (见式(8.7))，设 $\overline{A}_l = [\overline{a}_{ij}^{[l]}]$, $\overline{a}_{ij}^{[l]} = \max\left\{|\alpha_{ij}^{[l]}|,|\beta_{ij}^{[l]}|\right\}$, $1\leqslant i,\ j\leqslant n$, $1\leqslant l\leqslant N$,若 $\rho(\overline{A}_l)<1$,则系统(8.6)(系统(8.5))一致渐近稳定。

证明　比较定理 8.4 和定理 8.5 可得，$\sup\limits_{k\in\mathbb{N}}\left\{|a_{ij}^{[l]}(k)|\right\}=\max\left\{|\alpha_{ij}^{[l]}|,|\beta_{ij}^{[l]}|\right\}$ ，$1\leqslant i,j\leqslant n$ ，$1\leqslant l\leqslant N$ 。剩余部分的证明类似定理 8.5，这里不再赘述。　□

定理 8.11　给定系统(8.6)(系统(8.5))及其系数矩阵 $\overline{A}(k)$ (见式(8.7))，设 $\overline{A}_l=[\overline{a}_{ij}^{[l]}]$ ，$\overline{a}_{ij}^{[l]}=\max\left\{|\alpha_{ij}^{[l]}|,|\beta_{ij}^{[l]}|\right\}$ ，$1\leqslant i,j\leqslant n$ ，$1\leqslant l\leqslant N$ ；$\overline{\alpha}_1=\min\limits_{1\leqslant i\leqslant n}\left\{\sum\limits_{j=1}^{n}\sum\limits_{l=1}^{N}\overline{a}_{ij}^{[l]}\right\}$ ，$\overline{\alpha}_2=\max\limits_{1\leqslant i\leqslant n}\left\{\sum\limits_{j=1}^{n}\sum\limits_{l=1}^{N}\overline{a}_{ij}^{[l]}\right\}$ ；$\overline{\gamma}_1=\min\limits_{1\leqslant l\leqslant N-1}\left\{\min\limits_{1\leqslant j\leqslant n}\left\{\sum\limits_{i=1}^{n}\overline{a}_{ij}^{[l]}\right\}\right\}$ ，$\overline{\gamma}_2=\max\limits_{1\leqslant l\leqslant N-1}\left\{\max\limits_{1\leqslant j\leqslant n}\left\{\sum\limits_{i=1}^{n}\overline{a}_{ij}^{[l]}\right\}\right\}$ ；$\overline{\mu}_1=\min\limits_{1\leqslant j\leqslant n}\left\{\sum\limits_{i=1}^{n}\overline{a}_{ij}^{[N]}\right\}$ ，$\overline{\mu}_2=\max\limits_{1\leqslant j\leqslant n}\left\{\sum\limits_{i=1}^{n}\overline{a}_{ij}^{[N]}\right\}$ ；则：

(1) 当 $\overline{\gamma}_1>0$ 时，系统(8.6)(系统(8.5))一致渐近稳定的充分条件是

$$\overline{\mu}_1<1\text{ 且 }\overline{\alpha}_1=\overline{\alpha}_2<1\text{，或 }\overline{\mu}_1<1\text{ 且 }\overline{\alpha}_1<\overline{\alpha}_2\leqslant 1 \tag{8.8}$$

(2) 当 $\overline{\gamma}_2=0$ 时，系统(8.6)(系统(8.5))一致渐近稳定的充分条件是

$$\overline{\alpha}_1<1\text{ 且 }\overline{\mu}_1=\overline{\mu}_2<1\text{，或 }\overline{\alpha}_1<1\text{ 且 }\overline{\mu}_1<\overline{\mu}_2\leqslant 1 \tag{8.9}$$

由推论 6.11 和定理 8.10，不难证明定理 8.11 的结论成立。

与定理 8.10 相比，定理 8.11 更便于计算，因而也更利于在实际问题中应用。

例 8.8　试判定如下时变多状态多时滞离散系统的稳定性：

$$\tilde{X}(k+1)=A_1(k)\tilde{X}(k)+A_2(k)\tilde{X}(k-1)+A_3(k)\tilde{X}(k-2)$$

其中

$$A_1(k)=\begin{bmatrix}\frac{1}{5}\arctan k & 0\\ 0 & \frac{1}{4}\end{bmatrix},\quad A_2(k)=\begin{bmatrix}\frac{1}{6} & 0\\ \frac{1}{2}\sin k & \frac{1}{6}\end{bmatrix},\quad A_3(k)=\begin{bmatrix}0 & \frac{1}{4}\cos k\\ 0 & 0\end{bmatrix}$$

解　经过状态扩张，可得

$$\bar{A}(k)=\begin{bmatrix}\frac{1}{5}\arctan k & 0 & \frac{1}{6} & 0 & 0 & \frac{1}{4}\cos k\\ 0 & \frac{1}{4} & \frac{1}{2}\sin k & \frac{1}{6} & 0 & 0\\ 1 & 0 & 0 & 0 & 0 & 0\\ 0 & 1 & 0 & 0 & 0 & 0\\ 0 & 0 & 1 & 0 & 0 & 0\\ 0 & 0 & 0 & 1 & 0 & 0\end{bmatrix}$$

对有界时变矩阵 $\bar{A}(k)$ 中的每一个时变元素，取其幅值的最大值，可得如下常数矩阵：

$$\bar{A}=\begin{bmatrix}\frac{\pi}{10} & 0 & \frac{1}{6} & 0 & 0 & \frac{1}{4}\\ 0 & \frac{1}{4} & \frac{1}{2} & \frac{1}{6} & 0 & 0\\ 1 & 0 & 0 & 0 & 0 & 0\\ 0 & 1 & 0 & 0 & 0 & 0\\ 0 & 0 & 1 & 0 & 0 & 0\\ 0 & 0 & 0 & 1 & 0 & 0\end{bmatrix}$$

不难得到

$$\bar{\alpha}_1=\min_{1\leqslant i\leqslant 2}\left\{\sum_{j=1}^{2}\sum_{l=1}^{3}\bar{a}_{ij}^{[l]}\right\}=\min\left\{\frac{\pi}{10}+\frac{1}{6}+\frac{1}{4}\quad \frac{1}{4}+\frac{1}{2}+\frac{1}{6}\right\}\approx 0.731$$

$$\bar{\alpha}_2=\max_{1\leqslant i\leqslant 2}\left\{\sum_{j=1}^{2}\sum_{l=1}^{3}\bar{a}_{ij}^{[l]}\right\}=\max\left\{\frac{\pi}{10}+\frac{1}{6}+\frac{1}{4}\quad \frac{1}{4}+\frac{1}{6}+\frac{1}{2}\right\}=\frac{11}{12}$$

$$\bar{\gamma}_1=\min_{1\leqslant l\leqslant 2}\left\{\min_{1\leqslant j\leqslant 2}\left\{\sum_{i=1}^{2}\bar{a}_{ij}^{[l]}\right\}\right\}=\min\left\{\frac{\pi}{10}\quad \frac{1}{4}\quad \frac{2}{3}\quad \frac{1}{6}\right\}=\frac{1}{6}$$

$$\bar{\gamma}_2=\max_{1\leqslant l\leqslant 2}\left\{\max_{1\leqslant j\leqslant 2}\left\{\sum_{i=1}^{2}\bar{a}_{ij}^{[l]}\right\}\right\}=\max\left\{\frac{\pi}{10}\quad \frac{1}{4}\quad \frac{2}{3}\quad \frac{1}{6}\right\}=\frac{2}{3}$$

$$\bar{\mu}_1 = \min_{1\leqslant j\leqslant 2}\left\{\sum_{i=1}^{2}\bar{a}_{ij}^{[3]}\right\} = \min\left\{0 \quad \frac{1}{4}\right\} = 0, \quad \bar{\mu}_2 = \max_{1\leqslant j\leqslant 2}\left\{\sum_{i=1}^{2}\bar{a}_{ij}^{[3]}\right\} = \max\left\{0 \quad \frac{1}{4}\right\} = \frac{1}{4}$$

由于$\bar{\gamma}_1 > 0$、$\bar{\mu}_1 < 1$且$\bar{\alpha}_1 < \bar{\alpha}_2 < 1$，由定理 8.11 可以判定该系统一致渐近稳定。

定理 8.12　给定系统(8.6)(系统(8.5))及其系数矩阵 $\bar{A}(k)$ (见式(8.7))，设 $\bar{A}_l = [\bar{a}_{ij}^{[l]}]$，$\bar{a}_{ij}^{[l]} = \max\{|\alpha_{ij}^{[l]}|, |\beta_{ij}^{[l]}|\}$，$1\leqslant i,j\leqslant n$，$1\leqslant l\leqslant N$；$\bar{A}_N$ 不可约，$\bar{A}_\Sigma = \sum_{l=1}^{N}\bar{A}_l$，若 $\rho(\bar{A}_\Sigma) < 1$，则系统(8.6)(系统(8.5))一致渐近稳定。

使用推论 6.12 和定理 8.11，不难证明定理 8.12 的结论成立。

例 8.9　试判定如下时变多状态多时滞离散系统的稳定性：

$$\tilde{X}(k+1) = A_1(k)\tilde{X}(k) + A_2(k)\tilde{X}(k-1) + A_3(k)\tilde{X}(k-2)$$

其中

$$A_1(k) = \begin{bmatrix} (\arctan k)/(2\pi) & 0.3 & 0 \\ 0 & 0.2\sin k & 0.1 \\ 0.05 & 0 & 0.09 \end{bmatrix}, \quad A_2(k) = \begin{bmatrix} 0.2 & 0 & 0 \\ 0.22\cos k & 0.1 & 0 \\ 0 & 0 & 0.32 \end{bmatrix}$$

$$A_3(k) = \begin{bmatrix} 0.3\mathrm{e}^{-k} & 0.01 & 0 \\ 0.05 & 0.1 & 0.05 \\ 0 & 0.2 & 0.4\mathrm{e}^{-k} \end{bmatrix}$$

解　$\forall k \in \mathbb{N}$，$A_l(k)$ 均有界，对应的矩阵为

$$\bar{A}_1 = \begin{bmatrix} 0.25 & 0.3 & 0 \\ 0 & 0.2 & 0.1 \\ 0.05 & 0 & 0.09 \end{bmatrix}, \quad \bar{A}_2 = \begin{bmatrix} 0.2 & 0 & 0 \\ 0.22 & 0.1 & 0 \\ 0 & 0 & 0.32 \end{bmatrix}, \quad \bar{A}_3 = \begin{bmatrix} 0.3 & 0.01 & 0 \\ 0.05 & 0.1 & 0.05 \\ 0 & 0.2 & 0.4 \end{bmatrix}$$

经计算可得

$$(I + |\bar{A}_3|)^2 = \begin{bmatrix} 2.199 & 0.043 & 0.002 \\ 0.217 & 1.369 & 0.236 \\ 0.038 & 0.944 & 2.783 \end{bmatrix} > 0$$

由引理 6.14 可知 $\bar{A}_3$ 不可约。令 $\bar{A}_\Sigma = \sum_{j=1}^{3} A_j$，则有

$$\bar{A}_\Sigma = \begin{bmatrix} 0.75 & 0.31 & 0 \\ 0.27 & 0.4 & 0.15 \\ 0.05 & 0.2 & 0.81 \end{bmatrix}, \quad \rho\left(\bar{A}_\Sigma\right) = 0.985 < 1$$

由定理 8.12 可以判定该系统一致渐近稳定。给定初始状态 $\tilde{X}(0) = [1 \quad 0.9 \quad 0.8]^{\mathrm{T}}$，

$\tilde{X}(-1)=[0.9\quad 0.8\quad 0.7]^{\mathrm{T}}$，$\tilde{X}(-2)=[0.7\quad 0.8\quad 0.8]^{\mathrm{T}}$，则系统状态轨迹如图 8.3 所示。由图可见，系统状态均收敛到零，因此可知系统是满足一致渐近稳定的。

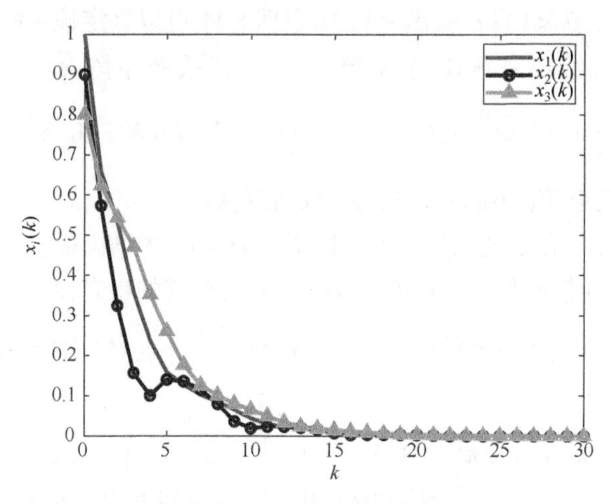

图 8.3　例 8.9 中系统状态轨迹

不言而喻，8.1 节中的所有其他定理和推论也适用于系统(8.6)(系统(8.5))，这里不再罗列。

第 9 章　自治非线性离散系统稳定性

线性系统局部渐近稳定与全局渐近稳定等价，但非线性系统局部渐近稳定与全局渐近稳定一般不等价。非线性系统全局渐近稳定蕴含局部渐近稳定，但反之则一般不成立。区别起见，本章分别对全局渐近稳定和局部渐近稳定进行分析和讨论[149,150,155-164]。

9.1　无时滞系统稳定性

考虑如下自治非线性离散系统：

$$X(k+1)=f(X(k)) \tag{9.1}$$

其中，$X(k)=[x_1(k)\ \ x_2(k)\ \ \cdots\ \ x_n(k)]^{\mathrm{T}}\in\mathbb{R}^n$ 为系统状态向量，$k\in\mathbb{N}$；$f(X(k))=[f_1(X(k))\ \ f_2(X(k))\ \ \cdots\ \ f_n(X(k))]^{\mathrm{T}}$，$f:\mathbb{R}^n\to\mathbb{R}^n$ 连续，$f(0)=0$；$f_i(X(k))=f_i(x_1(k),x_2(k),\cdots,x_n(k))$，$1\leqslant i\leqslant n$。

假设 9.1　给定系统(9.1)，设 $\forall X,Y\in\mathbb{R}^n$，有

$$\left|f_i(X)-f_i(Y)\right|\leqslant\sum_{j=1}^{n}a_{ij}\left|x_j-y_j\right|,\quad 1\leqslant i\leqslant n$$

其中，$a_{ij}\geqslant 0\ (1\leqslant i,j\leqslant n)$为已知常数。

由假设 9.1 中的参数 $a_{ij}\geqslant 0$（$1\leqslant i,j\leqslant n$）可以得到一个非负常数矩阵 $A=\left[a_{ij}\right]\in\mathbb{R}^{n\times n}$，$A\geqslant 0$。下面的若干定理表明，系统(9.1)的稳定性与 A 的特性及 $\rho(A)$ 的取值相关。

定理 9.1　设系统(9.1)满足假设 9.1 且 $\rho(A)<1$，则系统(9.1)全局渐近稳定。

证明　设 $\forall k\in\mathbb{N}$，$Y(k)\equiv 0$。由假设 9.1 和 $f(0)\equiv 0$ 可得，$|X(k+1)-0|=|f(X(k))-0|\leqslant A|X(k)|$，即 $|X(k+1)|\leqslant A|X(k)|$。任给初始状态 $X(0)\in\mathbb{R}^n$ 且 $X(0)\neq 0$，由 $|X(k+1)|\leqslant A|X(k)|$ 可得 $|X(k)|\leqslant A^k|X(0)|$。由引理 2.7 可知，若 $\rho(A)<1$，则当 $k\to\infty$ 时，$A^k\to 0$，$|X(k)|\to 0$，$X(k)\to 0$，系统(9.1)渐近稳定。又因 $X(0)$ 可取 $\mathbb{R}^n$ 中任意一点，故系统(9.1)全局渐近稳定。 □

定理 9.2　设系统(9.1)满足假设 9.1，$\alpha_1=\max\limits_{1\leqslant i\leqslant n}\sum\limits_{j=1}^{n}a_{ij}$，$\beta_1=\max\limits_{1\leqslant j\leqslant n}\sum\limits_{i=1}^{n}a_{ij}$，$\eta_1=$

$\min\{\alpha_1,\beta_1\}$，若$\eta_1<1$，则系统(9.1)全局渐近稳定。

证明 由推论 6.3 可知，$\rho(A)\leqslant\min\left\{\max\limits_{1\leqslant i\leqslant n}\left\{\sum\limits_{j=1}^{n}|a_{ij}|\right\},\max\limits_{1\leqslant j\leqslant n}\left\{\sum\limits_{i=1}^{n}|a_{ij}|\right\}\right\}$。再由定理 9.2 的条件可得，$\rho(A)\leqslant\eta_1<1$，即$\rho(A)<1$。当$\rho(A)<1$时，由定理 9.1 可知，系统(9.1)全局渐近稳定。 □

不难理解，定理 9.1 的结论简洁，但定理 9.2 的结论便于计算，更便于在实际中应用。

例 9.1 试判定如下自治非线性离散系统的稳定性：

$$X(k+1)=f\left(X(k)\right)$$

其中，$X(k)=\left[x_1(k),x_2(k)\right]^{\mathrm{T}}$，$f\left(X(k)\right)=\left[f_1\left(X(k)\right),f_2\left(X(k)\right)\right]^{\mathrm{T}}$，$f_1\left(X(k)\right)=\frac{1}{4}\sin\left(x_1(k)\right)$，$f_2\left(X(k)\right)=\frac{1}{2}x_2(k)$。

解 根据非线性函数$f_1\left(X(k)\right)$和$f_2\left(X(k)\right)$的表达式可知，$f_1(0)$=0 和$f_2(0)$=0，且满足假设 9.1。同时，不难求得$a_{11}=0.25$，$a_{12}=0$，$a_{21}=0$，$a_{22}=0.5$，以及$A=\left[a_{ij}\right]=\begin{bmatrix}0.25 & 0\\ 0 & 0.5\end{bmatrix}\in\mathbb{R}^{2\times2}$。

经计算可得，$\rho(A)=0.5<1$，由定理 9.1 可知，所给系统全局渐近稳定。

另外，经计算可得，$\alpha_1=0.5$，$\beta_1=0.5$，$\eta_1=0.5$。因$\eta_1<1$，由定理 9.2 也可判定所给系统全局渐近稳定。给定初始状态$X(0)=[0.5\quad 0.8]^{\mathrm{T}}$，则系统的状态轨迹如图 9.1 所示。由图可见，系统状态收敛到零，验证了系统是全局渐近稳定的。

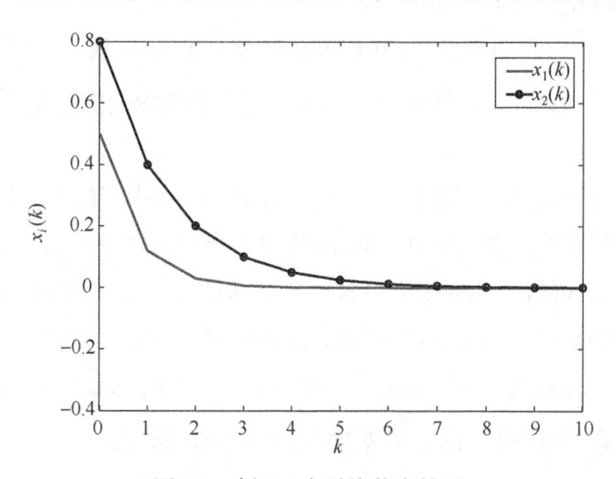

图 9.1 例 9.1 中系统状态轨迹

定理 9.3　设系统(9.1)满足假设 9.1，$A \geqslant 0$ 不可约且 $\rho(A)=1$，则系统(9.1)全局稳定。

证明　当系统(9.1)满足假设 9.1 时，任给初始状态 $X(0) \in \mathbb{R}^n$ 且 $X(0) \neq 0$，由定理 9.1 的证明过程可得，$|X(k)| \leqslant A^k |X(0)|$。当 $A \geqslant 0$ 不可约且 $\rho(A)=1$ 时，由推论 6.1 可知，A 是素矩阵或指数为 $k\,(k>1)$ 的循环矩阵。当 A 是素矩阵时，$\rho(A)=1$ 是 A 的单特征值，且 $\forall \lambda \in \lambda(A)$，$\lambda \neq \rho(A)$，$|\lambda| < \rho(A)=1$。当 A 是指数为 $k\,(k>1)$ 的循环矩阵时，$\rho(A)=1$ 及模等于 1 的特征值均为单特征值(代数重数和几何重数均为 1)。综上并由定理 6.5 可知，当 $A \geqslant 0$ 不可约且 $\rho(A)=1$ 时，系统 $|\overline{X}(k)| = A^k |X(0)|$ 全局稳定。由 $\forall k \in \mathbb{N}$，$|X(k)| \leqslant A^k |X(0)|$ 可知，$\forall k \in \mathbb{N}$，$|X(k)| \leqslant |\overline{X}(k)|$。因 $|\overline{X}(k)|$ 全局有界，故 $|X(k)|$ 全局有界，换言之，即系统(9.1)全局稳定。　□

定理 9.1、定理 9.2 和定理 9.3 均是新颖和有重要应用价值的结果。

假设 9.2　给定系统(9.1)，假设存在某一开区域 $\Omega \subset \mathbb{R}^n$ 且 $0 \in \Omega$，$\forall X, Y \in \Omega$，$\left|f_i(X) - f_i(Y)\right| \leqslant \sum_{j=1}^{n} a_{ij} \left|x_j - y_j\right|$，$1 \leqslant i \leqslant n$，其中，$a_{ij} \geqslant 0\ (1 \leqslant i, j \leqslant n)$ 为已知常数。

在假设 9.2 中，若 Ω 有界，则称相应的稳定性是局部的；若 Ω 无界，则称相应的稳定性是大范围的；若 $\Omega = \mathbb{R}^n$，则称相应的稳定性是全局的。

推论 9.1　设系统(9.1)满足假设 9.2 且 $\rho(A) < 1$，则系统(9.1)局部(大范围)渐近稳定。

推论 9.2　设系统(9.1)满足假设 9.2，$\alpha_1 = \max\limits_{1 \leqslant i \leqslant n} \sum_{j=1}^{n} a_{ij}$，$\beta_1 = \max\limits_{1 \leqslant j \leqslant n} \sum_{i=1}^{n} a_{ij}$，$\eta_1 = \min\{\alpha_1, \beta_1\}$，若 $\eta_1 < 1$，则系统(9.1)局部(大范围)渐近稳定。

推论 9.3　设系统(9.1)满足假设 9.2，$A \geqslant 0$ 不可约且 $\rho(A)=1$，则系统(9.1)局部(大范围)稳定。

只需注意假设 9.1 与假设 9.2 的区别，便可知推论 9.1、推论 9.2 和推论 9.3 的结论均成立。

例 9.2　试判定如下自治非线性离散系统的稳定性：

$$X(k+1) = f\big(X(k)\big)$$

其中，$X(k) = \left[x_1(k), x_2(k)\right]^{\mathrm{T}}$，$f\big(X(k)\big) = \left[f_1\big(X(k)\big), f_2\big(X(k)\big)\right]^{\mathrm{T}}$，$f_1\big(X(k)\big) = \frac{1}{2}\sin\big(x_1(k)\big) + \frac{5}{9}x_2(k)$，$f_2\big(X(k)\big) = \frac{1}{2}\sin\big(x_1(k)\big) + \frac{3}{10}x_2(k)$。

解　根据非线性函数 $f_1(X(k))$ 和 $f_2(X(k))$ 的表达式可知 $f_1(0,0)=0$ 和 $f_2(0,0)=$

0，而且存在一个开区间$\left(-\frac{\pi}{2},\frac{\pi}{2}\right)$，且$0\in\left(-\frac{\pi}{2},\frac{\pi}{2}\right)$使得$f\left(X(k)\right)$满足假设 9.2。

不难求得

$$a_{11}=\frac{1}{2}，\ a_{12}=\frac{5}{9}，\ a_{21}=\frac{1}{2}，\ a_{22}=\frac{3}{10}$$

$$A=\left[a_{ij}\right]=\begin{bmatrix}\frac{1}{2}&\frac{5}{9}\\\frac{1}{2}&\frac{3}{10}\end{bmatrix}\in\mathbb{R}^{2\times2}，\ \rho(A)=0.9364<1$$

由推论 9.1 可知，系统局部(全局)渐近稳定。给定初始状态$X(0)=\left[0.8\ \ 0.5\right]^{\mathrm{T}}$，系统状态轨迹如图 9.2 所示。观察可知，系统状态收敛到零，可见系统是局部(全局)渐近稳定的。

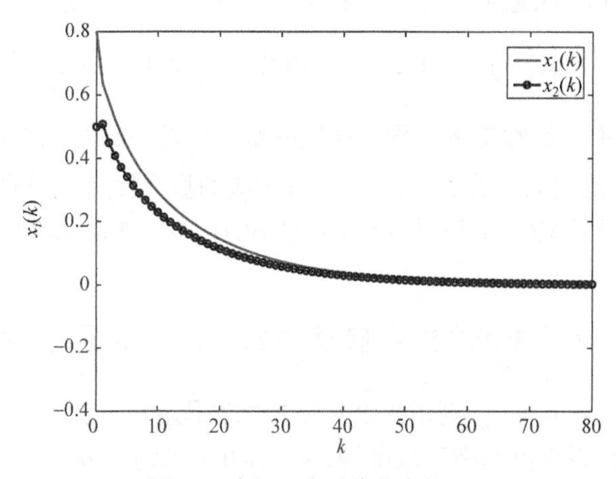

图 9.2　例 9.2 中系统状态轨迹

假设 9.3　给定系统(9.1)，设$\forall X\in\mathbb{R}^n$，$\frac{\partial f_i(X)}{\partial x_j}$存在且连续，同时$\left|\frac{\partial f_i(X)}{\partial x_j}\right|\leqslant b_{ij}$，$1\leqslant i,j\leqslant n$，其中，$b_{ij}\geqslant0\ (1\leqslant i,j\leqslant n)$为已知常数。

由假设 9.3 中的参数$b_{ij}\geqslant0$，$1\leqslant i,j\leqslant n$，可以得到一个非负常数矩阵$B=[b_{ij}]\in\mathbb{R}^{n\times n}$，$B\geqslant0$。通过分析接下来的若干定理，不难发现系统(9.1)的稳定性与B的特性及$\rho(B)$的取值有关。

定理 9.4　设系统(9.1)满足假设 9.3 且$\rho(B)<1$，则系统(9.1)全局渐近稳定。

证明　$\forall k\in\mathbb{N}$，$X(k)\in\mathbb{R}^n$，当系统(9.1)满足假设 9.3 时，由拉格朗日中值定

理可知，存在$0<\theta(k)<1$，使得$X(k+1)=\dfrac{\partial f(\theta(k)X(k))}{\partial X(k)}X(k)$。进一步，依据假设9.3可得$|X(k+1)|\leqslant\left|\dfrac{\partial f(\theta(k)X(k))}{\partial X(k)}\right||X(k)|\leqslant B|X(k)|$，即$|X(k+1)|\leqslant B|X(k)|$。剩余部分的证明同定理9.1，这里省略。□

定理 9.5　设系统(9.1)满足假设 9.3，$\alpha_2=\max\limits_{1\leqslant i\leqslant n}\sum\limits_{j=1}^{n}b_{ij}$，$\beta_2=\max\limits_{1\leqslant j\leqslant n}\sum\limits_{i=1}^{n}b_{ij}$，$\eta_2=\min\{\alpha_2,\beta_2\}$，若$\eta_2<1$，则系统(9.1)全局渐近稳定。

证明　由定理9.4的证明过程可知，当系统(9.1)满足假设9.3时，$|X(k+1)|\leqslant B|X(k)|$。剩余部分的证明同定理9.2，这里省略。□

定理 9.6　设系统(9.1)满足假设 9.3，$B\geqslant 0$不可约且$\rho(B)=1$，则系统(9.1)全局稳定。

证明　由定理9.4的证明过程可知，当系统(9.1)满足假设9.3时，$|X(k+1)|\leqslant B|X(k)|$。剩余部分的证明同定理9.3，这里省略。□

假设 9.4　给定系统(9.1)，假设存在某一开区域$\Omega\subset\mathbb{R}^n$且$0\in\Omega$，$\forall X\in\Omega$，$\dfrac{\partial f_i(X)}{\partial x_j}$存在且连续，同时$\left|\dfrac{\partial f_i(X)}{\partial x_j}\right|\leqslant b_{ij}$，$1\leqslant i,j\leqslant n$，其中，$b_{ij}\geqslant 0\,(1\leqslant i,j\leqslant n)$为已知常数。

推论 9.4　设系统(9.1)满足假设 9.4 且$\rho(B)<1$，则系统(9.1)局部(大范围)渐近稳定。

推论 9.5　设系统(9.1)满足假设 9.4，$\alpha_2=\max\limits_{1\leqslant i\leqslant n}\sum\limits_{j=1}^{n}b_{ij}$，$\beta_2=\max\limits_{1\leqslant j\leqslant n}\sum\limits_{i=1}^{n}a_{ij}$，$\eta_2=\min\{\alpha_2,\beta_2\}$，若$\eta_2<1$，则系统(9.1)局部(大范围)渐近稳定。

推论 9.6　设系统(9.1)满足假设 9.4，若$B\geqslant 0$不可约且$\rho(B)=1$，则系统(9.1)局部(大范围)稳定。

根据假设9.3和假设9.4，并由定理9.4、定理9.5和定理9.6可知，推论9.4、推论9.5和推论9.6的结论均成立。

9.2　单状态多时滞系统稳定性

考虑如下单状态自治非线性离散系统：

$$x(k+1)=f(x(k),x(k-1),\cdots,x(k-n+1)) \tag{9.2}$$

其中，$x\in\mathbb{R}$为系统状态，$k\in\mathbb{N}$；$f:\mathbb{R}^n\to\mathbb{R}$连续，$f(0,0,\cdots,0)=0$。

假设 9.5　给定系统(9.2)，设$\forall x_i, y_i \in \mathbb{R}$，$1 \leqslant i \leqslant n$，$\left|f(x_1, x_2, \cdots, x_n) - f(y_1, y_2, \cdots, y_n)\right| \leqslant \sum_{i=1}^{n} \eta_i \left|x_i - y_i\right|$，其中，$\eta_i \geqslant 0$为已知常数，$1 \leqslant i \leqslant n$。

由假设 9.5 中的参数$\eta_i \geqslant 0$，$1 \leqslant i \leqslant n$，可以得到如下非负矩阵：

$$A_\eta = \begin{bmatrix} \eta_1 & \eta_2 & \cdots & \cdots & \eta_n \\ 1 & 0 & \cdots & \cdots & 0 \\ 0 & 1 & \ddots & \ddots & \vdots \\ \vdots & \ddots & \ddots & \ddots & \vdots \\ 0 & 0 & \cdots & 1 & 0 \end{bmatrix} \in \mathbb{R}^{n \times n} \tag{9.3}$$

定理 9.7　设系统(9.2)满足假设 9.5 且$\rho(A_\eta) < 1$，则系统(9.2)全局渐近稳定。

证明　若设$x_1(k) = x(k)$，$x_2(k) = x(k-1)$，$\cdots$，$x_n(k) = x(k-n+1)$，$X(k) = [x_1(k)\ x_2(k)\ \cdots\ x_n(k)]^{\mathrm{T}}$；$g_1(X(k)) = f(x_1(k), x_2(k), \cdots, x_n(k)) = f(X(k))$，$g_2(X(k)) = x_1(k)$，$\cdots$，$g_n(X(k)) = x_{n-1}(k)$，$g(X(k)) = [g_1(X(k))\ g_2(X(k))\ \cdots\ g_n(X(k))]^{\mathrm{T}}$；则可得到与系统(9.2)稳定性等价的系统$X(k+1) = g(X(k))$。当系统(9.2)满足假设 9.5 时，由定理 9.1 的证明方法可知，$|X(k+1)| = |g(X(k))| \leqslant A_\eta |X(k)|$，即$|X(k+1)| \leqslant A_\eta |X(k)|$。任给初始状态$X(0) \in \mathbb{R}^n$ ($x(0) \in \mathbb{R}$)且$X(0) \neq 0$，则$|X(k+1)| \leqslant A_\eta |X(k)| \leqslant A_\eta^{k+1} |X(0)|$，即$|X(k)| \leqslant A_\eta^k |X(0)|$。若$\rho(A_\eta) < 1$，则当$k \to \infty$时，$A_\eta^k \to 0$，$X(k) \to 0$，从而$x(k) \to 0$，系统(9.2)全局渐近稳定。□

定理 9.8　设系统(9.2)满足假设 9.5 且$\sum_{i=1}^{n} \eta_i < 1$，则系统(9.2)全局渐近稳定。

证明　考察系统$|\bar{X}(k+1)| = A_\eta |\bar{X}(k)|$，由定理 6.14 中的(1)可知，当$\sum_{i=1}^{n} \eta_i < 1$时，系统$|\bar{X}(k+1)| = A_\eta |\bar{X}(k)|$全局渐近稳定。当系统(9.2)满足假设 9.5 且$\sum_{i=1}^{n} \eta_i < 1$时，由定理 9.7 的证明过程可知，任给初始状态$X(0) = \bar{X}(0) \in \mathbb{R}^n$ ($x(0) = \bar{x}(0) \in \mathbb{R}$，$x(k)$为系统(9.2)的状态)，$\forall k \in \mathbb{N}$，$|X(k)| \leqslant |\bar{X}(k)|$成立。因当$\sum_{i=1}^{n} \eta_i < 1$时，$|\bar{X}(k)| \to 0$ ($k \to \infty$)，故当$\sum_{i=1}^{n} \eta_i < 1$时，$|X(k)| \to 0$ ($k \to \infty$)，$|x(k)| \to 0$ ($k \to \infty$)，系统(9.2)全局渐近稳定。□

定理 9.9　设系统(9.2)满足假设 9.5 且$\sum_{i=1}^{n} \eta_i = 1$，则系统(9.2)全局稳定。

证明　考察系统$|\bar{X}(k+1)|=A_\eta|\bar{X}(k)|$，由定理 6.14 中的(2)可知，当$\sum_{i=1}^{n}\eta_i=1$时，系统$|\bar{X}(k+1)|=A_\eta|\bar{X}(k)|$全局稳定。当系统(9.2)满足假设 9.5 且$\sum_{i=1}^{n}\eta_i=1$时，由定理9.7的证明过程可知，任给初始状态$X(0)=\bar{X}(0)\in\mathbb{R}^n$ ($x(0)=\bar{x}(0)\in\mathbb{R}$，$x(k)$为系统(9.2)的状态)，$\forall k\in\mathbb{N}$，$|X(k)|\leqslant|\bar{X}(k)|$成立。因当$\sum_{i=1}^{n}\eta_i=1$时，系统$|\bar{X}(k+1)|=A_\eta|\bar{X}(k)|$全局稳定，故当$\sum_{i=1}^{n}\eta_i=1$时，$\forall k\in\mathbb{N}$，$|X(k)|$有界，从而$\forall k\in\mathbb{N}$，$|x(k)|$有界，系统(9.2)全局稳定。　□

假设 9.6　给定系统(9.2)，假设存在某一开区间$T=(-a,b)$ ($a>0$，$b>0$)，$\forall x_i,y_i\in T\subset\mathbb{R}$，$1\leqslant i\leqslant n$，$\left|f(x_1,x_2,\cdots,x_n)-f(y_1,y_2,\cdots,y_n)\right|\leqslant\sum_{i=1}^{n}\eta_i|x_i-y_i|$，其中，$\eta_i\geqslant 0$ ($1\leqslant i\leqslant n$)为已知常数。

由假设 9.6 以及定理 9.7、定理 9.8 和定理 9.9 可知，如下的推论 9.7、推论 9.8 和推论 9.9 成立。

推论 9.7　设系统(9.2)满足假设 9.6 且$\rho(A_\eta)<1$，则系统(9.2)局部(大范围)渐近稳定。

推论 9.8　设系统(9.2)满足假设 9.6 且$\sum_{i=1}^{n}\eta_i<1$，则系统(9.2)局部(大范围)渐近稳定。

推论 9.9　设系统(9.2)满足假设 9.6 且$\sum_{i=1}^{n}\eta_i=1$，则系统(9.2)局部(大范围)稳定。

假设 9.7　给定系统(9.2)，设$\forall x_i\in\mathbb{R}$，$\frac{\partial f}{\partial x_i}$存在且连续，同时$\left|\frac{\partial f}{\partial x_i}\right|\leqslant\mu_i$，$1\leqslant i\leqslant n$。其中，$\mu_i\geqslant 0$ ($1\leqslant i\leqslant n$)为已知常数。

由假设 9.7 中的参数$\mu_i\geqslant 0$，$1\leqslant i\leqslant n$，可以得到如下非负矩阵：

$$A_\mu=\begin{bmatrix}\mu_1 & \mu_2 & \cdots & \mu_{n-1} & \mu_n\\ 1 & 0 & \cdots & \cdots & 0\\ 0 & \ddots & \ddots & \ddots & \vdots\\ \vdots & \ddots & \ddots & \ddots & 0\\ 0 & \cdots & 0 & 1 & 0\end{bmatrix}\in\mathbb{R}^{n\times n} \tag{9.4}$$

定理 9.10　设系统(9.2)满足假设 9.7 且$\rho(A_\mu)<1$，则系统(9.2)全局渐近稳定。

证明　若设 $x_1(k)=x(k)$，$x_2(k)=x(k-1)$，⋯，$x_n(k)=x(k-n+1)$，$X(k)=[x_1(k)\ \ x_2(k)\ \ \cdots\ \ x_n(k)]^{\mathrm{T}}$ 和 $g_1(X(k))=f(x_1(k),x_2(k),\cdots,x_n(k))=f(X(k))$，$g_2(X(k))=x_1(k)$，⋯，$g_n(X(k))=x_{n-1}(k)$，$g(X(k))=[g_1(X(k))\ \ \ g_2(X(k))\ \ \cdots\ \ g_n(X(k))]^{\mathrm{T}}$，则可得到与系统(9.2)稳定性等价的系统 $X(k+1)=g(X(k))$。当系统(9.2)满足假设 9.7 时，由拉格朗日中值定理可得，$X(k+1)=\dfrac{\partial g(\theta(k)X(k))}{\partial X(k)}X(k)$ ($g(0)=0$，$0<\theta(k)<1$)，其中

$$\frac{\partial g(\theta(k)X(k))}{\partial X(k)}=\begin{bmatrix}\dfrac{\partial f(\theta(k)X(k))}{\partial x_1(k)} & \dfrac{\partial f(\theta(k)X(k))}{\partial x_2(k)} & \cdots & \cdots & \dfrac{\partial f(\theta(k)X(k))}{\partial x_n(k)}\\ 1 & 0 & \cdots & \cdots & 0\\ 0 & \ddots & \ddots & \ddots & \vdots\\ \vdots & \ddots & \ddots & \ddots & \vdots\\ 0 & \cdots & 0 & 1 & 0\end{bmatrix}\in\mathbb{R}^{n\times n}$$

因此，$|X(k+1)|\leqslant\left|\dfrac{\partial g(\theta(k)X(k))}{\partial x(k)}\right||X(k)|\leqslant A_\mu|X(k)|$ (A_μ 见式(9.4))，即 $|X(k+1)|\leqslant A_\mu|X(k)|$。任给初始状态 $X(0)\in\mathbb{R}^n$ ($x(0)\in\mathbb{R}$)，$|X(k+1)|\leqslant A_\mu|X(k)|\leqslant A_\mu^{k+1}|X(0)|$，即 $|X(k)|\leqslant A_\mu^k|X(0)|$。若 $\rho(A_\mu)<1$，则当 $k\to\infty$ 时，$A_\mu^k\to 0$，$X(k)\to 0$，从而 $x(k)\to 0$，系统(9.2)全局渐近稳定。□

定理 9.11　设系统(9.2)满足假设 9.7 且 $\sum_{i=1}^{n}\mu_i<1$，则系统(9.2)全局渐近稳定。

定理 9.11 的证明方法类似定理 9.8，这里省略。

定理 9.12　设系统(9.2)满足假设 9.7 且 $\sum_{i=1}^{n}\mu_i=1$，则系统(9.2)全局稳定。

定理 9.12 的证明方法类似定理 9.9，这里省略。

假设 9.8　给定系统(9.2)，假设存在某一开区间 $T=(-a,b)$ ($a>0$，$b>0$)，$\forall x_i\in T\subset\mathbb{R}$，$\dfrac{\partial f}{\partial x_i}$存在、连续，且$\left|\dfrac{\partial f}{\partial x_i}\right|\leqslant\mu_i$，$1\leqslant i\leqslant n$，其中，$\mu_i\geqslant 0$ 为已知常数，$1\leqslant i\leqslant n$。

由假设 9.8 以及定理 9.10、定理 9.11 和定理 9.12 可知，如下的推论 9.10、推论 9.11 和推论 9.12 成立。

推论 9.10　设系统(9.2)满足假设 9.8 且 $\rho(A_\mu)<1$，则系统(9.2)局部(大范围)渐近稳定。

推论 9.11　设系统(9.2)满足假设 9.8 且 $\sum_{i=1}^{n}\mu_i<1$，则系统(9.2)局部(大范围)渐近稳定。

推论 9.12　设系统(9.2)满足假设 9.8 且 $\sum_{i=1}^{n}\mu_i=1$，则系统(9.2)局部(大范围)稳定。

9.3　多状态多时滞系统稳定性

考虑如下多状态多时滞自治非线性离散系统：

$$X(k+1)=F(X(k),X(k-1),\cdots,X(k-N+1)) \tag{9.5}$$

其中，$X=\begin{bmatrix}x_1 & x_2 & \cdots & x_n\end{bmatrix}^{\mathrm{T}}\in\mathbb{R}^n$ 为状态向量，$k\in\mathbb{N}$；$F=\begin{bmatrix}F_1 & F_2 & \cdots & F_n\end{bmatrix}^{\mathrm{T}}$，$F_i:\mathbb{R}^{nN}\to\mathbb{R}^n$ 连续，$F_i(0,0,\cdots,0)=0$，$1\leqslant i\leqslant n$。

假设 9.9　给定系统(9.5)，设 $X^{[l]}=\begin{bmatrix}x_1^{[l]} & x_2^{[l]} & \cdots & x_n^{[l]}\end{bmatrix}^{\mathrm{T}}$，$Y^{[l]}=\begin{bmatrix}y_1^{[l]} & y_2^{[l]} & \cdots & y_n^{[l]}\end{bmatrix}^{\mathrm{T}}$，$1\leqslant l\leqslant N$，$\forall X^{[l]},Y^{[l]}\in\mathbb{R}^n$，$|F_i(X^{[1]},X^{[2]},\cdots,X^{[N]})-F_i(Y^{[1]},Y^{[2]},\cdots,Y^{[N]})|\leqslant\sum_{l=1}^{N}\sum_{j=1}^{n}c_{ij}^{[l]}|x_j^{[l]}-y_j^{[l]}|$，$1\leqslant i\leqslant n$，其中，$c_{ij}^{[l]}\geqslant 0$ 为已知常数，$1\leqslant l\leqslant N$，$1\leqslant i,j\leqslant n$。

由 $c_{ij}^{[l]}\geqslant 0$ ($1\leqslant l\leqslant N$，$1\leqslant i,j\leqslant n$)可以得到 N 个非负矩阵，$C_l=[c_{ij}^{[l]}]\in\mathbb{R}^{n\times n}$。由这些非负矩阵可以构造如下增广矩阵：

$$\hat{C}=\begin{bmatrix}C_1 & C_2 & \cdots & C_{N-1} & C_N\\ I & 0 & \cdots & \vdots & 0\\ 0 & I & \cdots & 0 & 0\\ \vdots & \vdots & & \vdots & \vdots\\ 0 & 0 & \cdots & I & 0\end{bmatrix}\in\mathbb{R}^{nN\times nN} \tag{9.6}$$

其中，$I\in\mathbb{R}^{n\times n}$ 为单位矩阵。

定理 9.13　设系统(9.5)满足假设 9.9 且 $\rho(\hat{C})<1$，则系统(9.5)全局渐近稳定。

证明　若设 $X_1(k)=X(k)$，$X_2(k)=X(k-1)$，$\cdots$，$X_N(k)=X(k-N+1)$，$\hat{X}(k)=\begin{bmatrix}X_1^{\mathrm{T}}(k) & X_2^{\mathrm{T}}(k) & \cdots & X_N^{\mathrm{T}}(k)\end{bmatrix}^{\mathrm{T}}$ 和 $G_1(\hat{X}(k))=F(X_1(k),X_2(k),\cdots,X_N(k))$，$G_2(\hat{X}(k))=X_1(k)$，$\cdots$，$G_N(\hat{X}(k))=X_{N-1}(k)$，$G(\hat{X}(k))=[G_1^{\mathrm{T}}(\hat{X}(k))\ \ G_2^{\mathrm{T}}(\hat{X}(k))\ \cdots$

$G_N^{\mathrm{T}}(\hat{X}(k))]^{\mathrm{T}}$，则可得到与系统(9.5)稳定性等价的系统 $\hat{X}(k+1)=G(\hat{X}(k))$。当系统(9.5)满足假设 9.9 时，设 $\hat{Y}(k)\equiv 0$，可得 $G(\hat{Y}(k))\equiv 0$，$|\hat{X}(k+1)|=|G(\hat{X}(k))|\leqslant \hat{C}|\hat{X}(k)|$（$\hat{C}$ 见式(9.6)）。剩余部分的证明同定理 9.1，这里省略。 □

定理 9.14 设系统(9.5)满足假设 9.9，$C_N\geqslant 0$（见式(9.6)）不可约且 $\rho(\hat{C})=1$，则系统(9.5)全局稳定。

证明 由定理 6.17 可知，若 $C_N\geqslant 0$ 不可约，则 $\hat{C}\geqslant 0$ 不可约。剩余部分的证明同定理 9.3，这里省略。 □

定理 9.15 设系统(9.5)满足假设 9.9，$\bar{C}_{\Sigma}=\sum_{l=1}^{N}C_l$。若 $\rho(\bar{C}_{\Sigma})<1$，则系统(9.5)全局渐近稳定。

证明 当 $C_l\geqslant 0\,(1\leqslant l\leqslant N)$时，$\hat{C}\geqslant 0$，$\bar{C}_{\Sigma}\geqslant 0$。由推论 6.15 中的(2)可知，此种情况下，$\rho(\bar{C}_{\Sigma})<1\Leftrightarrow\rho(\hat{C})<1$。现已假设 $\rho(\bar{C}_{\Sigma})<1$，故 $\rho(\hat{C})<1$。再由定理 9.13 可知，系统(9.5)全局渐近稳定。 □

定理 9.16 设系统(9.5)满足假设 9.9，$C_N\geqslant 0$（见式(9.6)）不可约，$\bar{C}_{\Sigma}=\sum_{l=1}^{N}C_l$。若 $\rho(\bar{C}_{\Sigma})=1$，则系统(9.5)全局稳定。

证明 当 $C_N\geqslant 0$ 不可约时，$\hat{C}\geqslant 0$ 和 $\bar{C}_{\Sigma}\geqslant 0$ 均不可约。由推论 6.17 中的(1)可知，此种情况下 $\rho(\bar{C}_{\Sigma})=1\Leftrightarrow\rho(\hat{C})=1$。现已假设 $\rho(\bar{C}_{\Sigma})=1$，故 $\rho(\hat{C})=1$。再由定理 9.14 可知，系统(9.5)全局稳定。 □

定理 9.17 设系统(9.5)满足假设 9.9，$q_{1M}=\max\limits_{1\leqslant i\leqslant n}\left\{\sum_{l=1}^{N}\sum_{j=1}^{n}c_{ij}^{[l]}\right\}$，$q_{2M}=\max\limits_{1\leqslant j\leqslant n}\left\{\sum_{l=1}^{N}\sum_{i=1}^{n}c_{ij}^{[l]}\right\}$，$\rho_c=\min\{q_{1M},q_{2M}\}$。若 $\rho_c<1$，则系统(9.5)全局渐近稳定。

证明 当系统(9.5)满足假设 9.9 时，可以得到 N 个非负矩阵 $C_l=\left[c_{ij}^{[l]}\right]\in\mathbb{R}^{n\times n}$。设 $\bar{C}_{\Sigma}(c_{ij})=\sum_{l=1}^{N}C_l$，则 $c_{ij}=\sum_{l=1}^{N}c_{ij}^{[l]}$，$q_{1M}$ 是 $\bar{C}_{\Sigma}$ 各行元素之和中的最大者，q_{2M} 是 $\bar{C}_{\Sigma}$ 各列元素之和中的最大者。由推论 6.3 中的(2)可知，$\rho(\bar{C}_{\Sigma})\leqslant\min\{q_{1M},q_{2M}\}=\rho_c$，当 $\rho_c<1$ 时，$\rho(\bar{C}_{\Sigma})<1$。由推论 6.15 中的(2)可知，$\rho(\bar{C}_{\Sigma})<1\Leftrightarrow\rho(\hat{C})<1$。如此，当 $\rho_c<1$ 时，$\rho(\bar{C}_{\Sigma})<1$，$\rho(\hat{C})<1$，再由定理 9.13 可知，系统(9.5)全局渐近稳定。 □

定理 9.13～定理 9.17 均是新颖和有重要应用价值的结果。其中，定理 9.17 中的条件极易计算和验证，故更适宜于在具体判定问题中应用。

假设 9.10　给定系统(9.5)，设 $X^{[l]}=\left[x_1^{[l]}\ \ x_2^{[l]}\ \ \cdots\ \ x_n^{[l]}\right]^{\mathrm{T}}$，$Y^{[l]}=[y_1^{[l]}\ \ y_2^{[l]}\ \ \cdots\ \ y_n^{[l]}]^{\mathrm{T}}$，$1\leqslant l\leqslant N$，存在某个开区域 $D\subset\mathbb{R}^n$ 且 $0\in D$，$\forall X^{[l]},Y^{[l]}\in D$，$1\leqslant l\leqslant N$，$|F_i(X^{[1]},X^{[2]},\cdots,X^{[N]})-F_i(Y^{[1]},Y^{[2]},\cdots,Y^{[N]})|\leqslant\sum_{l=1}^{N}\sum_{j=1}^{n}c_{ij}^{[l]}|x_j^{[l]}-y_j^{[l]}|$，$1\leqslant i\leqslant n$。其中，$c_{ij}^{[l]}\geqslant 0$ 为已知常数，$1\leqslant l\leqslant N$，$1\leqslant i,j\leqslant n$。

基于假设 9.10，由定理 9.13～定理 9.17 可以得到下列推论。

推论 9.13　设系统(9.5)满足假设 9.10 且 $\rho(\hat{C})<1$，则系统(9.5)局部(大范围)渐近稳定。

推论 9.14　设系统(9.5)满足假设 9.10，$C_N\geqslant 0$ (见式(9.6))不可约且 $\rho(\hat{C})=1$，则系统(9.5)局部(大范围)稳定。

推论 9.15　设系统(9.5)满足假设 9.10，$\bar{C}_{\Sigma}=\sum_{l=1}^{N}C_l$；若 $\rho(\bar{C}_{\Sigma})<1$，则系统(9.5)局部(大范围)渐近稳定。

推论 9.16　设系统(9.5)满足假设 9.10，$C_N\geqslant 0$ (见式(9.6))不可约，$\bar{C}_{\Sigma}=\sum_{l=1}^{N}C_l$。若 $\rho(\bar{C}_{\Sigma})=1$，则系统(9.5)局部(大范围)稳定。

推论 9.17　设系统(9.5)满足假设 9.10，$q_{1M}=\max\limits_{1\leqslant i\leqslant n}\left\{\sum_{l=1}^{N}\sum_{j=1}^{n}c_{ij}^{[l]}\right\}$，$q_{2M}=\max\limits_{1\leqslant j\leqslant n}\left\{\sum_{l=1}^{N}\sum_{i=1}^{n}c_{ij}^{[l]}\right\}$，$\rho_c=\min\{q_{1M},q_{2M}\}$。若 $\rho_c<1$，则系统(9.5)局部(大范围)渐近稳定。

假设 9.11　给定系统(9.5)，设 $X_l(k)=\left[x_1^{[l]}(k)\ \ x_2^{[l]}(k)\ \ \cdots\ \ x_n^{[l]}(k)\right]^{\mathrm{T}}$，$X_l(k)=X(k-l+1)$，$1\leqslant l\leqslant N$；$\forall X_l(k)\in\mathbb{R}^n$，$\dfrac{\partial F}{\partial X_l(k)}$存在且连续，同时$\left|\dfrac{\partial F}{\partial X_l(k)}\right|\leqslant A_l$，$1\leqslant l\leqslant N$，其中，$A_l=[a_{ij}^{[l]}]\in\mathbb{R}^{n\times n}$ 为已知常数矩阵，$A_l\geqslant 0$ ($a_{ij}^{[l]}\geqslant 0$，$1\leqslant i,j\leqslant n$)，$1\leqslant l\leqslant N$。

由假设 9.11 中的非负矩阵 $A_l\geqslant 0$，$1\leqslant l\leqslant N$，可以构造如下增广矩阵：

$$\tilde{A}=\begin{bmatrix}A_1 & A_2 & \cdots & A_{N-1} & A_N\\ I & 0 & \cdots & 0 & 0\\ 0 & I & \cdots & 0 & 0\\ \vdots & \vdots & & \vdots & \vdots\\ 0 & 0 & \cdots & I & 0\end{bmatrix}\in\mathbb{R}^{nN\times nN} \tag{9.7}$$

因$F(0,0,\cdots,0)=0$，当系统(9.5)满足假设 9.11 时，依据拉格朗日中值定理，系统(9.5)可等价地表示为

$$X_1(k+1)=\sum_{l=1}^{N}\frac{\partial F}{\partial X_l(k)}(\theta_l(k)X_l(k))X_l(k) \tag{9.8}$$

其中，$0<\theta_l(k)<1$，$1\leqslant l\leqslant N$。

设$\tilde{X}(k)=\begin{bmatrix}X_1^{\mathrm{T}}(k) & X_2^{\mathrm{T}}(k) & \cdots & X_N^{\mathrm{T}}(k)\end{bmatrix}^{\mathrm{T}}$，采用状态扩张方法，系统(9.8)变为

$$\tilde{X}(k+1)=P(\tilde{X}(k))\tilde{X}(k) \tag{9.9}$$

其中

$$P(\tilde{X}(k))=\begin{bmatrix}\dfrac{\partial F}{\partial X_1(k)} & \dfrac{\partial F}{\partial X_2(k)} & \cdots & \dfrac{\partial F}{\partial X_{N-1}(k)} & \dfrac{\partial F}{\partial X_N(k)}\\ I & 0 & \cdots & 0 & 0\\ 0 & I & \cdots & 0 & 0\\ \vdots & \vdots & & \vdots & \vdots\\ 0 & 0 & \cdots & I & 0\end{bmatrix}\in\mathbb{R}^{nN\times nN} \tag{9.10}$$

$$\frac{\partial F}{\partial X_l(k)}=\begin{bmatrix}\dfrac{\partial F_1}{\partial x_1^{[l]}} & \dfrac{\partial F_1}{\partial x_2^{[l]}} & \cdots & \dfrac{\partial F_1}{\partial x_n^{[l]}}\\ \dfrac{\partial F_2}{\partial x_1^{[l]}} & \dfrac{\partial F_2}{\partial x_2^{[l]}} & \cdots & \dfrac{\partial F_2}{\partial x_n^{[l]}}\\ \vdots & \vdots & & \vdots\\ \dfrac{\partial F_n}{\partial x_1^{[l]}} & \dfrac{\partial F_n}{\partial x_2^{[l]}} & \cdots & \dfrac{\partial F_n}{\partial x_n^{[l]}}\end{bmatrix}\in\mathbb{R}^{n\times n},\quad 1\leqslant l\leqslant N \tag{9.11}$$

基于上述表达式，可以给出如下定理。

定理 9.18　设系统(9.5)满足假设 9.11 且$\rho(\tilde{A})<1$(见式(9.7))，则系统(9.5)全局渐近稳定。

证明　当系统(9.5)满足假设 9.11 时，由式(9.7)和系统(9.9)可得，$|\tilde{X}(k+1)|\leqslant|P(\tilde{X}(k))||\tilde{X}(k)|\leqslant\tilde{A}|\tilde{X}(k)|$。如此，任给初始状态$\tilde{X}(0)\in\mathbb{R}^{nN}$，$\tilde{X}(0)\neq 0$，$|\tilde{X}(k)|\leqslant\tilde{A}^k|\tilde{X}(0)|$。若$\rho(\tilde{A})<1$，则当$k\to\infty$时，$\tilde{A}^k\to 0$，$\tilde{X}(k)\to 0$，$X_1(k)=X(k)\to 0$，系统(9.5)全局渐近稳定。□

定理 9.19　设系统(9.5)满足假设 9.11，$A_N\geqslant 0$(见式(9.7))不可约且$\rho(\tilde{A})=1$，则系统(9.5)全局稳定。

类似定理 9.14 的证明方法，可证定理 9.16 的结论成立。

定理 9.20　设系统(9.5)满足假设 9.11，$\overline{A}_{\Sigma}=\sum_{l=1}^{N}A_l$。若$\rho(\overline{A}_{\Sigma})<1$，则系统(9.5)

全局渐近稳定。

证明方法同定理 9.15，这里不再重复。

定理 9.21　设系统(9.5)满足假设 9.11，$A_N \geqslant 0$ (见式(9.7))不可约，$\bar{A}_{\Sigma} = \sum_{l=1}^{N} A_l$。若 $\rho(\bar{A}_{\Sigma}) = 1$，则系统(9.5)全局稳定。

比较定理 9.16，可知定理 9.21 的结论成立。

定理 9.22　设系统(9.5)满足假设 9.11，且有 $p_{1M} = \max\limits_{1\leqslant i\leqslant n}\left\{\sum_{l=1}^{N}\sum_{j=1}^{n} a_{ij}^{[l]}\right\}$，$p_{2M} = \max\limits_{1\leqslant j\leqslant n}\left\{\sum_{l=1}^{N}\sum_{i=1}^{n} a_{ij}^{[l]}\right\}$，$\rho_a = \min\{p_{1M}, p_{2M}\}$。若 $\rho_a < 1$，则系统(9.5)全局渐近稳定。

证明方法同定理 9.17，这里省略。

假设 9.12　给定系统(9.5)，设 $X_l(k) = \begin{bmatrix} x_1^{[l]}(k) & x_2^{[l]}(k) & \cdots & x_n^{[l]}(k) \end{bmatrix}^{\mathrm{T}}$，$X_l(k) = X(k-l+1)$，$1 \leqslant l \leqslant N$；存在某一开区域 $\Omega \subset \mathbb{R}^n$ 且 $0 \in \Omega$，$\forall X_l(k) \in \Omega$，$\dfrac{\partial F}{\partial X_l(k)}$ 存在、连续，且 $\left|\dfrac{\partial F}{\partial X_l(k)}\right| \leqslant A_l$，$1 \leqslant l \leqslant N$，其中，$A_l = [a_{ij}^{[l]}] \in \mathbb{R}^{n\times n}$ 为已知常数矩阵，$A_l \geqslant 0$ ($a_{ij}^{[l]} \geqslant 0$，$1 \leqslant i, j \leqslant n$)，$1 \leqslant l \leqslant N$。

利用前面的分析结果，可以得到下列推论。

推论 9.18　设系统(9.5)满足假设 9.12 且 $\rho(\tilde{A}) < 1$ (见式(9.7))，则系统(9.5)局部(大范围)渐近稳定。

推论 9.19　设系统(9.5)满足假设 9.12，$A_N \geqslant 0$ (见式(9.7))不可约且 $\rho(\tilde{A}) = 1$，则系统(9.5)局部(大范围)稳定。

推论 9.20　设系统(9.5)满足假设 9.12，$\bar{A}_{\Sigma} = \sum_{l=1}^{N} A_l$。若 $\rho(\bar{A}_{\Sigma}) < 1$，则系统(9.5)局部(大范围)渐近稳定。

推论 9.21　设系统(9.5)满足假设 9.12，$A_N \geqslant 0$ (见式(9.7))不可约，$\bar{A}_{\Sigma} = \sum_{l=1}^{N} A_l$。若 $\rho(\bar{A}_{\Sigma}) = 1$，则系统(9.5)局部(大范围)稳定。

推论 9.22　设系统(9.5)满足假设 9.12，且有 $p_{1M} = \max\limits_{1\leqslant i\leqslant n}\left\{\sum_{l=1}^{N}\sum_{j=1}^{n} a_{ij}^{[l]}\right\}$，$p_{2M} = \max\limits_{1\leqslant j\leqslant n}\left\{\sum_{l=1}^{N}\sum_{i=1}^{n} a_{ij}^{[l]}\right\}$，$\rho_a = \min\{p_{1M}, p_{2M}\}$。若 $\rho_a < 1$，则系统(9.5)局部(大范围)渐近稳定。

第 10 章　时变非线性离散系统稳定性

第 9 章分析了自治非线性离散系统的稳定性，本章分析时变(非自治)非线性离散系统的稳定性[149,150,155-164]。

10.1　无时滞系统稳定性

考虑如下时变非线性离散系统：

$$X(k+1)=F(k,X(k)) \tag{10.1}$$

其中，$X(k)=[x_1(k)\ x_2(k)\ \cdots\ x_n(k)]^{\mathrm{T}}\in\mathbb{R}^n$ 为状态向量，$k\in\mathbb{N}$；$F(k,X(k))=[f_1(k,X(k))\ f_2(k,X(k))\ \cdots\ f_n(k,X(k))]^{\mathrm{T}}$，$F:\mathbb{N}\times\mathbb{R}^n\to\mathbb{R}^n$ 连续，$F(k,0)=0$; $f_i(k,X(k))=f_i(k,x_1(k),x_2(k),\cdots,x_n(k))$, $1\leqslant i\leqslant n$。

假设 10.1　给定系统(10.1)，设 $\forall k\in\mathbb{N}$，$\forall X,Y\in\mathbb{R}^n$，$\left|f_i(k,X)-f_i(k,Y)\right|\leqslant\sum_{j=1}^{n}e_{ij}(k)|x_j-y_j|\leqslant\sum_{j=1}^{n}d_{ij}|x_j-y_j|$ $(1\leqslant i\leqslant n)$。其中，$0\leqslant e_{ij}(k)\leqslant d_{ij}$ 为已知函数，$d_{ij}\geqslant 0$ 为已知常数，$1\leqslant i,j\leqslant n$。

由假设 10.1 中的参数 $d_{ij}\geqslant 0$，$1\leqslant i,j\leqslant n$，可以得到一个非负常数矩阵 $D=\left[d_{ij}\right]\in\mathbb{R}^{n\times n}$，$D\geqslant 0$。

定理 10.1　设系统(10.1)满足假设 10.1 且 $\rho(D)<1$，则系统(10.1)全局一致渐近稳定。

证明　设系统(10.1)满足假设 10.1，且 $\forall k\in\mathbb{N}$，$Y(k)\equiv 0$。因 $F(k,0)\equiv 0$，故 $|X(k+1)-0|=|F(k,X(k))-0|\leqslant D|X(k)|$，即 $|X(\mathrm{k+1})|\leqslant D|X(k)|$。剩余部分的证明同定理 9.1，这里省略。□

由谱半径与非负矩阵元素之间的关系，可以将定理 10.1 进一步简化为如下定理。

定理 10.2　设系统(10.1)满足假设 10.1，$\alpha=\max\limits_{1\leqslant i\leqslant n}\sum_{j=1}^{n}d_{ij}$，$\beta=\max\limits_{1\leqslant j\leqslant n}\sum_{i=1}^{n}d_{ij}$，$\eta=\min\{\alpha,\beta\}$，若 $\eta<1$，则系统(10.1)全局一致渐近稳定。

定理 10.2 的证明方法同定理 9.2，这里省略。

定理 10.3　设系统(10.1)满足假设 10.1，$D \geqslant 0$ 不可约。若 $\rho(D)=1$，则系统(10.1)全局一致稳定。

证明　设系统(10.1)满足假设 10.1，且 $\forall k \in \mathbb{N}$，$Y(k) \equiv 0$。因 $F(k,0) \equiv 0$，故 $|X(k+1)-0| = |F(k,X(k))-0| \leqslant D|X(k)|$，即 $|X(k+1)| \leqslant D|X(k)|$。剩余部分的证明同定理 9.3，这里省略。□

假设 10.1 将时变非线性系统限定在整个实数空间上，这种假设未免苛刻。为了减小上述定理的局限性，下面考虑将时变非线性系统限定在某一区域的情况。

假设 10.2　给定系统(10.1)，假设存在某一开区域 $\Re \subset \mathbb{R}^n$ 且 $0 \in \Re$，使 $\forall k \in \mathbb{N}$，$\forall X,Y \in \Re$，$1 \leqslant i \leqslant n$，$\left|f_i(k,X)-f_i(k,Y)\right| \leqslant \sum_{j=1}^{n} e_{ij}(k)\left|x_j - y_j\right| \leqslant \sum_{j=1}^{n} d_{ij}\left|x_j - y_j\right|$。其中，$0 \leqslant e_{ij}(k) \leqslant d_{ij}$ 为已知函数，$d_{ij} \geqslant 0$ 为已知常数，$1 \leqslant i,j \leqslant n$。

基于假设 10. 2 和前面的分析，可以得到如下三个推论。

推论 10.1　设系统(10.1)满足假设 10.2 且 $\rho(D)<1$，则系统(10.1)局部(大范围)一致渐近稳定。

推论 10.2　设系统(10.1)满足假设 10.2，$\alpha = \max\limits_{1 \leqslant i \leqslant n} \sum_{j=1}^{n} d_{ij}$，$\beta = \max\limits_{1 \leqslant j \leqslant n} \sum_{i=1}^{n} d_{ij}$，$\eta = \min\{\alpha,\beta\}$，若 $\eta < 1$，则系统(10.1)局部(大范围)一致渐近稳定。

推论 10.3　设系统(10.1)满足假设 10.2，$D \geqslant 0$ 不可约。若 $\rho(D)=1$，则系统(10.1)局部(大范围)一致稳定。

10.2　单状态多时滞系统稳定性

10.2.1　第一类系统稳定性

考虑如下多时滞时变非线性离散系统：

$$x(k+1) = f(k,x(k),x(k-1),\cdots,x(k-n+1)) \tag{10.2}$$

其中，$x \in \mathbb{R}$ 为系统状态；$k \in \mathbb{N}$；$f:\mathbb{N}\times\mathbb{R}^n \to \mathbb{R}$ 连续，$f(k,0,0,\cdots,0)=0$。

假设 10.3　给定系统(10.2)，设 $\forall k \in \mathbb{N}$，$\forall x_i, y_i \in \mathbb{R}$，$1 \leqslant i \leqslant n$，$|f(k,x_1,x_2,\cdots,x_n) - f(k,y_1,y_2,\cdots,y_n)| \leqslant \sum_{i=1}^{n} e_i(k) \leqslant \sum_{i=1}^{n} c_i|x_i - y_i|$。其中，$0 \leqslant e_i(k) \leqslant c_i$ 为已知函数，$c_i \geqslant 0$ 为已知常数，$1 \leqslant i \leqslant n$。

由假设 10.3 中的参数 $c_i \geqslant 0$，$1 \leqslant i \leqslant n$，可以得到如下非负矩阵：

$$A_c = \begin{bmatrix} c_1 & c_2 & \cdots & \cdots & c_n \\ 1 & 0 & \cdots & \cdots & 0 \\ 0 & 1 & \ddots & \ddots & \vdots \\ \vdots & \ddots & \ddots & \ddots & \vdots \\ 0 & \cdots & 0 & 1 & 0 \end{bmatrix} \in \mathbb{R}^{n\times n} \tag{10.3}$$

定理 10.4　设系统(10.2)满足假设 10.3 且$\rho(A_c)<1$，则系统(10.2)全局一致渐近稳定。

证明　设$x_1(k)=x(k)$，$x_2(k)=x(k-1)$，$\cdots$，$x_n(k)=x(k-n+1)$；$X(k)=[x_1(k)\ x_2(k)\ \cdots\ x_n(k)]^{\mathrm{T}}$；$g_1(k,X(k))=f(k,x_1(k),x_2(k),\cdots,x_n(k))=f(k,X(k))$，$g_2(k,X(k))=x_1(k)$，$\cdots$，$g_n(k,X(k))=x_{n-1}(k)$，$g(k,X(k))=[g_1(k,X(k))\ g_2(k,X(k))\ \cdots\ g_n(k,X(k))]^{\mathrm{T}}$。则可得到与系统(10.2)稳定性等价的系统：$X(k+1)=g(k,X(k))$。当系统(10.2)满足假设 10.3 时，类似定理 10.1 的证明方法，可得$|X(k+1)|=|g(k,X(k))|\leqslant A_c|X(k)|$，即$|X(k+1)|\leqslant A_c|X(k)|$。任给初始状态$X(0)\in\mathbb{R}^n(x(0)\in\mathbb{R})$ $X(0)\neq 0$，$|X(k+1)|\leqslant A_c|X(k)|\leqslant A_c^{k+1}|X(0)|$，即$|X(k)|\leqslant A_c^k|X(0)|$。若$\rho(A_c)<1$，则当$k\to\infty$时，$A_c^k\to 0$，$X(k)\to 0$，从而$x(k)\to 0$，系统(10.2)全局一致渐近稳定。□

进一步，由A_c及定理 6.13 和定理 6.14，可以得到如下两个定理。

定理 10.5　设系统(10.2)满足假设 10.3 且$\sum_{i=1}^{n}c_i<1$，则系统(10.2)全局一致渐近稳定。

联合使用定理 10.4 和定理 9.8 的证明方法，可证定理 10.5 的结论成立。

定理 10.6　设系统(10.2)满足假设 10.3 且$\sum_{i=1}^{n}c_i=1$，则系统(10.2)全局一致稳定。

联合使用定理 10.4 和定理 9.9 的证明方法，可证定理 10.6 的结论成立。

例 10.1　试判定如下时变非线性离散系统的稳定性：

$$x(k+1)=f(k,x(k),x(k-1))$$

其中，$f(k,x(k),x(k-1))=0.3x(k)-0.2\sin(k)\sin(x(k-1))$。

解　显然，f满足$f(k,0,0)=0$和假设 10.3。不难求得，$c_1=0.3$，$c_2=0.2$；$A_c=\begin{bmatrix} c_1 & c_2 \\ 1 & 0 \end{bmatrix}\in\mathbb{R}^{2\times 2}$，$\rho(A_c)=0.6217<1$。

由定理 10.4 可以判定所给系统一致渐近稳定。另外，因$c_1+c_2=0.5<1$，由定

理 10.5 直接可以判定所给系统一致渐近稳定。给定初始状态 $x(0)=0.2$ ， $x(-1)=0.1$ ，则系统状态轨迹如图 10.1 所示。由图可见，系统状态收敛到零，验证了系统是一致渐近稳定的。

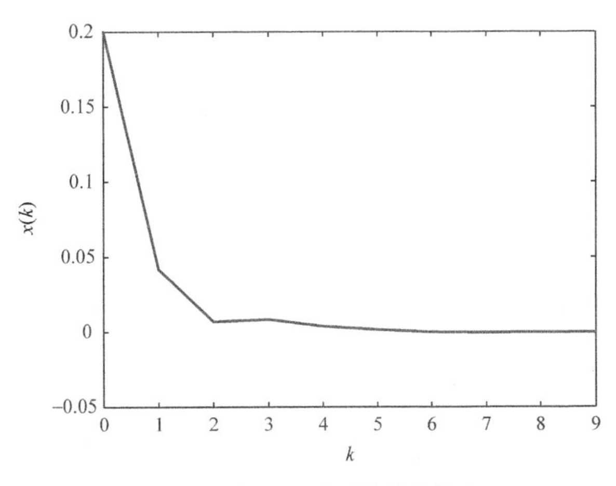

图 10.1　例 10.1 中系统状态轨迹

假设 10.4　给定系统(10.2)，假设存在某一开区间 $T=(-a,b)$ ($a>0$ ， $b>0$)， $\forall k\in\mathbb{N}$ ， $\forall x_i,y_i\in T\subset\mathbb{R}$ ， $1\leqslant i\leqslant n$ ， $\left|f\left(k,x_1,x_2,\cdots,x_n\right)-f\left(k,y_1,y_2,\cdots,y_n\right)\right|\leqslant\sum_{i=1}^{n}e_i(k)\leqslant\sum_{i=1}^{n}c_i\,|\,x_i-y_i\,|$ 。其中， $0\leqslant e_i(k)\leqslant c_i$ 为已知函数， $c_i\geqslant 0$ 为已知常数， $1\leqslant i\leqslant n$ 。

由前面三个定理直接可以得到下面三个推论。

推论 10.4　设系统(10.2)满足假设 10.4 且 $\rho(A_c)<1$ (A_c 见式(10.3))，则系统(10.2)局部(大范围)一致渐近稳定。

推论 10.5　设系统(10.2)满足假设 10.4 且 $\sum_{i=1}^{n}c_i<1$ ，则系统(10.2)局部(大范围)一致渐近稳定。

推论 10.6　设系统(10.2)满足假设 10.4 且 $\sum_{i=1}^{n}c_i=1$ ，则系统(10.2)局部(大范围)一致稳定。

10.2.2　第二类系统稳定性

考虑如下多时滞时变非线性离散系统：

$$x(k+1)=f_1(k,x(k))+f_2(k,x(k-1))+\cdots+f_n(k,x(k-n+1))\tag{10.4}$$

其中， $x\in\mathbb{R}$ 为系统状态， $k\in\mathbb{N}$ ； $f_i:\mathbb{N}\times\mathbb{R}\to\mathbb{R}$ 连续， $f_i(k,0)=0$ ， $1\leqslant i\leqslant n$ 。

假设 10.5　给定系统(10.4)，设 $x_i(k)=x(k-i+1)$ ，$1\leqslant i\leqslant n$ ；$\forall k\in\mathbb{N}$ ，$\forall x_i,y_i\in\mathbb{R}$ ，$1\leqslant i\leqslant n$ ，$\left|f_i(k,x_i)-f_i(k,y_i)\right|\leqslant s_i(k)\,|\,x_i-y_i\,|\leqslant\delta_i\left|x_i-y_i\right|$ 。其中，$0\leqslant s_i(k)\leqslant\delta_i$ 为已知函数，$\delta_i\geqslant 0$ 为已知常数，$1\leqslant i\leqslant n$ 。

由假设 10.5 中的参数 $\delta_i\geqslant 0$ ($1\leqslant i\leqslant n$)，可以得到如下非负矩阵：

$$A_\delta=\begin{bmatrix}\delta_1 & \delta_2 & \cdots & \cdots & \delta_n\\ 1 & 0 & \cdots & \cdots & 0\\ 0 & 1 & \ddots & \ddots & \vdots\\ \vdots & \ddots & \ddots & \ddots & \vdots\\ 0 & \cdots & 0 & 1 & 0\end{bmatrix}\in\mathbb{R}^{n\times n} \tag{10.5}$$

定理 10.7　设系统(10.4)满足假设 10.5 且 $\rho(A_\delta)<1$ ，则系统(10.4)全局一致渐近稳定。

定理 10.7 的证明方法同定理 10.4，这里省略。

定理 10.8　设系统(10.4)满足假设 10.5 且 $\sum_{i=1}^{n}\delta_i<1$ ，则系统(10.4)全局一致渐近稳定。

定理 10.8 的证明方法同定理 10.5，这里省略。

定理 10.9　设系统(10.4)满足假设 10.5 且 $\sum_{i=1}^{n}\delta_i=1$ ，则系统(10.4)全局一致稳定。

定理 10.9 的证明方法同定理 10.6，这里省略。

例 10.2　试判定如下时变非线性离散系统的稳定性：

$$x(k+1)=f_1(k,x(k))+f_2(k,x(k-1))$$

其中，$f_1(k,x(k))=0.5\sin(k)\tanh(x(k))$ ，$f_2(k,x(k-1))=0.1\sin^2(k)x(k-1)$ 。

解　由 f_i 的表达式可知 $f_i(k,0)=0$ ，$i=1,2$ ，且满足假设 10.5。不难求得

$$\delta_1=0.5\,,\quad \delta_2=0.1\,,\quad A_\delta=\begin{bmatrix}\delta_1 & \delta_2\\ 1 & 0\end{bmatrix}\in\mathbb{R}^{2\times 2}\,,\quad \rho(A_\delta)=0.6531<1$$

由定理 10.7 可以判定所给系统全局一致渐近稳定。另外，因 $\delta_1+\delta_2=0.6<1$ ，由定理 10.8 立即可以判定所给系统全局一致渐近稳定。给定初值 $x(0)=0.3$ ，$x(-1)=0.6$ ，系统状态轨迹如图 10.2 所示。观察可知系统状态收敛到零，可见系统是一致渐近稳定的。

假设 10.6　给定系统(10.4)，设 $x_i(k)=x(k-i+1)$ ，$1\leqslant i\leqslant n$ ；存在某一开区间 $T=(-a,b)$ ($a>0$ ，$b>0$)，$\forall k\in\mathbb{N}$ ，$\forall x_i,y_i\in T\subset\mathbb{R}$ ，$1\leqslant i\leqslant n$ ，$\left|f_i(k,x_i)-f_i(k,y_i)\right|\leqslant s_i(k)\,|\,x_i-y_i\,|\leqslant\delta_i\left|x_i-y_i\right|$ 。其中，$0\leqslant s_i(k)\leqslant\delta_i$ 为已知函数，$\delta_i\geqslant 0$ 为已知常数，

$1 \leqslant i \leqslant n$。

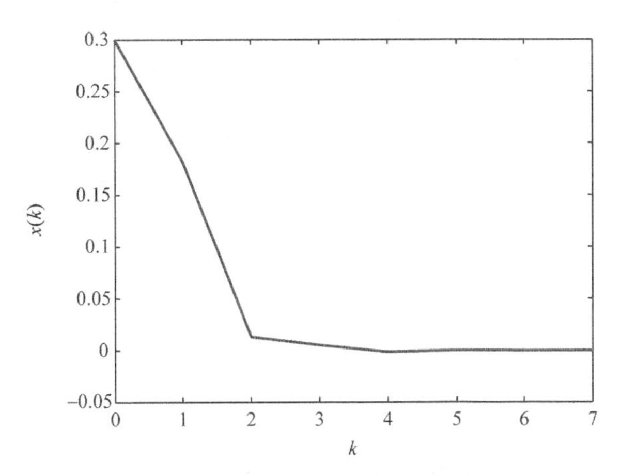

图 10.2　例 10.2 中系统状态轨迹

类似地，可以得到如下三个推论。

推论 10.7　设系统(10.4)满足假设 10.6 且 $\rho(A_\delta)<1$ (A_δ 见式(10.5))，则系统(10.4)局部(大范围)一致渐近稳定。

推论 10.8　设系统(10.4)满足假设 10.6 且 $\sum_{i=1}^{n}\delta_i<1$，则系统(10.4)局部(大范围)一致渐近稳定。

推论 10.9　设系统(10.4)满足假设 10.6 且 $\sum_{i=1}^{n}\delta_i=1$，则系统(10.4)局部(大范围)一致稳定。

10.3　多状态多时滞系统稳定性

10.3.1　第一类系统稳定性

考虑如下多状态多时滞时变非线性离散系统：

$$X(k+1)=G(k,X(k),X(k-1),\cdots,X(k-N+1)) \tag{10.6}$$

其中，$X=\left[x_1\ x_2\cdots x_n\right]^{\mathrm{T}}\in\mathbb{R}^n$ 为状态向量，$k\in\mathbb{N}$；$G=\left[g_1\quad g_2\quad\cdots\quad g_n\right]^{\mathrm{T}}$，$G:\mathbb{N}\times\mathbb{R}^{nN}\to\mathbb{R}^n$ 连续，$G(k,0,\cdots,0)=0$；$g_i=g_i(k,X(k),X(k-1),\cdots,X(k-N+1))$，$1\leqslant i\leqslant n$。

假设 10.7　给定系统(10.6)，设 $X^{[l]}=\left[x_1^{[l]}\ \ x_2^{[l]}\ \ \cdots\ \ x_n^{[l]}\right]^{\mathrm{T}}$，$Y^{[l]}=[y_1^{[l]}\ \ y_2^{[l]}\ \ \cdots$

$y_n^{[l]}]^{\mathrm{T}}$，$1 \leqslant l \leqslant N$；$\forall k \in \mathbb{N}$，$\forall X^{[l]}, Y^{[l]} \in \mathbb{R}^n$，$1 \leqslant l \leqslant N$，$\left|g_i(k, X^{[1]}, X^{[2]}, \cdots, X^{[N]}) - g_i\left(k, Y^{[1]}, Y^{[2]}, \cdots, Y^{[N]}\right)\right| \leqslant \sum_{l=1}^{N}\sum_{j=1}^{n} \varphi_{ij}^{[l]}(k)\left|x_j^{[l]} - y_j^{[l]}\right| \leqslant \cdots \leqslant \sum_{l=1}^{N}\sum_{j=1}^{n} p_{ij}^{[l]}(k)\left|x_j^{[l]} - y_j^{[l]}\right|$。其中，$0 \leqslant \varphi_{ij}^{[l]}(k) \leqslant p_{ij}^{[l]}$ 为已知函数，$p_{ij}^{[l]} \geqslant 0$ 为已知常数，$1 \leqslant l \leqslant N$，$1 \leqslant i, j \leqslant n$。

由 $p_{ij}^{[l]} \geqslant 0$，$1 \leqslant l \leqslant N$，$1 \leqslant i, j \leqslant n$，可以得到 N 个非负矩阵 $P_l = \left[p_{ij}^{[l]}\right] \in \mathbb{R}^{n \times n}$。由这些非负矩阵可以构造如下增广矩阵：

$$\hat{P} = \begin{bmatrix} P_1 & P_2 & \cdots & \cdots & P_N \\ I & 0 & \cdots & \cdots & 0 \\ 0 & I & \ddots & \ddots & \vdots \\ \vdots & \ddots & \ddots & \ddots & \vdots \\ 0 & \cdots & 0 & I & 0 \end{bmatrix} \in \mathbb{R}^{nN \times nN} \tag{10.7}$$

其中，$I \in \mathbb{R}^{n \times n}$ 为单位矩阵。

定理 10.10 设系统(10.6)满足假设 10.7 且 $\rho(\hat{P}) < 1$，则系统(10.6)全局一致渐近稳定。

证明 设 $X_1(k) = X(k)$，$X_2(k) = X(k-1)$，$\cdots$，$X_N(k) = X(k-N+1)$，$\hat{X}(k) = \left[X_1^{\mathrm{T}}(k) \;\; X_2^{\mathrm{T}}(k) \;\; \cdots \;\; X_N^{\mathrm{T}}(k)\right]^{\mathrm{T}}$；$S_1(\hat{X}(k)) = G(k, X_1(k), X_2(k), \cdots, X_N(k))$，$S_2(k, \hat{X}(k)) = X_1(k)$，$\cdots$，$S_N(k, \hat{X}(k)) = X_{N-1}(k)$，$S(k, \hat{X}(k)) = [S_1^{\mathrm{T}}(k, \hat{X}(k)) \;\; S_2^{\mathrm{T}}(k, \hat{X}(k)) \;\; \cdots \;\; S_N^{\mathrm{T}}(k, \hat{X}(k))]^{\mathrm{T}}$。则可得到与系统(10.6)稳定性等价的系统 $\hat{X}(k+1) = S(k, \hat{X}(k))$。当系统(10.6)满足假设 10.7 时，设 $\hat{Y}(k) \equiv 0$，可得 $S(k, \hat{Y}(k)) \equiv 0$，$\left|\hat{X}(k+1) - 0\right| = \left|S(k, \hat{X}(k)) - 0\right| \leqslant \hat{P}\left|\hat{X}(k)\right|$（$\hat{P}$ 见式(10.7)），即 $\left|\hat{X}(k+1)\right| \leqslant \hat{P}\left|\hat{X}(k)\right|$。剩余部分的证明同定理 9.1，这里省略。 □

定理 10.11 设系统(10.6)满足假设 10.7，$P_N \geqslant 0$（见式(10.7)）不可约且 $\rho(\hat{P}) = 1$，则系统(10.6)全局一致稳定。

证明 由定理 6.17 可知，若 $P_N \geqslant 0$ 不可约，则 $\hat{P} \geqslant 0$ 不可约。剩余部分的证明同定理 9.3，这里省略。 □

类似定理 9.15、定理 9.16 和定理 9.17，可得如下三个重要定理。

定理 10.12 设系统(10.6)满足假设 10.7，$\overline{P}_{\Sigma} = \sum_{l=1}^{N} P_l$；若 $\rho(\overline{P}_{\Sigma}) < 1$，则系统(10.6)全局一致渐近稳定。

定理 10.13 设系统(10.6)满足假设 10.7，$P_N \geqslant 0$（见式(10.7)）不可约，

$\bar{P}_{\Sigma}=\sum_{l=1}^{N}P_l$。若 $\rho(\bar{P}_{\Sigma})=1$，则系统(10.6)全局一致稳定。

定理 10.14　设系统(10.6)满足假设 10.7，$p_{1M}=\max\limits_{1\leqslant i\leqslant n}\left\{\sum_{l=1}^{N}\sum_{j=1}^{n}p_{ij}^{[l]}\right\}$，$p_{2M}=\max\limits_{1\leqslant j\leqslant n}\left\{\sum_{l=1}^{N}\sum_{j=1}^{n}p_{ij}^{[l]}\right\}$，$\rho_p=\min\{p_{1M},p_{2M}\}$。若 $\rho_p<1$，则系统(10.6)全局一致渐近稳定。

例 10.3　试判定如下时变非线性离散系统的稳定性：

$$X(k+1)=G(k,X(k),X(k-1))$$

其中

$$X=\left[x_1,x_2\right]^{\mathrm{T}}\in\mathbb{R}^2$$

$$G(k,X(k),X(k-1))=[g_1(k,X(k),X(k-1))\quad g_2(k,X(k),X(k-1))]^{\mathrm{T}}$$

$$g_1(k,X(k),X(k-1))=0.5\sin\left(x_1(k)\right)+0.2x_1(k-1)+0.2\cos(k)x_2(k-1)$$

$$g_2(k,X(k),X(k-1))=0.5x_1(k-1)+0.1\sin^2(k)x_2(k)+0.2\cos(k)\tanh(x_2(k-1))$$

解　由 $g_i\,(1\leqslant i\leqslant 2)$的表达式可知，$G(k,0,0)=0$，且满足假设 10.7。不难求得

$$p_{11}^{[1]}=0.5\,,\quad p_{12}^{[1]}=0\,,\quad p_{21}^{[1]}=0\,,\quad p_{22}^{[1]}=0.1$$

$$p_{11}^{[2]}=0.2\,,\quad p_{12}^{[2]}=0.2\,,\quad p_{21}^{[2]}=0.5\,,\quad p_{22}^{[2]}=0.2$$

以及两个非负矩阵：

$$P_1=[p_{ij}^{[1]}]=\begin{bmatrix}0.5 & 0\\ 0 & 0.1\end{bmatrix},\quad P_2=[p_{ij}^{[2]}]=\begin{bmatrix}0.2 & 0.2\\ 0.5 & 0.2\end{bmatrix}$$

构造增广矩阵并求解该增广矩阵的谱半径，可得

$$\hat{P}=\begin{bmatrix}P_1 & P_2\\ I & 0\end{bmatrix},\quad \rho(\hat{P})\approx 0.948<1$$

因 $\rho(\hat{P})<1$，故由定理 10.10 可以判定所给系统全局一致渐近稳定。

另外，经计算可得

$$\bar{P}_{\Sigma}=P_1+P_2=\begin{bmatrix}0.7 & 0.2\\ 0.5 & 0.3\end{bmatrix},\quad \rho(\bar{P}_{\Sigma})=0.875<1$$

$$p_{1M}=0.9\,,\quad p_{2M}=1.2\,,\quad \rho_p=\min\{p_{1M},p_{2M}\}=0.9<1$$

由定理 10.12 和定理 10.14 均可判定所给系统全局一致渐近稳定。

相比而言，使用定理 10.14 最方便，也最简单。

假设 10.8 给定系统(10.6)，设 $X^{[l]}=\left[x_1^{[l]}\ x_2^{[l]}\ \cdots\ x_n^{[l]}\right]^{\mathrm{T}}$，$Y^{[l]}=[y_1^{[l]}\ \ y_2^{[l]}\ \cdots\ y_n^{[l]}]^{\mathrm{T}}$，$1\leqslant l\leqslant N$；存在某个开区域 $D\subset\mathbb{R}^n$ 且 $0\in D$，$\forall k\in\mathbb{N}$，$\forall X^{[l]}, Y^{[l]}\in D$，$1\leqslant l\leqslant N$，$\left|g_i\left(k,X^{[1]},X^{[2]},\cdots,X^{[N]}\right)-g_i\left(k,Y^{[1]},Y^{[2]},\cdots,Y^{[N]}\right)\right|\leqslant\sum\limits_{l=1}^{N}\sum\limits_{j=1}^{n}\varphi_{ij}^{[l]}(k)\left|x_j^{[l]}-y_j^{[l]}\right|\leqslant\cdots\leqslant\sum\limits_{l=1}^{N}\sum\limits_{j=1}^{n}p_{ij}^{[l]}(k)\left|x_j^{[l]}-y_j^{[l]}\right|$。其中，$0\leqslant\varphi_{ij}^{[l]}(k)\leqslant p_{ij}^{[l]}$ 为已知函数，$p_{ij}^{[l]}\geqslant 0$ 为已知常数，$1\leqslant l\leqslant N$，$1\leqslant i,j\leqslant n$。

基于假设 10.8 和前面的分析结果，可以得到下列若干推论。

推论 10.10 设系统(10.6)满足假设 10.8 且 $\rho(\hat{P})<1$，则系统(10.6)局部(大范围)一致渐近稳定。

推论 10.11 设系统(10.6)满足假设 10.8，$P_N\geqslant 0$ (见式(10.7))不可约且 $\rho(\hat{P})=1$，则系统(10.6)局部(大范围)一致稳定。

推论 10.12 设系统(10.6)满足假设 10.8，$\bar{P}_{\Sigma}=\sum\limits_{l=1}^{N}P_l$。若 $\rho(\bar{P}_{\Sigma})<1$，则系统(10.6)局部(大范围)一致渐近稳定。

推论 10.13 设系统(10.6)满足假设 10.8，$P_N\geqslant 0$ (见式(10.7))不可约，$\bar{P}_{\Sigma}=\sum\limits_{l=1}^{N}P_l$。若 $\rho(\bar{P}_{\Sigma})=1$，则系统(10.6)局部(大范围)一致稳定。

推论 10.14 设系统(10.6)满足假设 10.8，$p_{1M}=\max\limits_{1\leqslant i\leqslant n}\left\{\sum\limits_{l=1}^{N}\sum\limits_{j=1}^{n}p_{ij}^{[l]}\right\}$，$p_{2M}=\max\limits_{1\leqslant j\leqslant n}\left\{\sum\limits_{l=1}^{N}\sum\limits_{j=1}^{n}p_{ij}^{[l]}\right\}$，$\rho_p=\min\{p_{1M},p_{2M}\}$。若 $\rho_p<1$，则系统(10.6)局部(大范围)一致渐近稳定。

10.3.2 第二类系统稳定性

考虑如下多时滞时变非线性离散系统：

$$X(k+1)=G_1(k,X(k))+G_2(k,X(k-1))+\cdots+G_N(k,X(k-N+1)) \tag{10.8}$$

其中，$X=\left[x_1\ x_2\cdots x_n\right]^{\mathrm{T}}\in\mathbb{R}^n$ 为系统状态向量，$k\in\mathbb{N}$；$G_l=\left[g_1^{[l]}\ \ g_2^{[l]}\ \ \cdots\ \ g_n^{[l]}\right]^{\mathrm{T}}$，$G_l:\mathbb{N}\times\mathbb{R}^n\to\mathbb{R}^n$ 连续，$G_l(k,0)=0$，$1\leqslant l\leqslant n$；$X_l(k)=X(k-l+1)$，$g_i^{[l]}=g_i^{[l]}\left(k,X_l(k)\right)$，$1\leqslant i\leqslant N$。

假设 10.9 给定系统(10.8)，设 $X_l(k)=X(k-l+1)$，$1\leqslant l\leqslant N$；$\forall k\in\mathbb{N}$，

$\forall X_l, Y_l \in \mathbb{R}^n$，$\left|G_l(k,X_l)-G_l(k,Y_l)\right| \leqslant Q_l(k)|X_l-Y_l| \leqslant E_l\left|X_l-Y_l\right|$，$1\leqslant l\leqslant N$。其中，$Q_l(k)$，$E_l \in \mathbb{R}^{n\times n}$，$Q_l(k)$ 和 E_l ($e_{ij}^{[l]}\geqslant 0$)均为已知非负矩阵，$\forall k\in\mathbb{N}$，$Q_l(k)\leqslant E_l$，$1\leqslant l\leqslant N$。

由假设 10.9 中的矩阵 $E_l\geqslant 0$，$1\leqslant l\leqslant N$，可以得到如下非负矩阵：

$$\tilde{E}=\begin{bmatrix} E_1 & E_2 & \cdots & \cdots & E_N \\ I & 0 & \cdots & \cdots & 0 \\ 0 & I & \ddots & \ddots & \vdots \\ \vdots & \ddots & \ddots & \ddots & \vdots \\ 0 & \cdots & 0 & I & 0 \end{bmatrix} \in \mathbb{R}^{nN\times nN} \tag{10.9}$$

定理 10.15　设系统(10.8)满足假设 10.9 且 $\rho(\tilde{E})<1$，则系统(10.8)全局一致渐近稳定。

仿照定理 10.10 的证明方法，不难证明定理 10.15 的结论成立。

定理 10.16　设系统(10.8)满足假设 10.9，$E_N\geqslant 0$ (见式(10.9))不可约且 $\rho(\tilde{E})=1$，则系统(10.8)全局一致稳定。

仿照定理 10.11 的证明方法，易证定理 10.16 的结论成立。

仿照定理 9.15、定理 9.16 和定理 9.17 的证明方法，可证如下各定理的结论成立。

定理 10.17　设系统(10.8)满足假设 10.9，$\bar{E}_{\Sigma}=\sum\limits_{l=1}^{N}E_l$。若 $\rho(\bar{E}_{\Sigma})<1$，则系统(10.8)全局一致渐近稳定。

定理 10.18　设系统(10.8)满足假设 10.9，$E_N\geqslant 0$ (见式(10.9))不可约，$\bar{E}_{\Sigma}=\sum\limits_{l=1}^{N}E_l$。若 $\rho(\bar{E}_{\Sigma})=1$，则系统(10.8)全局一致稳定。

定理 10.19　设系统(10.8)满足假设 10.9，$\eta_{1M}=\max\limits_{1\leqslant i\leqslant n}\left\{\sum\limits_{l=1}^{N}\sum\limits_{j=1}^{n}e_{ij}^{[l]}\right\}$，$\eta_{2M}=\max\limits_{1\leqslant j\leqslant n}\left\{\sum\limits_{l=1}^{N}\sum\limits_{j=1}^{n}e_{ij}^{[l]}\right\}$，$\rho_e=\min\{\eta_{1M},\eta_{2M}\}$。若 $\rho_e<1$，则系统(10.8)全局一致渐近稳定。

例 10.4　试判定如下时变非线性离散系统的稳定性：

$$X(k+1)=G_1(k,X(k))+G_2(k,X(k-1))$$

其中

$$X=[x_1,x_2]^{\mathrm{T}}\in\mathbb{R}^2,\quad G_1=\begin{bmatrix} g_1^1 & g_2^1\end{bmatrix}^{\mathrm{T}},\quad G_2=\begin{bmatrix} g_1^2 & g_2^2\end{bmatrix}^{\mathrm{T}}$$

$$g_1^1 = 0.2\sin\left(x_1(k)\right) + 0.3\sin(k)x_2(k), \quad g_2^1 = \frac{1}{9}\tanh\left(x_1(k)\right)$$

$$g_1^2 = 0.3x_1(k-1) + 0.1\cos^2(k)\sin\left(x_2(k-1)\right)$$

$$g_2^2 = 0.2\tanh x_1(k-1) + 0.2\sin(k)x_1(k-1)$$

解 由g_j^l ($j=1,2$; $l=1,2$)的表达式可知，$G_l(k,0)=0$ ($l=1,2$)且满足假设 10.9。不难求得

$$e_{11}^1 = 0.2, \quad e_{12}^1 = 0.3, \quad e_{21}^1 = \frac{1}{9}, \quad e_{22}^1 = 0$$

$$e_{11}^2 = 0.3, \quad e_{12}^2 = 0.1, \quad e_{21}^2 = 0.4, \quad e_{22}^2 = 0$$

如此，可以得到 3 个非负矩阵：

$$E_1 = [e_{ij}^{[1]}] = \begin{bmatrix} 0.2 & 0.3 \\ 1/9 & 0 \end{bmatrix}, \quad E_2 = [e_{ij}^{[2]}] = \begin{bmatrix} 0.3 & 0.1 \\ 0.4 & 0 \end{bmatrix}, \quad \bar{E}_\Sigma = E_1 + E_2 = \begin{bmatrix} 0.5 & 0.4 \\ 0.51 & 0 \end{bmatrix}$$

经计算可得

$$\rho(\bar{E}_\Sigma) = 0.76 < 1, \quad \rho_e = \min\{0.9, 1.01\} = 0.9 < 1$$

由定理 10.17 和定理 10.19 均可判定，所给系统一致渐近稳定。给定初始状态 $X(0) = [0.4 \quad 0.5]^{\mathrm{T}}$，$X(-1) = \left[0.5 \quad 0.6\right]^{\mathrm{T}}$，则系统状态轨迹如图 10.3 所示。由图可知，系统状态收敛到零，这也验证了系统是一致渐近稳定的。

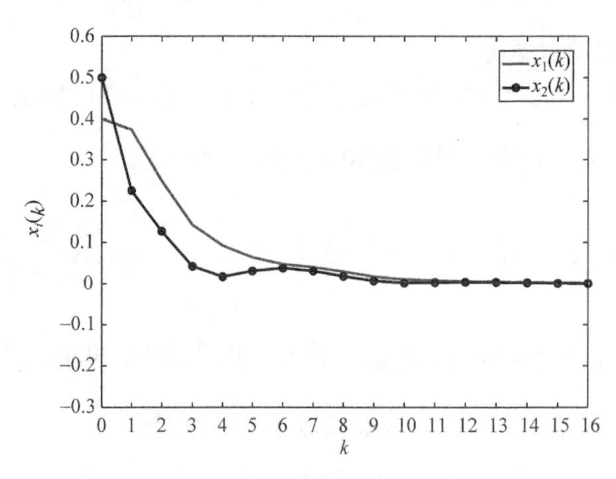

图 10.3 例 10.4 中系统状态轨迹

假设 10.10 给定系统(10.8)，设 $X_l(k) = X(k-l+1)$，$1 \leqslant l \leqslant n$，存在某个开区域 $\Re \subset \mathbb{R}^n$ 且 $0 \in \Re$，$\forall k \in \mathbb{N}$，$\forall X_l, Y_l \in \Re$，$\left|G_l\left(k, X_l\right) - G_l\left(k, Y_l\right)\right| \leqslant Q_l(k) \mid X_l -$

$Y_l|\leqslant E_l|X_l-Y_l|$，$1\leqslant l\leqslant N$。其中，$Q_l(k),\ E_l\in\mathbb{R}^{n\times n}$，$Q_l(k)$ 和 E_l ($e_{ij}^{[l]}\geqslant 0$)均为已知非负矩阵，$\forall k\in\mathbb{N}$，$Q_l(k)\leqslant E_l$，$1\leqslant l\leqslant N$。

基于前面的分析，可以得到下列各推论。

推论 10.15　设系统(10.8)满足假设 10.10 且 $\rho(\hat{E})<1$，则系统(10.8)局部(大范围)一致渐近稳定。

推论 10.16　设系统(10.8)满足假设 10.10，$E_N\geqslant 0$ (见式(10.9))不可约且 $\rho(\tilde{E})=1$，则系统(10.8)局部(大范围)一致稳定。

推论 10.17　设系统(10.8)满足假设 10.10，$\bar{E}_{\Sigma}=\sum_{l=1}^{N}E_l$。若 $\rho(\bar{E}_{\Sigma})<1$，则系统(10.8)局部(大范围)一致渐近稳定。

推论 10.18　设系统(10.8)满足假设 10.10，$E_N\geqslant 0$ (见式(10.9))不可约，$\bar{E}_{\Sigma}=\sum_{l=1}^{N}E_l$。若 $\rho(\bar{E}_{\Sigma})=1$，则系统(10.8)局部(大范围)一致稳定。

推论 10.19　设系统(10.8)满足假设 10.10，$\eta_{1M}=\max\limits_{1\leqslant i\leqslant n}\left\{\sum_{l=1}^{N}\sum_{j=1}^{n}e_{ij}^{[l]}\right\}$，$\eta_{2M}=\max\limits_{1\leqslant j\leqslant n}\left\{\sum_{l=1}^{N}\sum_{j=1}^{n}e_{ij}^{[l]}\right\}$，$\rho_e=\min\{\eta_{1M},\eta_{2M}\}$。若 $\rho_e<1$，则系统(10.8)局部(大范围)一致渐近稳定。

第 11 章　线性区间离散系统稳定性

之前的章节假设系统参数精确可测，然而工程实际中常常存在参数不确定的情况，这种不确定性可用区间参数进行表示。本章主要关注线性区间离散系统的稳定性问题[147,152,162-164]。

11.1　相关概念与定义

考虑如下线性区间离散系统：

$$X(k+1)=AX(k),\quad A\in H \tag{11.1}$$

其中，$X\in\mathbb{R}^n$ 为状态向量；$k\in\mathbb{N}$；A 为未知常数矩阵；$H\subset\mathbb{R}^{n\times n}$ 为如下区间矩阵：

$$H=\begin{bmatrix}[\alpha_{11},\beta_{11}] & [\alpha_{12},\beta_{12}] & \cdots & [\alpha_{1n},\beta_{1n}]\\ [\alpha_{21},\beta_{21}] & [\alpha_{22},\beta_{22}] & \cdots & [\alpha_{2n},\beta_{2n}]\\ \vdots & \vdots & & \vdots\\ [\alpha_{n1},\beta_{n1}] & [\alpha_{n2},\beta_{n2}] & \cdots & [\alpha_{nn},\beta_{nn}]\end{bmatrix} \tag{11.2}$$

$\alpha_{ij},\beta_{ij}\in\mathbb{R}$ 为已知常数，$-\infty\leqslant\alpha_{ij}\leqslant\beta_{ij}\leqslant+\infty$，$1\leqslant i,j\leqslant n$。

不难理解，H 是 $\mathbb{R}^{n\times n}$ 中的有界闭凸集。

区间系统(11.1)是一个线性离散系统的集合：

$$X_H=\left\{X(k+1)=AX(k)\middle|\ A\in H\right\} \tag{11.3}$$

在工程实际中，由于测量误差和零部件老化等，人们仅知道 $A\in H$，但不知道 A 的具体取值。此种情况下，人们常将被控对象建模为线性区间系统。不难理解，任给 $A\in H$，若区间系统(11.1)稳定，则系统 $X(k+1)=AX(k)$ 稳定；若要判定系统 $X(k+1)=AX(k)$ 是否稳定，就需要判定区间系统(11.1)是否稳定。

定义 11.1　由区间矩阵 H 的端点值 α_{ij} 和 β_{ij} ($1\leqslant i,j\leqslant n$)构成的矩阵称为 H 的顶点矩阵。H 的顶点矩阵是一个集合，该集合可定义为

$$T_H\overset{\text{def}}{=}\{T(t_{ij})\in H\subset\mathbb{R}^{n\times n};\ t_{ij}=\alpha_{ij}\text{ 或 }\beta_{ij},1\leqslant i,j\leqslant n\} \tag{11.4}$$

H 的顶点矩阵集合 T_H 简称顶点矩阵集合 T_H。

当H的每一个元素都是一个区间时，其顶点矩阵的个数为2^{n^2}；当H退化为常数矩阵时，其顶点矩阵的个数为 1。设S_H表示H顶点矩阵的个数，则顶点矩阵集合还可表示为

$$T_H = \left\{T_1, T_2, \cdots, T_{S_H}\right\} \tag{11.5}$$

其中，$T_i\,(1 \leqslant i \leqslant S_H)$称为$H$的第$i$个顶点矩阵。

定义 11.2　(1)若$\forall A \in H$，都有$\rho(A) < 1$，则称区间系统(11.1)渐近稳定。

(2) 若$\forall A \in H$，都有$\rho(A) \leqslant 1$；对于任一$\rho(A) = 1$的$A \in H$，$|\lambda_i(A)| = 1$的代数重数都等于其几何重数，则称区间系统(11.1)稳定。

(3) 若至少存在一个$A \in H$，使得$\rho(A) > 1$，或者$\rho(A) = 1$，但$|\lambda_i(A)| = 1$的代数重数大于其几何重数，则称区间系统(11.1)不稳定。

定义 11.3　设$A = [a_{ij}] \in \mathbb{R}^{n \times n}$，$n \geqslant 2$，则：

(1) 若$a_{ij} = 0$，$1 \leqslant i, j \leqslant n$，则称$A$为零矩阵，记作$A = 0$；

(2) 若$a_{ij} \geqslant 0$且至少有一个$a_{ij} > 0$，$1 \leqslant i, j \leqslant n$，则称$A$为非负矩阵，记作$A \geqslant 0$；

(3) 若$a_{ij} > 0$，$1 \leqslant i, j \leqslant n$，则称$A$为正矩阵，记作$A > 0$；

(4) 若$a_{ij} \leqslant 0$且至少有一个$a_{ij} < 0$，$1 \leqslant i, j \leqslant n$，则称$A$为非正矩阵，记作$A \leqslant 0$；

(5) 若$a_{ij} < 0$，$1 \leqslant i, j \leqslant n$，则称$A$为负矩阵，记作$A < 0$；

(6) 若至少有一个$a_{ij} > 0$且至少有一个$a_{ij} < 0$，$1 \leqslant i, j \leqslant n$，则称$A$为非负非正矩阵。

用符号$\mathbb{Q}_1$表示全体零矩阵、全体非负矩阵和全体正矩阵的并集，简称非负矩阵集；符号$\mathbb{Q}_2$表示全体非正矩阵和全体负矩阵的并集，简称非正矩阵集；符号$\mathbb{Q}_3$表示全体非负非正矩阵的集合，简称非负非正矩阵集。如此，$\mathbb{Q}_1$、$\mathbb{Q}_2$和$\mathbb{Q}_3$两两的交集为空集，而它们的并集为全体实数矩阵集，即$\mathbb{Q}_1 \cup \mathbb{Q}_2 \cup \mathbb{Q}_3 = \mathbb{R}^{n \times n}$。

为和本书其他章节保持一致，称区间系统(11.1)为无时滞线性区间系统。

11.2　无时滞系统稳定性

给定线性区间离散系统(11.1)，区间矩阵H(见式(11.2))以及相应的端点参数$\alpha_{ij}, \beta_{ij} \in \mathbb{R}$，$1 \leqslant i, j \leqslant n$，设

$$d_{ij} \stackrel{\text{def}}{=} \begin{cases} \beta_{ij}, & |\beta_{ij}| \geqslant |\alpha_{ij}|; 1 \leqslant i, j \leqslant n \\ \alpha_{ij}, & |\beta_{ij}| < |\alpha_{ij}|; 1 \leqslant i, j \leqslant n \end{cases} \tag{11.6}$$

则可以得到一个以 $d_{ij}\ (1 \leqslant i, j \leqslant n)$ 为元素的常数矩阵 $D(d_{ij}) \in \mathbb{R}^{n \times n}$。简洁起见，下面用 D 表示 $D(d_{ij})$。

引理 11.1　由式(11.6)构造的 $D \in \mathbb{R}^{n \times n}$ 具有如下性质：

(1) $D \in T_H$，即 D 为区间矩阵 H 的顶点矩阵。

(2) $\forall T_i \in T_H$，$T_i \neq D$，若 $D \in \mathbb{Q}_1$，则 $|T_i| \leqslant D$；若 $D \notin \mathbb{Q}_1$，则 $|T_i| \leqslant |D|$。

(3) $\forall A \in H$，$A \neq D$，若 $D \in \mathbb{Q}_1$，则 $|A| \leqslant D$；若 $D \notin \mathbb{Q}_1$，则 $|A| \leqslant |D|$。

由定义 11.1 和式(11.6)可知，(1)和(2)的结论成立，而(3)的结论可由(1)和(2)的结论推出。

基于以上性质，若 $D \in \mathbb{Q}_1$，则可得如下定理。

定理 11.1　给定区间系统(11.1)，若 $D \in \mathbb{Q}_1$，则：

(1) 区间系统(11.1)渐近稳定的充要条件是 $\rho(D) < 1$；

(2) 当 $\rho(D) > 1$ 时，区间系统(11.1)不稳定。

证明　(1)充分性：由引理 11.1 中的(3)可知，任给 $A \in H$，当 $D \in \mathbb{Q}_1$ 时，都有 $|A| \leqslant D$。由引理 6.12 中的(1)可知，$\rho(A) \leqslant \rho(|A|) \leqslant \rho(D)$。此种情况下，若 $\rho(D) < 1$，则 $\rho(A) < 1$。由定义 11.2 中的(1)可知，区间系统(11.1)渐近稳定。

必要性：由引理 11.1 中的(1)可知，$D \in H$。由定义 11.2 中的(1)可知，若要区间系统(11.1)渐近稳定，则必须要求 $\rho(D) < 1$。

(2) 因 $D \in H$，故当 $\rho(D) > 1$ 时，D 为不稳定矩阵。由定义 11.2 中的(3)可知，区间系统(11.1)不稳定。　□

定理 11.2　给定区间系统(11.1)，若 $D \in \mathbb{Q}_1$ 且 D 为素矩阵，则：

(1) 区间系统(11.1)渐近稳定的充要条件是 $\rho(D) < 1$；

(2) 区间系统(11.1)稳定的充要条件是 $\rho(D) = 1$；

(3) 区间系统(11.1)不稳定的充要条件是 $\rho(D) > 1$。

证明　(1)因 $D \in \mathbb{Q}_1$，由定理 11.1 中的(1)可知，该结论成立。

(2) 充分性：当 D 为素矩阵时，$\rho(D) = 1$ 是 D 的单特征值，$\forall \lambda \in \lambda(D)$ 且 $\lambda \neq \rho(D)$，都有 $|\lambda| < \rho(D)$。由定理 6.3 可知，D 为稳定矩阵。由定理 11.1 的证明结果可知，$\forall A \in H$，$\rho(A) \leqslant \rho(D)$。因此：①当 $A \neq D$，且 $A\,(|A|)$ 不是指数为 $k\ (k > 1)$ 的循环矩阵或素矩阵时，$\rho(A) < \rho(D) = 1$，即 $\rho(A) < 1$，A 为渐近稳定矩阵。②当 $A \neq D$，且 $A\,(|A|)$ 是指数为 $k\ (k > 1)$ 的循环矩阵或素矩阵时，$\rho(A) \leqslant \rho(D) = 1$，即 $\rho(A) \leqslant 1$，A 为稳定矩阵。综合考虑上述两种情况，并由定义

11.2 中的(2)可知，区间系统(11.1)稳定。

必要性：因 $D \in H$，故若要区间系统(11.1)稳定，则必须要 D 稳定；因 $D \in \mathbb{Q}_1$ 为素矩阵，这等价于需要 $\rho(D)=1$。

(3) 充分性：因 $D \in H$，故当 $\rho(D)>1$ 时，D 为不稳定矩阵，由定义 11.2 中的(3)可知，区间系统(11.1)不稳定。

必要性：$D \in \mathbb{Q}_1$ 为素矩阵，故若要区间系统(11.1)不稳定，首先需要 $\rho(D)>1$；否则，由(1)和(2)的证明结果可知，区间系统(11.1)渐近稳定或者稳定。□

比较定理 6.3 和定理 11.2 可知，当 $D \in \mathbb{Q}_1$ 且 D 为素矩阵时，区间系统(11.1)的稳定性与系统 $X(k+1)=DX(k)$ 的稳定性等价。

若 $D \in \mathbb{Q}_2$，可得如下定理。

定理 11.3　给定区间系统(11.1)，若 $D \in \mathbb{Q}_2$，则：

(1) 区间系统(11.1)渐近稳定的充要条件是 $\rho(D)<1$；

(2) 当 $\rho(D)>1$ 时，区间系统(11.1)不稳定。

证明　(1) 充分性：由 D 的性质(3)可知，任给 $A \in H$，当 $D \in \mathbb{Q}_2$ 时，都有 $|A| \leqslant |D|$。由引理 6.12 中的①可知，$\rho(A) \leqslant \rho(|A|) \leqslant \rho(|D|)$。因 $D \in \mathbb{Q}_2$，故 $D=-|D|$，$\rho(D)=\rho(-|D|)=\rho(|D|)$，即 $\rho(D)=\rho(|D|)$。如此，当 $\rho(D)<1$ 时，$\rho(|D|)<1$，$\forall A \in H$，$\rho(A)<1$；由定义 11.2 中的(1)可知，区间系统(11.1)渐近稳定。

必要性：由 D 的性质(1)可知，$D \in H$。由定义 11.2 中的(1)可知，若要区间系统(11.1)渐近稳定，则必须要求 $\rho(D)=\rho(|D|)<1$。

(2) 因 $D \in H$，故当 $\rho(D)=\rho(|D|)>1$ 时，D 为不稳定矩阵。由定义 11.2 中的(3)可知，区间系统(11.1)不稳定。□

定理 11.4　给定区间系统(11.1)，若 $D \in \mathbb{Q}_2$ 且 $|D|$ 为素矩阵，则：

(1) 区间系统(11.1)渐近稳定的充要条件是 $\rho(D)<1$；

(2) 区间系统(11.1)稳定的充要条件是 $\rho(D)=1$；

(3) 区间系统(11.1)不稳定的充要条件是 $\rho(D)>1$。

证明　(1) 因 $|D| \in \mathbb{Q}_1$ 且 $\rho(D)=\rho(|D|)$，由定理 11.1 中的(1)可知，该结论成立。

(2) 充分性：当 $|D| \in \mathbb{Q}_1$ 为素矩阵时，$\rho(D)=\rho(|D|)=1$ 是 D ($|D|$)的单特征值，$\forall \lambda \in \lambda(D)$ 且 $\lambda \neq \rho(D)$，都有 $|\lambda|<\rho(D)$。由定理 6.3 可知，D 为稳定矩阵。由定理 11.1 的证明结果可知，$\forall A \in H$，$\rho(A) \leqslant \rho(D)$。因此：①当 $A \neq D$，且 A ($|A|$)不是指数为 k ($k>1$)的循环矩阵或素矩阵时，$\rho(A)<\rho(D)=1$，即 $\rho(A)<1$，A 为渐近稳定矩阵。②当 $A \neq D$，且 A ($|A|$)是指数为 k ($k>1$)的循环矩阵或素矩阵时，$\rho(A) \leqslant \rho(D)=1$，即 $\rho(A) \leqslant 1$，A 为稳定矩阵。综合考虑上述两种情况，并由定义 11.2 中的(2)可知，区间系统(11.1)稳定。

必要性：因 $D\in H$，故若要区间系统(11.1)稳定，则必须要求 D 稳定；因 $|D|\in\mathbb{Q}_1$ 为素矩阵，这等价于要求 $\rho(|D|)=\rho(D)=1$。

(3) 充分性：因 $D\in H$，故当 $\rho(D)>1$ 时，D 为不稳定矩阵，由定义 11.2 中的(3)可知，区间系统(11.1)不稳定。

必要性：因 $|D|\in\mathbb{Q}_1$ 为素矩阵且 $\rho(D)=\rho(|D|)$，故若要区间系统(11.1)不稳定，首先需要 $\rho(|D|)=\rho(D)>1$；否则，区间系统(11.1)渐近稳定或者稳定。□

比较定理 6.3 和定理 11.4 可知，当 $D\in\mathbb{Q}_2$ 且 $|D|\in\mathbb{Q}_1$ 为素矩阵时，区间系统(11.1)的稳定性与系统 $X(k+1)=DX(k)$ 的稳定性等价。

定理 11.5　给定区间系统(11.1)，若 $D\in\mathbb{Q}_3$ 且 $\rho(|D|)<1$，则区间系统(11.1)渐近稳定；若 $D\in\mathbb{Q}_3$ 且 $\rho(D)>1$，则区间系统(11.1)不稳定。

证明　由式(11.5)可知，$\forall A\in H$，$0\leqslant|A|\leqslant|D|$。如此，由引理 6.12 中的②可知，$\forall A\in H$，$\rho(A)\leqslant\rho(|D|)$。当 $\rho(|D|)<1$ 时，$\forall A\in H$，$\rho(A)<1$，由定义 11.2 中的(1)可知，区间系统(11.1)渐近稳定。

因 $D\in H$，故当 $\rho(D)>1$ 时，D 为不稳定矩阵，由定义 11.2 中的(3)可知，区间系统(11.1)不稳定。□

定理 11.5 是一个充分条件。当 $D\in\mathbb{Q}_3$ 时，寻找并证明区间系统(11.1)渐近稳定的充要条件仍然是一个困难问题。

定理 11.6　给定区间系统(11.1)和 D (见式(11.6))，设 $\rho_r=\max\limits_{1\leqslant i\leqslant n}\left\{\sum\limits_{j=1}^{n}\left|d_{ij}\right|\right\}$，$\rho_c=\max\limits_{1\leqslant j\leqslant n}\left\{\sum\limits_{i=1}^{n}\left|d_{ij}\right|\right\}$，$\rho_d=\min\{\rho_r,\rho_c\}$。若 $\rho_d<1$，则区间系统(11.1)渐近稳定。

证明　由前面的证明结果和推论 6.3 可知，$\rho(D)\leqslant\rho(|D|)\leqslant\rho_d$；当 $\rho_d<1$ 且 $D\in\mathbb{Q}_1\cup\mathbb{Q}_2$ 时，$\rho(D)=\rho(|D|)$；当 $D\in\mathbb{Q}_1\cup\mathbb{Q}_2$ 且 $\rho(D)=\rho(|D|)<1$ 时，由定理 11.1 和定理 11.4 可知，区间系统(11.1)渐近稳定；当 $D\in\mathbb{Q}_3$ 且 $\rho(|D|)<1$ 时，由定理 11.5 可知，区间系统(11.1)渐近稳定。综上可知，若 $\rho_d<1$，则 $\rho(|D|)<1$，区间系统(11.1)渐近稳定。□

定理 11.6 也是一个充分条件，其最大的优点是便于计算和在实际中应用。

区间系统(11.1)的另一种表示形式为

$$X(k+1)=(A+\Delta A)X(k) \tag{11.7}$$

其中，$A=[a_{ij}]\in\mathbb{R}^{n\times n}$ 为已知矩阵(有时称为标称矩阵)；$\Delta A=[\Delta a_{ij}]\in H_A$ 是未知矩阵，$H_A\subset\mathbb{R}^{n\times n}$ 为如下区间矩阵：

$$H_A=\begin{bmatrix}[\mu_{11},\eta_{11}] & [\mu_{12},\eta_{12}] & \cdots & [\mu_{1n},\eta_{1n}]\\ [\mu_{21},\eta_{21}] & [\mu_{22},\eta_{22}] & \cdots & [\mu_{2n},\eta_{2n}]\\ \vdots & \vdots & & \vdots\\ [\mu_{n1},\eta_{n1}] & [\mu_{n2},\eta_{n2}] & \cdots & [\mu_{nn},\eta_{nn}]\end{bmatrix}$$

$\mu_{ij},\eta_{ij}\in\mathbb{R}$，$\mu_{ij}\leqslant\eta_{ij}$，$1\leqslant i,j\leqslant n$。

ΔA 常被看作 A 的变化量或摄动量，系统(11.7)的稳定性称为稳定鲁棒性。

设 $B=A+\Delta A=[a_{ij}+\Delta a_{ij}]\in\mathbb{R}^{n\times n}$，则 B 为未知矩阵；$H_B=A+H_A$，则

$$H_B=\begin{bmatrix}[a_{11}+\mu_{11},a_{11}+\eta_{11}] & [a_{12}+\mu_{12},a_{12}+\eta_{12}] & \cdots & [a_{1n}+\mu_{1n},a_{1n}+\eta_{1n}]\\ [a_{21}+\mu_{21},a_{21}+\eta_{21}] & [a_{22}+\mu_{22},a_{22}+\eta_{22}] & \cdots & [a_{2n}+\mu_{2n},a_{2n}+\eta_{2n}]\\ \vdots & \vdots & & \vdots\\ [a_{n1}+\mu_{n1},a_{n1}+\eta_{n1}] & [a_{n2}+\mu_{n2},a_{n2}+\eta_{n2}] & \cdots & [a_{nn}+\mu_{nn},a_{nn}+\eta_{nn}]\end{bmatrix}$$

在上述假设下，系统(11.7)可等价地变为如下区间系统：

$$X(k+1)=BX(k),\quad B\in H_B\subset\mathbb{R}^{n\times n}\tag{11.8}$$

区间系统(11.8)与区间系统(11.1)具有完全相同的形式。因此，本节的所有定理和结论都适用于区间系统(11.8)和区间系统(11.7)，相关的结论这里不再给出。

例 11.1　试判定如下线性区间系统的稳定性：

$$X(k+1)=AX(k)$$

其中，$A\in H_1$，$H_1=\begin{bmatrix}[-0.4,0.4] & [-0.3,0.5]\\ [-0.2,0.6] & [0.1,0.3]\end{bmatrix}$。

解　H_1 的 16 个顶点矩阵如下：

$$T_1=\begin{bmatrix}-0.4 & -0.3\\ -0.2 & 0.1\end{bmatrix},\quad T_2=\begin{bmatrix}-0.4 & -0.3\\ -0.2 & 0.3\end{bmatrix},\quad T_3=\begin{bmatrix}-0.4 & -0.3\\ 0.6 & 0.1\end{bmatrix},\quad T_4=\begin{bmatrix}-0.4 & -0.3\\ 0.6 & 0.3\end{bmatrix}$$

$$T_5=\begin{bmatrix}-0.4 & 0.5\\ -0.2 & 0.1\end{bmatrix},\quad T_6=\begin{bmatrix}-0.4 & 0.5\\ -0.2 & 0.3\end{bmatrix},\quad T_7=\begin{bmatrix}-0.4 & 0.5\\ 0.6 & 0.1\end{bmatrix},\quad T_8=\begin{bmatrix}-0.4 & 0.5\\ 0.6 & 0.3\end{bmatrix}$$

$$T_9=\begin{bmatrix}0.4 & -0.3\\ -0.2 & 0.1\end{bmatrix},\quad T_{10}=\begin{bmatrix}0.4 & -0.3\\ -0.2 & 0.3\end{bmatrix},\quad T_{11}=\begin{bmatrix}0.4 & -0.3\\ 0.6 & 0.1\end{bmatrix},\quad T_{12}=\begin{bmatrix}0.4 & -0.3\\ 0.6 & 0.3\end{bmatrix}$$

$$T_{13}=\begin{bmatrix}0.4 & 0.5\\ -0.2 & 0.1\end{bmatrix},\quad T_{14}=\begin{bmatrix}0.4 & 0.5\\ -0.2 & 0.3\end{bmatrix},\quad T_{15}=\begin{bmatrix}0.4 & 0.5\\ 0.6 & 0.1\end{bmatrix},\quad T_{16}=\begin{bmatrix}0.4 & 0.5\\ 0.6 & 0.3\end{bmatrix}$$

由式(11.5)可得，$D_1=T_{16}$，且 $D_1\in\mathbb{Q}_1$。

上述各顶点矩阵的谱半径为

$$\rho(T_1)=0.500,\quad \rho(T_2)=0.477,\quad \rho(T_3)=0.374,\quad \rho(T_4)=0.245,\quad \rho(T_5)=0.245$$
$$\rho(T_6)=0.200,\quad \rho(T_7)=0.752,\quad \rho(T_8)=0.700,\quad \rho(T_9)=0.537,\quad \rho(T_{10})=0.600$$
$$\rho(T_{11})=0.469,\quad \rho(T_{12})=0.548,\quad \rho(T_{13})=0.374,\quad \rho(T_{14})=0.469,\quad \rho(T_{15})=0.818$$
$$\rho(D_1)=\rho(T_{16})=0.900$$

因 $D_1\in\mathbb{Q}_1$、D_1 为素矩阵，且 $\rho(D_1)=0.9<1$，由定理 11.1 和定理 11.2 均可判定本例所给线性区间系统渐近稳定。另外，由定理 11.6 也可判定本例所给线性区间系统渐近稳定。

例 11.2 试判定如下线性区间系统的稳定性：

$$X(k+1)=AX(k)$$

其中，$A\in H_2$，$H_2=\begin{bmatrix}[-0.4,0.4] & [-0.5,0.3]\\ [-0.2,0.6] & [0.1,0.3]\end{bmatrix}$。

解 由式(11.5)可得

$$D_2=\begin{bmatrix}0.4 & -0.5\\ 0.6 & 0.3\end{bmatrix},\quad |D_2|=\begin{bmatrix}0.4 & 0.5\\ 0.6 & 0.3\end{bmatrix}$$

因 $D_2\in\mathbb{Q}_3$ 且 $\rho(|D_2|)=0.9<1$，由定理 11.5 可知，线性区间系统渐近稳定。

11.3 单状态多时滞系统稳定性

考虑如下单状态多时滞线性区间离散系统：

$$x(k+1)=a_1x(k)+a_2x(k-1)+\cdots+a_nx(k-n+1) \tag{11.9}$$

其中，$x\in\mathbb{R}$ 为状态变量；$k\in\mathbb{N}$；$a_i\in[\alpha_i,\beta_i]$ 为未知系数，$\alpha_i,\beta_i\in\mathbb{R}$ 为已知实数，$\alpha_i\leqslant\beta_i$，$1\leqslant i\leqslant n$，$n\geqslant 2$。

在不致引起误解的情况下，区间系统(11.9)可简写为如下形式：

$$x(k+1)=[\alpha_1,\beta_1]x(k)+[\alpha_2,\beta_2]x(k-1)+\cdots+[\alpha_n,\beta_n]x(k-n+1)$$

同样，其特征多项式也可简写为如下形式：

$$\lambda^n+[-\beta_1,-\alpha_1]\lambda^{n-1}+\cdots+[-\beta_{n-1},-\alpha_{n-1}]\lambda+[-\beta_n,-\alpha_n] \tag{11.10}$$

不难理解，$\forall a_i\in[\alpha_i,\beta_i]$（$1\leqslant i\leqslant n$），区间系统(11.9)渐近稳定等价于 $\forall a_i\in[\alpha_i,\beta_i]$，$1\leqslant i\leqslant n$，式(11.10)中模最大的特征根 $\max\{|\lambda|\}<1$。从理论上讲，这一问题已被 Kharitonov 解决，但从计算的角度讲，仍有改进之处。

利用状态扩张方法，则区间系统(11.9)变为

$$X(k+1)=AX(k),\quad A\in H_1 \tag{11.11}$$

其中，A 为未知常数矩阵，$H_1\subset\mathbb{R}^{n\times n}$ 为如下区间矩阵：

$$H_1=\begin{bmatrix}[\alpha_1,\beta_1] & [\alpha_2,\beta_2] & \cdots & [\alpha_n,\beta_n]\\ 1 & 0 & \cdots & 0\\ \vdots & \ddots & \ddots & \vdots\\ 0 & \cdots & 1 & 0\end{bmatrix} \tag{11.12}$$

$\alpha_i,\beta_i\in\mathbb{R}$ 为已知实数，$\alpha_i\leqslant\beta_i$，$1\leqslant i\leqslant n$，$n\geqslant 2$。

仿照第 6 章的方法，不难证明区间系统(11.9)的稳定性与区间系统(11.11)的稳定性等价。设

$$d_{ij}=\begin{cases}d_{1j}=\beta_j, & |\beta_j|\geqslant|\alpha_j|,1\leqslant j\leqslant n\\ d_{1j}=\alpha_j, & |\beta_j|<|\alpha_j|,1\leqslant j\leqslant n\\ d_{i,i-1}=1, & 2\leqslant i\leqslant n\\ d_{ij}=0, & 2\leqslant i\leqslant n,1\leqslant j\leqslant n,j\neq i-1\end{cases} \tag{11.13}$$

以 d_{ij} $(1\leqslant i,j\leqslant n)$为元素，可以得到如下常数矩阵：

$$\tilde{D}=\begin{bmatrix}d_1 & d_2 & \cdots & d_n\\ 1 & 0 & \cdots & 0\\ \vdots & \ddots & \ddots & \vdots\\ 0 & \cdots & 1 & 0\end{bmatrix} \tag{11.14}$$

考虑 $\tilde{D}$ 的性质，可得如下定理。

定理 11.7　给定区间系统(11.11)(区间系统(11.9))，可以得到一个常数矩阵 $\tilde{D}$ (见式(11.14))。若 $\tilde{D}\in\mathbb{Q}_1$ ($d_{ij}\geqslant 0$，$1\leqslant i,j\leqslant n$)，则：

(1) 区间系统(11.11)(区间系统(11.9))渐近稳定的充要条件是 $\rho(\tilde{D})<1$；

(2) 区间系统(11.11)(区间系统(11.9))稳定的充要条件是 $\rho(\tilde{D})=1$；

(3) 区间系统(11.11)(区间系统(11.9))不稳定的充要条件是 $\rho(\tilde{D})>1$。

证明　当 $d_n>0$ (见式(11.14))且 $\tilde{D}\in\mathbb{Q}_1$ 时，$\tilde{D}$ 为非负不可约矩阵。由定理 6.12 可知，$\rho(\tilde{D})$ 是 $\tilde{D}$ 的单特征值。以此为基础，并仿照定理 11.2 的证明方法，可证本定理的结论成立。 □

定理 11.7 表明，当 $\tilde{D}\in\mathbb{Q}_1$ 时，区间系统(11.11)(区间系统(11.9))的稳定性与系统 $X(k+1)=\tilde{D}X(k)$ 的稳定性等价。类似定理 6.13 与定理 6.14 的关系，可以得到如下定理。

定理 11.8　给定区间系统(11.11)(区间系统(11.9))，可以得到一个常数矩阵 $\tilde{D}$ (见式(11.14))。若 $\tilde{D}\in\mathbb{Q}_1$ ($d_{ij}\geqslant 0$ ， $1\leqslant i,j\leqslant n$)，则：

(1) 区间系统(11.11)(区间系统(11.9))渐近稳定的充要条件是 $\sum_{i=1}^{n} d_i<1$ ；

(2) 区间系统(11.11)(区间系统(11.9))稳定的充要条件是 $\sum_{i=1}^{n} d_i=1$ ；

(3) 区间系统(11.11)(区间系统(11.9))不稳定的充要条件是 $\sum_{i=1}^{n} d_i>1$ 。

当 $\tilde{D}\in\mathbb{Q}_1$ 时，定理 11.7，特别是定理 11.8 比 Kharitonov 定理更加直观和便于计算，因而也更便于实际问题的判定。

例 11.3　试判定如下单状态区间离散系统渐近稳定时参数 a ($a>0$)的取值范围：

$$x(k+1)=a_1x(k)+a_2x(k-1)+a_3x(k-2)+a_4x(k-3)$$

其中， $a_1\in[0,a]$ ， $a_2\in[-0.15,0.36]$ ， $a_3\in[-0.13,0.24]$ ， $a_4\in[-0.1,0.25]$ 。

解　系统的区间矩阵为

$$H=\begin{bmatrix}[0,a] & [-0.15,0.36] & [-0.13,0.24] & [-0.1,0.25]\\ 1 & 0 & 0 & 0\\ 0 & 1 & 0 & 0\\ 0 & 0 & 1 & 0\end{bmatrix}$$

由式(11.13)，可得如下常数矩阵：

$$\tilde{D}=\begin{bmatrix}a & 0.36 & 0.24 & 0.25\\ 1 & 0 & 0 & 0\\ 0 & 1 & 0 & 0\\ 0 & 0 & 1 & 0\end{bmatrix}\in\mathbb{Q}_1$$

不难理解，含未知参数的矩阵谱半径求解较为困难，故可使用定理 11.8 求解本例问题。当 $a+0.36+0.24+0.25<1$ 时，即 $0<a<0.15$ 时，所给区间系统渐近稳定。

由式(11.14)可知， $\tilde{D}\notin\mathbb{Q}_2$ 。因此， $\tilde{D}\in\mathbb{Q}_2$ 的情况不用考虑。

由定理 11.6 立即可以得到下面的推论。

推论 11.1　给定区间系统(11.11)(区间系统(11.9))，可以得到一个常数矩阵 $\tilde{D}$ (见式(11.14))。若 $\tilde{D}\in\mathbb{Q}_3$ 且 $\rho(|\tilde{D}|)<1$ ，则区间系统(11.11)(区间系统(11.9))渐近稳定；若 $\tilde{D}\in\mathbb{Q}_3$ 且 $\rho(\tilde{D})>1$ ，则区间系统(11.11)(区间系统(11.9))不稳定。

例 11.4　试判定如下单状态区间系统的稳定性：

$$x(k+1)=a_1x(k)+a_2x(k-1)+a_3x(k-2)+a_4x(k-3)$$

其中，$a_1 \in [0, 0.43]$，$a_2 \in [-0.15, 0.16]$，$a_3 \in [-0.2, -0.1]$，$a_4 \in [-0.1, 0]$。

解　系统的区间矩阵为

$$H = \begin{bmatrix} [0, 0.43] & [-0.15, 0.16] & [-0.2, -0.1] & [-0.1, 0] \\ 1 & 0 & 0 & 0 \\ 0 & 1 & 0 & 0 \\ 0 & 0 & 1 & 0 \end{bmatrix}$$

根据式(11.13)，可得如下常数矩阵：

$$\tilde{D} = \begin{bmatrix} 0.43 & 0.16 & -0.2 & -0.1 \\ 1 & 0 & 0 & 0 \\ 0 & 1 & 0 & 0 \\ 0 & 0 & 1 & 0 \end{bmatrix} \in \mathbb{Q}_3$$

经计算可得 $\rho(|\tilde{D}|) = 0.9434 < 1$，由推论 11.1 可知，所给区间系统渐近稳定。

单状态多时滞区间系统(11.9)的另一种表示形式为

$$x(k+1) = (a_1 + \Delta a_1)x(k) + (a_2 + \Delta a_2)x(k-1) + \cdots + (a_n + \Delta a_n)x(k-n+1) \tag{11.15}$$

其中，a_i $(1 \leqslant i \leqslant n)$为已知标称系数；$\Delta a_i \in [\alpha_i, \beta_i]$ $(1 \leqslant i \leqslant n)$为未知摄动系数；$\alpha_i, \beta_i \in \mathbb{R}$ 为已知实数且 $\alpha_i \leqslant \beta_i$，$1 \leqslant i \leqslant n$，$n \geqslant 2$。

设 $b_i = a_i + \Delta a_i$ $(1 \leqslant i \leqslant n)$，则 b_i 为未知系数，且 $b_i \in [a_i + \alpha_i, a_i + \beta_i]$ $(1 \leqslant i \leqslant n)$。如此，区间系统(11.15)可等价地变为

$$x(k+1) = b_1 x(k) + b_2 x(k-1) + \cdots + b_n x(k-n+1) \tag{11.16}$$

区间系统(11.16)与区间系统(11.9)具有完全相同的形式。因此，本节的定理和推论都适用于区间系统(11.16)和区间系统(11.15)，相关内容这里不再赘述。

11.4　多状态多时滞系统稳定性

考虑如下多状态多时滞线性区间离散系统：

$$X(k+1) = A_1 X(k) + A_2 X(k-1) + \cdots + A_N X(k-N+1) \tag{11.17}$$

其中，$X(k) \in \mathbb{R}^n$ 为状态向量，$k \in \mathbb{N}$，$n \geqslant 2$；$A_l = [a_{ij}^{(l)}] \in H_l \subset \mathbb{R}^{n \times n}$ 是未知的系数矩阵，$1 \leqslant l \leqslant N$，$N \geqslant 2$；$H_l$ 是具有如下形式的区间矩阵：

$$H_l = \begin{bmatrix} [\alpha_{11}^{(l)}, \beta_{11}^{(l)}] & [\alpha_{12}^{(l)}, \beta_{12}^{(l)}] & \cdots & [\alpha_{1n}^{(l)}, \beta_{1n}^{(l)}] \\ [\alpha_{21}^{(l)}, \beta_{21}^{(l)}] & [\alpha_{22}^{(l)}, \beta_{22}^{(l)}] & \cdots & [\alpha_{2n}^{(l)}, \beta_{2n}^{(l)}] \\ \vdots & \vdots & & \vdots \\ [\alpha_{n1}^{(l)}, \beta_{n1}^{(l)}] & [\alpha_{n2}^{(l)}, \beta_{n2}^{(l)}] & \cdots & [\alpha_{nn}^{(l)}, \beta_{nn}^{(l)}] \end{bmatrix}, \quad 1 \leqslant l \leqslant N \tag{11.18}$$

$\alpha_{ij}^{(l)},\beta_{ij}^{(l)}\in\mathbb{R}$ ，$\alpha_{ij}^{(l)}\leqslant\beta_{ij}^{(l)}$ ，$1\leqslant i,j\leqslant n$ ，$1\leqslant l\leqslant N$ 。

使用状态扩张方法，区间系统(11.17)变为

$$\widehat{X}(k+1)=\widehat{A}\widehat{X}(k),\quad \widehat{A}\in H_n \tag{11.19}$$

其中，$\widehat{A}$ 为具有如下形式的未知常数矩阵：

$$\widehat{A}=\begin{bmatrix} A_1 & A_2 & \cdots & A_N \\ I & 0 & \cdots & 0 \\ \vdots & \ddots & \ddots & \vdots \\ 0 & \cdots & I & 0 \end{bmatrix}\in H_n \tag{11.20}$$

H_n 为具有如下形式的区间矩阵：

$$H_n=\begin{bmatrix} H_1 & H_2 & \cdots & H_N \\ I & 0 & \cdots & 0 \\ \vdots & \ddots & \ddots & \vdots \\ 0 & \cdots & I & 0 \end{bmatrix}\subset\mathbb{R}^{nN\times nN} \tag{11.21}$$

类似可证区间系统(11.19)的稳定性与区间系统(11.17)的稳定性等价。设

$$d_{ij}^{(l)}=\begin{cases} \beta_{ij}^{(l)}, & |\beta_{ij}^{(l)}|\geqslant|\alpha_{ij}^{(l)}|;1\leqslant i,j\leqslant n \\ \alpha_{ij}^{(l)}, & |\beta_{ij}^{(l)}|<|\alpha_{ij}^{(l)}|;1\leqslant i,j\leqslant n \end{cases},\quad 1\leqslant l\leqslant N \tag{11.22}$$

以 $d_{ij}^{(l)}$ ($1\leqslant i,j\leqslant n$ ，$1\leqslant l\leqslant N$)为元素，可以得到 N 个常数矩阵 $D_l=[d_{ij}^{(l)}]\in\mathbb{R}^{n\times n}$ ；由这些常数矩阵可以构造如下分块矩阵：

$$\widehat{D}=\begin{bmatrix} D_1 & D_2 & \cdots & D_N \\ I & 0 & \cdots & 0 \\ \vdots & \ddots & \ddots & \vdots \\ 0 & \cdots & I & 0 \end{bmatrix}\in\mathbb{R}^{nN\times nN} \tag{11.23}$$

由定义 11.3 和式(11.14)可知，$\widehat{D}$ 不可能属于 $\mathbb{Q}_2$ 。因此，下面仅讨论 $\widehat{D}\in\mathbb{Q}_1$ 和 $\widehat{D}\in\mathbb{Q}_3$ 的情况。

由定理 11.4 可以得到下面的推论。

推论 11.2　给定区间系统(11.19)(区间系统(11.17))，若 $D\in\mathbb{Q}_1$ ，则：

(1) 区间系统(11.19)(区间系统(11.17))渐近稳定的充要条件是 $\rho(D)<1$ ；

(2) 当 $\rho(D)>1$ 时，区间系统(11.19)(区间系统(11.17))不稳定。

同样，由定理 11.5 可以得到下面的推论。

推论 11.3　给定区间系统(11.19)(区间系统(11.17))：①若 $\widehat{D}\in\mathbb{Q}_3$ 且 $\rho(|\widehat{D}|)<1$ ，则区间系统(11.19)(区间系统(11.17))渐近稳定；②若 $\widehat{D}\in\mathbb{Q}_3$ 且 $\rho(\widehat{D})>1$ ，则区间系

统(11.19)(区间系统(11.17))不稳定。

定理 11.9　若所有的 D_l (见式(11.23))为正矩阵($D_l>0$ ，$1\leqslant l\leqslant N$)，则 $\widehat{D}$ 为素矩阵。

证明　(1)当 $l=1$ 时，有 $\widehat{D}=D_1$ 。因 $D_l>0$ ，故 $\widehat{D}>0$ 为素矩阵。

(2) 当 $l=2$ 时，有

$$\widehat{D}=\begin{bmatrix} D_1 & D_2 \\ I & 0 \end{bmatrix},\quad \widehat{D}^2=\widehat{D}\widehat{D}=\begin{bmatrix} D_1 & D_2 \\ I & 0 \end{bmatrix}\times\begin{bmatrix} D_1 & D_2 \\ I & 0 \end{bmatrix}=\begin{bmatrix} D_1^2+D_2 & D_1D_2 \\ D_1 & D_2 \end{bmatrix}>0$$

由引理 6.8 可知，$\widehat{D}$ 为素矩阵。

(3) 当 $l=3$ 时，有

$$\widehat{D}=\begin{bmatrix} D_1 & D_2 & D_3 \\ I & 0 & 0 \\ 0 & I & 0 \end{bmatrix},\quad \widehat{D}^3=\widehat{D}^2\widehat{D}=\begin{bmatrix} * & * & * \\ * & * & * \\ I & 0 & 0 \end{bmatrix}\begin{bmatrix} D_1 & D_2 & D_3 \\ I & 0 & 0 \\ 0 & I & 0 \end{bmatrix}=\begin{bmatrix} * & * & * \\ * & * & * \\ D_1 & D_2 & D_3 \end{bmatrix}>0$$

其中，$*$ 表示 $n\times n$ 正矩阵。由引理 6.8 可知，$\widehat{D}$ 为素矩阵。

(4) 设 $l=N-1$ 时，定理的结论成立，下面证明 $l=N$ 时定理的结论也成立。观察步骤(2)和(3)中的演算结果不难发现，当 $l\geqslant 2$ 时，有

$$\widehat{D}^{l-1}=\begin{bmatrix} * & * & \cdots & * \\ \vdots & \vdots & & \vdots \\ * & * & \cdots & * \\ I & 0 & 0 & 0 \end{bmatrix}$$

如此，当 $l=N$ 时，有

$$\widehat{D}^N=\widehat{D}^{N-1}\widehat{D}=\begin{bmatrix} * & * & \cdots & * \\ \vdots & \vdots & & \vdots \\ * & * & \cdots & * \\ I & 0 & 0 & 0 \end{bmatrix}\begin{bmatrix} D_1 & D_2 & \cdots & D_N \\ I & 0 & \cdots & 0 \\ \vdots & \ddots & \ddots & \vdots \\ 0 & \cdots & I & 0 \end{bmatrix}=\begin{bmatrix} * & * & \cdots & * \\ \vdots & \vdots & & \vdots \\ * & * & \cdots & * \\ D_1 & D_2 & \cdots & D_N \end{bmatrix}>0$$

由引理 6.8 可知，$\widehat{D}$ 为素矩阵。

综上可知，对于一切 $N\geqslant 1$ ，定理的结论成立。　□

定理 11.10　给定区间系统(11.19)(区间系统(11.17))，若 $D_l>0\,(1\leqslant l\leqslant N)$，则：

(1) 区间系统(11.19)(区间系统(11.17))渐近稳定的充要条件是 $\rho(\widehat{D})<1$ ；

(2) 区间系统(11.19)(区间系统(11.17))稳定的充要条件是 $\rho(\widehat{D})=1$ ；

(3) 区间系统(11.19)(区间系统(11.17))不稳定的充要条件是 $\rho(\widehat{D})>1$ 。

证明　由式(11.23)和定理 11.10 可知，当 $D_l>0\,(1\leqslant l\leqslant N)$时，$\widehat{D}$ 为素矩阵。

当 $\widehat{D}$ 为素矩阵时，由定理 11.2 可知，定理 11.11 中的各条结论均成立。 □

定理 11.11　给定区间系统(11.19)(区间系统(11.17))，设 $\widehat{D}$ (见式(11.23))没有全为零的行，也没有全为零的列，$\alpha=\max\limits_{1\leqslant i\leqslant n}\left\{\sum\limits_{l=1}^{N}\sum\limits_{j=1}^{n}\left|d_{ij}^{(l)}\right|\right\}$，$\beta=\min\limits_{1\leqslant j\leqslant n}\left\{\sum\limits_{i=1}^{n}\left|d_{ij}^{(N)}\right|\right\}$，若 $\alpha<1$ 且 $\beta<1$，则区间系统(11.19)(区间系统(11.17))渐近稳定。

证明　设 $\alpha'=\min\limits_{1\leqslant i\leqslant n}\left\{\sum\limits_{l=1}^{N}\sum\limits_{j=1}^{n}\left|d_{ij}^{(l)}\right|\right\}$，由定理所给条件可得 $0<\alpha'\leqslant\alpha$。当 $\alpha<1$ 时，$0<\alpha'<1$。设 α'' 为 $|\widehat{D}|$ (见式(11.23))元素的最大行的和，则 $\alpha''=\max\{\alpha,1\}$。当 $\alpha<1$ 时，$\alpha''=1$。设 β' 为 $|\widehat{D}|$ 元素的最大列的和，由式(11.23)可知，$\beta'\geqslant1$。当 $\alpha<1$ 且 $\beta<1$ 时，由推论 6.3 可得，$\max\{\alpha',\beta\}\leqslant\rho(|\widehat{D}|)\leqslant\min\{\alpha'',\beta'\}$。因 $0<\max\{\alpha',\beta\}<1$，$\min\{\alpha'',\beta'\}=1$，故 $0<\rho(|\widehat{D}|)\leqslant1$。另外，由定理所给条件和引理 6.17 可知，$\rho(|\widehat{D}|)\neq1$。综上可得，$0<\rho(|\widehat{D}|)<1$。由引理 6.12 中的(1)可知，$\forall\widehat{A}\in H_n$，都有 $\rho(\widehat{A})\leqslant\rho(|\widehat{D}|)<1$，即 $\rho(\widehat{A})<1$。由定义 11.2 可知，区间系统(11.19)(区间系统(11.17))渐近稳定。 □

例 11.5　试判定如下多状态线性区间离散系统的稳定性：

$$X(k+1)=A_1X(k)+A_2X(k-1)+A_3X(k-2)$$

其中，$X(k)\in\mathbb{R}^2$，$A_1\in H_1$、$A_2\in H_2$、$A_3\in H_3$ 为未知的系数矩阵，区间矩阵

$$H_1=\begin{bmatrix}[-0.1,0.2] & [0.06,0.12]\\ [0.02,0.125] & [-0.1,0.21]\end{bmatrix},\quad H_2=\begin{bmatrix}[-0.2,0.1] & [0.05,0.07]\\ [-0.1,0.2] & [-0.13,0.13]\end{bmatrix}$$

$$H_3=\begin{bmatrix}[-0.1,0.08] & [0.1,0.19]\\ [-0.21,0.2] & [-0.1,0.05]\end{bmatrix}$$

解　使用状态扩张方法，由式(11.20)及式(11.21)可得

$$\widehat{A}=\begin{bmatrix}A_1 & A_2 & A_3\\ I & 0 & 0\\ 0 & I & 0\end{bmatrix}\in H_n,\quad H_n=\begin{bmatrix}H_1 & H_2 & H_3\\ I & 0 & 0\\ 0 & I & 0\end{bmatrix}\subset\mathbb{R}^{6\times6}$$

由式(11.22)可得到下列三个常数矩阵：

$$D_1=\begin{bmatrix}0.2 & 0.12\\ 0.125 & 0.21\end{bmatrix},\quad D_2=\begin{bmatrix}-0.2 & 0.07\\ 0.2 & 0.13\end{bmatrix},\quad D_3=\begin{bmatrix}-0.1 & 0.19\\ -0.21 & -0.1\end{bmatrix}$$

构造矩阵：

$$\widehat{D}=\begin{bmatrix} 0.2 & 0.12 & -0.2 & 0.07 & -0.1 & 0.19 \\ 0.125 & 0.21 & 0.2 & 0.13 & -0.21 & -0.1 \\ 1 & 0 & 0 & 0 & 0 & 0 \\ 0 & 1 & 0 & 0 & 0 & 0 \\ 0 & 0 & 1 & 0 & 0 & 0 \\ 0 & 0 & 0 & 1 & 0 & 0 \end{bmatrix}$$

显然，$\widehat{D}\in\mathbb{Q}_3$ 且 $\rho(|\widehat{D}|)=0.9598<1$。由推论 11.3 可知，所给线性区间系统渐近稳定。

例 11.6　试判定如下多状态线性区间离散系统的稳定性：

$$X(k+1)=A_1X(k)+A_2X(k-1)+A_3X(k-2)$$

其中，$X(k)\in\mathbb{R}^2$，$A_1\in H_1$、$A_2\in H_2$、$A_3\in H_3$ 为未知的系数矩阵，区间矩阵

$$H_1=\begin{bmatrix} [-0.1,0.2] & [0.03,0.05] \\ [0.02,0.32] & [-0.1,0.11] \end{bmatrix},\quad H_2=\begin{bmatrix} [-0.12,0.1] & [0.02,0.07] \\ [-0.1,0.14] & [-0.05,0.09] \end{bmatrix}$$

$$H_3=\begin{bmatrix} [-0.09,0] & [0.1,0.13] \\ [-0.11,0] & [-0.12,0.05] \end{bmatrix}$$

解　使用状态扩张方法，由式(11.20)和式(11.21)可得

$$\widehat{A}=\begin{bmatrix} A_1 & A_2 & A_3 \\ I & 0 & 0 \\ 0 & I & 0 \end{bmatrix}\in H_n,\quad H_n=\begin{bmatrix} H_1 & H_2 & H_3 \\ I & 0 & 0 \\ 0 & I & 0 \end{bmatrix}\subset\mathbb{R}^{6\times 6}$$

由式(11.22)可得如下三个常数矩阵：

$$D_1=\begin{bmatrix} 0.2 & 0.05 \\ 0.32 & 0.11 \end{bmatrix},\quad D_2=\begin{bmatrix} -0.12 & 0.07 \\ 0.14 & 0.09 \end{bmatrix},\quad D_3=\begin{bmatrix} -0.09 & 0.13 \\ -0.11 & -0.12 \end{bmatrix}$$

构造矩阵：

$$\widehat{D}=\begin{bmatrix} 0.2 & 0.05 & -0.12 & 0.07 & -0.09 & 0.13 \\ 0.32 & 0.11 & 0.14 & 0.09 & -0.11 & -0.12 \\ 1 & 0 & 0 & 0 & 0 & 0 \\ 0 & 1 & 0 & 0 & 0 & 0 \\ 0 & 0 & 1 & 0 & 0 & 0 \\ 0 & 0 & 0 & 1 & 0 & 0 \end{bmatrix}$$

依据定理 11.11 可得，$\alpha=\max\limits_{1\leqslant i\leqslant 2}\left\{\sum\limits_{l=1}^{3}\sum\limits_{j=1}^{2}\left|d_{ij}^{(l)}\right|\right\}=0.89<1$，$\beta=\min\limits_{1\leqslant j\leqslant 2}\left\{\sum\limits_{j=1}^{2}\left|d_{ij}^{(3)}\right|\right\}=0.25<1$。

因此可判所给区间系统渐近稳定。显然此方法比计算矩阵谱半径更为简便。若给

定 $A_1=\begin{bmatrix}0.1 & 0.1\\0.05 & 0.2\end{bmatrix}, A_2=\begin{bmatrix}0.05 & 0.06\\0.12 & -0.1\end{bmatrix}, A_3=\begin{bmatrix}0.06 & 0.15\\0.15 & -0.1\end{bmatrix}$，给定初始状态 $X(0)=[1\ \ 0.9]^{\mathrm{T}}$，$X(-1)=[0.8\ \ 0.9]^{\mathrm{T}}$，$X(-2)=[0.8\ \ 0.7]^{\mathrm{T}}$，则系统状态轨迹如图 11.1 所示。由图可见，系统状态收敛到零，系统渐近稳定。

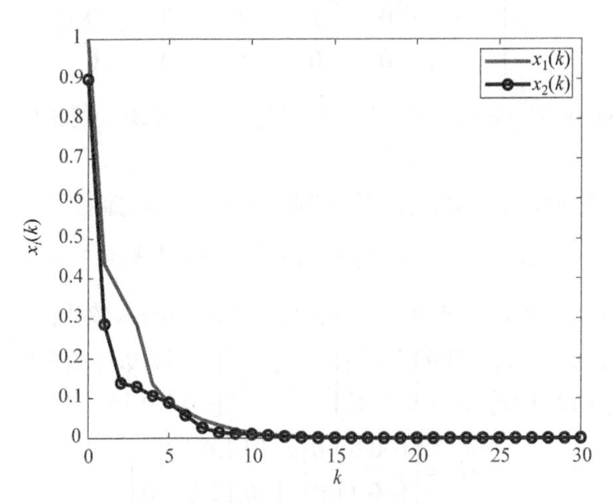

图 11.1　例 11.6 中系统状态轨迹

多状态多时滞线性区间系统(11.17)的另一种表示形式为

$$\begin{aligned}X(k+1)=&(A_1+\Delta A_1)X(k)+(A_2+\Delta A_2)X(k-1)+\cdots\\&+(A_N+\Delta A_N)X(k-N+1)\end{aligned}\tag{11.24}$$

其中，$X(k)\in\mathbb{R}^n$ 为状态向量，$k\in\mathbb{N}$，$n\geqslant 2$；$A_l=[a_{ij}^{(l)}]\in\mathbb{R}^{n\times n}$ 为已知的标称矩阵，$1\leqslant l\leqslant N$，$N\geqslant 2$；$\Delta A_l=[\Delta a_{ij}^{(l)}]\in H_l\subset\mathbb{R}^{n\times n}$ 是未知的摄动矩阵，H_l 为具有如下形式的区间矩阵：

$$H_l=\begin{bmatrix}[\alpha_{11}^{(l)},\beta_{11}^{(l)}] & [\alpha_{12}^{(l)},\beta_{12}^{(l)}] & \cdots & [\alpha_{1n}^{(l)},\beta_{1n}^{(l)}]\\ [\alpha_{21}^{(l)},\beta_{21}^{(l)}] & [\alpha_{22}^{(l)},\beta_{22}^{(l)}] & \cdots & [\alpha_{2n}^{(l)},\beta_{2n}^{(l)}]\\ \vdots & \vdots & & \vdots\\ [\alpha_{n1}^{(l)},\beta_{n1}^{(l)}] & [\alpha_{n2}^{(l)},\beta_{n2}^{(l)}] & \cdots & [\alpha_{nn}^{(l)},\beta_{nn}^{(l)}]\end{bmatrix},\quad 1\leqslant l\leqslant N$$

$\alpha_{ij}^{(l)},\beta_{ij}^{(l)}\in\mathbb{R}$，$\alpha_{ij}^{(l)}\leqslant\beta_{ij}^{(l)}$，$1\leqslant i,j\leqslant n$，$1\leqslant l\leqslant N$。

设 $B_l=A_l+\Delta A_l$，$1\leqslant l\leqslant N$，则 B_l 是未知的系数矩阵；$H_l^B=A_l+H_l$，$1\leqslant l\leqslant N$，则 H_l^B 具有如下形式：

$$H_l^B=\begin{bmatrix}[a_{11}^{(l)}+\alpha_{11}^{(l)},a_{11}^{(l)}+\beta_{11}^{(l)}] & [a_{12}^{(l)}+\alpha_{12}^{(l)},a_{12}^{(l)}+\beta_{12}^{(l)}] & \cdots & [a_{1n}^{(l)}+\alpha_{1n}^{(l)},a_{1n}^{(l)}+\beta_{1n}^{(l)}]\\ [a_{21}^{(l)}+\alpha_{21}^{(l)},a_{21}^{(l)}+\beta_{21}^{(l)}] & [a_{22}^{(l)}+\alpha_{22}^{(l)},a_{22}^{(l)}+\beta_{22}^{(l)}] & \cdots & [a_{2n}^{(l)}+\alpha_{2n}^{(l)},a_{2n}^{(l)}+\beta_{2n}^{(l)}]\\ \vdots & \vdots & & \vdots\\ [a_{n1}^{(l)}+\alpha_{n1}^{(l)},a_{n1}^{(l)}+\beta_{n1}^{(l)}] & [a_{n2}^{(l)}+\alpha_{n2}^{(l)},a_{n2}^{(l)}+\beta_{n2}^{(l)}] & \cdots & [a_{nn}^{(l)}+\alpha_{nn}^{(l)},a_{nn}^{(l)}+\beta_{nn}^{(l)}]\end{bmatrix}$$

如此，$B_l=[a_{ij}^{(l)}+\Delta a_{ij}^{(l)}]\in\mathbb{R}^{n\times n}\subset H_l^B$，$1\leqslant l\leqslant N$，区间系统(11.24)可等价地变为

$$X(k+1)=B_1X(k)+B_2X(k-1)+\cdots+B_NX(k-N+1) \tag{11.25}$$

区间系统(11.25)与区间系统(11.17)具有完全相同的形式。因此，本节所有的定理和推论都适用于区间系统(11.25)和区间系统(11.24)，这里不再陈述。

参 考 文 献

[1] Kalman R E. Mathematical description of linear dynamical systems[J]. Journal of the Society for Industrial and Applied Mathematics Series A: Control, 1963, 1(2): 152-192.

[2] Kalman R E. On the general theory of control systems[J]. IRE Transactions on Automatic Control, 1959, 4(3): 110.

[3] Wang D, Zilouchian A. Model reduction of discrete linear systems via frequency-domain balanced structure[J]. IEEE Transactions on Circuits and Systems I: Fundamental Theory and Applications, 2000, 47(6): 830-837.

[4] Chen C, Desoer C. A proof of controllability of Jordan form state equations[J]. IEEE Transactions on Automatic Control, 1968, 13(2): 195-196.

[5] Cheng D. Controllability of switched bilinear systems[J]. IEEE Transactions on Automatic Control, 2005, 50(4): 511-515.

[6] Czornik A, Świerniak A. On direct controllability of discrete time jump linear system[J]. Journal of the Franklin Institute, 2004, 341(6): 491-503.

[7] Seo J, Chung D, Chan G P, et al. The robustness of controllability and observability for discrete linear time-varying systems with norm-bounded uncertainty[J]. IEEE Transactions on Automatic Control, 2005, 50(7): 1039-1043.

[8] Guo G, Liu X. Observability and controllability of systems with limited data rate[J]. International Journal of Systems Science, 2009, 40(4): 327-334.

[9] Vargas A N, do Val J B R. Average cost and stability of time-varying linear systems[J]. IEEE Transactions on Automatic Control, 2010, 55(3): 714-720.

[10] Wang Z, Liu D. Data-based controllability and observability analysis of linear discrete-time systems[J]. IEEE Transactions on Neural Networks, 2011, 22(12): 2388-2392.

[11] Liu D, Yan P, Wei Q. Data-based analysis of discrete-time linear systems in noisy environment: Controllability and observability[J]. Information Sciences, 2014, 288: 314-329.

[12] Zhu Q, Liu Y, Lu J, et al. Controllability and observability of boolean control networks via sampled-data control[J]. IEEE Transactions on Control of Network Systems, 2019, 6(4): 1291-1301.

[13] Kaczorek T. Relationship between the observability of standard and fractional linear systems[J]. Archives of Control Sciences, 2017, 27(3): 441-451.

[14] Atıcı F M, Nguyen D M. Rank conditions for controllability of discrete fractional time-invariant linear systems[J]. Journal of Difference Equations and Applications, 2019, 25(6): 869-881.

[15] Lampe B P, Rosenwasser E N. Controllability and observability of discrete models of continuous plants with higher-order holds and delay[J]. Automation and Remote Control, 2007, 68(4): 593-609.

[16] Ionete C, Cela A, Gaid M B, et al. Controllability and observability of linear discrete-time systems with network induced variable delay[J]. IFAC Proceedings Volumes, 2008, 41(2): 4216-4221.

[17] Yi S, Nelson P W, Ulsoy A G. Controllability and observability of systems of linear delay differential equations via the matrix lambert w function[J]. IEEE Transactions on Automatic Control, 2008, 53(3): 854-860.

[18] Xie G, Wang L. Controllability and stabilizability of switched linear-systems[J]. Systems & Control Letters, 2003, 48(2): 135-155.

[19] Liu Y, Zhao S. Controllability for a class of linear time-varying impulsive systems with time delay in control input[J]. IEEE Transactions on Automatic Control, 2011, 56(2): 395-399.

[20] Weiss L. On the controllability of delay-differential systems[J]. SIAM Journal on Control, 1967, 5(4): 575-587.

[21] Weiss L. An algebraic criterion for controllability of linear systems with time delay[J]. IEEE Transactions on Automatic Control, 1970, 15(4): 443-444.

[22] Hewer G. A note on controllability of linear systems with time delay[J]. IEEE Transactions on Automatic Control, 1972, 17(5): 733-734.

[23] Bhat K, Koivo H. Modal characterizations of controllability and observability in time delay systems[J]. IEEE Transactions on Automatic Control, 1976, 21(2): 292-293.

[24] Qi A, Ju X, Zhang Q, et al. Structural controllability of discrete-time linear control systems with time-delay: A delay node inserting approach[J]. Mathematical Problems in Engineering, 2016, 2016: 1-9.

[25] Shi H, Xie G, Luo W. Controllability of linear discrete-time systems with both delayed states and delayed inputs[J]. Abstract and Applied Analysis, 2013, 2013: 1-5.

[26] Liu Y, Chen H W, Lu J Q. Data-based controllability analysis of discrete-time linear time-delay systems[J]. International Journal of Systems Science, 2014, 45(11): 2411-2417.

[27] Liu Y, Fong I K. On the controllability and observability of discrete-time linear time-delay systems[J]. International Journal of Systems Science, 2012, 43(4): 610-621.

[28] Jin Q, Liu Q, Huang B. Control design for disturbance rejection in the presence of uncertain delays[J]. IEEE Transactions on Automation Science and Engineering, 2017, 14(4): 1570-1581.

[29] Zhang X, Han Q, Seuret A, et al. Overview of recent advances in stability of linear systems with time-varying delays[J]. IET Control Theory & Applications, 2019, 13(1): 1-16.

[30] Fridman E, Shaked U. Delay-dependent stability and H_∞ control: Constant and time-varying delays[J]. International Journal of Control, 2003, 76(1): 48-60.

[31] Park G S, Choi H L. On stability of linear time-delay systems with multiple time-varying delays[J]. IEICE Transactions on Fundamentals of Electronics, Communications and Computer Sciences, 2010, E93-A(7): 1384-1387.

[32] Tadepalli S K, Kandanvli V K R. Delay-dependent stability of discrete-time systems with multiple delays and nonlinearities[J]. International Journal of Innovative Computing, Information & Control, 2017, 13(3): 891-904.

[33] 郑大钟. 线性系统理论[M]. 2 版. 北京: 清华大学出版社, 2002.

[34] 梅生伟, 申铁龙, 刘康志. 现代鲁棒控制理论与应用[M]. 北京: 清华大学出版社, 2008.

[35] 俞立. 鲁棒控制：线性矩阵不等式处理方法[M]. 北京：清华大学出版社, 2002.

[36] 孙健, 陈杰, 刘国平. 时滞系统稳定性分析与应用[M]. 北京：科学出版社, 2012.

[37] Fridman E. Stability of linear descriptor systems with delay: A Lyapunov-based approach[J]. Journal of Mathematical Analysis and Applications, 2002, 273(1): 24-44.

[38] Chen J, Park J H, Xu S. Improved stability criteria for discrete-time delayed neural networks via novel Lyapunov-Krasovskii functionals[J]. IEEE Transactions on Cybernetics, 2021: 1-8.

[39] Li X, Gao H. A new model transformation of discrete-time systems with time-varying delay and its application to stability analysis[J]. IEEE Transactions on Automatic Control, 2011, 56(9): 2172-2178.

[40] Shao H, Han Q L. New stability criteria for linear discrete-time systems with interval-like time-varying delays[J]. IEEE Transactions on Automatic Control, 2011, 56(3): 619-625.

[41] Mori T. Criteria for asymptotic stability of linear time-delay systems[J]. IEEE Transactions on Automatic Control, 1985, 30(2): 158-161.

[42] Brierley S, Chiasson J, Lee E, et al. On stability independent of delay for linear systems[J]. IEEE Transactions on Automatic Control, 1982, 27(1): 252-254.

[43] Walton K, Marshall J E. Direct method for TDS stability analysis[J]. IEE Proceedings D: Control Theory and Applications, 1987, 134(2): 101-107.

[44] Megretski A, Rantzer A. System analysis via integral quadratic constraints[J]. IEEE Transactions on Automatic Control, 1997, 42(6): 819-830.

[45] Gouaisbaut F, Peaucelle D. Robust stability of time-delay systems with interval delays[C]. The 46th IEEE Conference on Decision and Control, 2007: 6328-6333.

[46] Fujioka H. Stability analysis of systems with aperiodic sample-and-hold devices[J]. Automatica, 2009, 45(3): 771-775.

[47] Chen J, Latchman H A. Frequency sweeping tests for stability independent of delay[J]. IEEE Transactions on Automatic Control, 1995, 40(9): 1640-1645.

[48] Fu M, Li H, Niculescu S I. Robust stability and stabilization of time-delay systems via integral quadratic constraint approach[C]//Dugard L, Verriest E I. Stability and Control of Time-delay Systems. Berlin: Springer, 1998: 101-116.

[49] Huang Y P, Zhou K. Robust stability of uncertain time-delay systems[J]. IEEE Transactions on Automatic Control, 2000, 45(11): 2169-2173.

[50] Kao C Y, Lincoln B. Simple stability criteria for systems with time-varying delays[J]. Automatica, 2004, 40(8): 1429-1434.

[51] Kao C Y, Rantzer A. Stability analysis of systems with uncertain time-varying delays[J]. Automatica, 2007, 43(6): 959-970.

[52] Kao C Y, Rantzer A. Robust stability analysis of linear systems with time-varying delays[J]. IFAC Proceedings Volumes, 2005, 38(1): 173-178.

[53] Seuret A, Gouaisbaut F. Wirtinger-based integral inequality: Application to time-delay systems[J]. Automatica, 2013, 49(9): 2860-2866.

[54] Ariba Y, Gouaisbaut F. An augmented model for robust stability analysis of time-varying delay systems[J]. International Journal of Control, 2009, 82(9): 1616-1626.

[55] Ariba Y, Gouaisbaut F, Johansson K H. Stability interval for time-varying delay systems[C]. The 49th IEEE Conference on Decision and Control, 2010: 1017-1022.

[56] Fridman E. Tutorial on Lyapunov-based methods for time-delay systems[J]. European Journal of Control, 2014, 20(6): 271-283.

[57] Cao Y, Sun Y, Cheng C. Delay-dependent robust stabilization of uncertain systems with multiple state delays[J]. IEEE Transactions on Automatic Control, 1998, 43(11): 1608-1612.

[58] Zhou B, Egorov A V. Razumikhin and Krasovskii stability theorems for time-varying time-delay systems[J]. Automatica, 2016, 71: 281-291.

[59] Krasovskii N N. Stability of Motion[M]. Washington: Stanford University, 1963.

[60] Xu S, Lam J. A survey of linear matrix inequality techniques in stability analysis of delay systems[J]. International Journal of Systems Science, 2008, 39(12): 1095-1113.

[61] Huang W. Generalization of Lyapunov's theorem in a linear delay system[J]. Journal of Mathematical Analysis and Applications, 1989, 142(1): 83-94.

[62] Kharitonov V L, Zhabko A P. Lyapunov-Krasovskii approach to the robust stability analysis of time-delay systems[J]. Automatica, 2003, 39(1): 15-20.

[63] Wu M, He Y, She J H. New delay-dependent stability criteria and stabilizing method for neutral systems[J]. IEEE Transactions on Automatic Control, 2004, 49(12): 2266-2271.

[64] He Y, Wang Q G, Lin C, et al. Augmented Lyapunov functional and delay-dependent stability criteria for neutral systems[J]. International Journal of Robust and Nonlinear Control, 2005, 15(18): 923-933.

[65] Gu K. Discretized LMI set in the stability problem of linear uncertain time-delay systems[J]. International Journal of Control, 1997, 68(4): 923-934.

[66] Bao H, Cao J. Delay-distribution-dependent state estimation for discrete-time stochastic neural networks with random delay[J]. Neural Networks, 2011, 24(1): 19-28.

[67] Fridman E. Effects of small delays on stability of singularly perturbed systems[J]. IFAC Proceedings Volumes, 2000, 33(23): 187-192.

[68] Park P. A delay-dependent stability criterion for systems with uncertain time-invariant delays[J]. IEEE Transactions on Automatic Control, 1999, 44(4): 876-877.

[69] Moon Y S, Park P, Kwon W H, et al. Delay-dependent robust stabilization of uncertain state-delayed systems[J]. International Journal of Control, 2001, 74(14): 1447-1455.

[70] Li X, de Souza C E. Criteria for robust stability and stabilization of uncertain linear systems with state delay[J]. Automatica, 1997, 33(9): 1657-1662.

[71] Kolmanovskii V B, Richard J P, Tchangani A P. Some model transformation for the stability study of linear systems with delay[J]. IFAC Proceedings Volumes, 1998, 31(19): 63-68.

[72] Kolmanovskii V B, Richard J P. Stability of some linear systems with delays[J]. IEEE Transactions on Automatic Control, 1999, 44(5): 984-989.

[73] Niculescu S I. On delay-dependent stability under model transformations of some neutral linear systems[J]. International Journal of Control, 2001, 74(6): 609-617.

[74] Fridman E. New Lyapunov-Krasovskii functionals for stability of linear retarded and neutral type systems[J]. Systems & Control Letters, 2001, 43(4): 309-319.

[75] Gu K, Niculescu S I. Additional dynamics in transformed time-delay systems[C]. Proceedings of the 38th IEEE Conference on Decision and Control, 1999, 5: 4673-4677.

[76] Gu K, Niculescu S I. Further remarks on additional dynamics in various model transformations of linear delay systems[J]. IEEE Transactions on Automatic Control, 2001, 46(3): 497-500.

[77] Wu M, He Y, She J H, et al. Delay-dependent criteria for robust stability of time-varying delay systems[J]. Automatica, 2004, 40(8): 1435-1439.

[78] He Y, Wu M, She J H, et al. Parameter-dependent Lyapunov functional for stability of time-delay systems with polytopic-type uncertainties[J]. IEEE Transactions on Automatic Control, 2004, 49(5): 828-832.

[79] Liu G P, Rees D, Wu M, et al. Improved stabilisation method for networked control systems[J]. IET Control Theory & Applications, 2007, 1(6): 1580-1585.

[80] He Y, Liu G P, Rees D, et al. Stability analysis for neural networks with time-varying interval delay[J]. IEEE Transactions on Neural Networks, 2007, 18(6): 1850-1854.

[81] Zhang X, Wu M, She J, et al. Delay-dependent stabilization of linear systems with time-varying state and input delays[J]. Automatica, 2005, 41(8): 1405-1412.

[82] Gu K, Kharitonov V L, Chen J. Stability of time-delay systems[J]. Automatica, 2005, 41(12): 2181-2183.

[83] Han Q. Absolute stability of time-delay systems with sector-bounded nonlinearity[J]. Automatica, 2005, 41(12): 2171-2176.

[84] Long F, Zhang C K, Jiang L, et al. Stability analysis of systems with time-varying delay via improved Lyapunov-Krasovskii functionals[J]. IEEE Transactions on Systems, Man, and Cybernetics: Systems, 2021, 51(4): 2457-2466.

[85] 张彩虹, 高存臣. 比较原理在多有理数时滞区间系数离散系统的应用[J]. 中国海洋大学学报(自然科学版), 2006, 36(s1): 219-221.

[86] 张鸿亮. 具非整数滞后的不确定性线性定常离散控制系统的鲁棒镇定[J]. 仲恺农业技术学院学报, 1997, 10(2): 32-37.

[87] 张鸿亮, 刘永清. 非整数滞后中立型线性定常离散控制大系统的镇定[J]. 系统工程理论与实践, 1999, 19(4): 79-82.

[88] 张鸿亮. 非整数滞后中立型线性时变离散控制系统的镇定[J]. 系统工程与电子技术, 1998, (2): 61-64.

[89] Shah D, Mehta A. Discrete-time sliding mode controller for NCS with deterministic type fractional delay: A switching type algorithm[C]//Discrete-Time Sliding Mode Control for Networked Control System. Singapore: Singapore, 2018, 132: 37-54.

[90] Shah D, Mehta A. Fractional delay compensated discrete-time SMC for networked control system[J]. Digital Communications and Networks, 2017, 3(2): 112-117.

[91] Shah D, Mehta A. Multirate output feedback based discrete-time sliding mode control for fractional delay compensation in NCSs[C]. The 18th Annual International Conference on Industrial Technology, 2017: 1-6.

[92] 庄玲燕, 张文安, 俞立. 基于 GPC 的 NCS 非整数倍采样周期时延补偿方法[J]. 控制与决策, 2009, 24(8): 1273-1276.

[93] Zhou B. On asymptotic stability of linear time-varying systems[J]. Automatica, 2016, 68: 266-276.

[94] Wu M. A note on stability of linear time-varying systems[J]. IEEE Transactions on Automatic Control, 1974, 19(2): 162-164.

[95] Mota F, Kaszkurewicz E, Bhaya A. Robust stabilization of time-varying discrete interval systems[C]. Proceedings of the 31st IEEE Conference on Decision and Control, 1992: 341-346.

[96] Zhou B, Duan G. Periodic Lyapunov equation based approaches to the stabilization of continuous-time periodic linear systems[J]. IEEE Transactions on Automatic Control, 2012, 57(8): 2139-2146.

[97] Li P, Lam J, Lu R, et al. Stability and L_2 synthesis of a class of periodic piecewise time-varying systems[J]. IEEE Transactions on Automatic Control, 2019, 64(8): 3378-3384.

[98] Ilchmann A, Owens D H, Prätzel-Wolters D. Sufficient conditions for stability of linear time-varying systems[J]. Systems & Control Letters, 1987, 9(2): 157-163.

[99] Mullhaupt P H, Buccieri D, Bonvin D. A numerical sufficiency test for the asymptotic stability of linear time-varying systems[J]. Automatica, 2007, 43(4): 631-638.

[100] Petersen I. A Riccati equation approach to the design of stabilizing controllers and observers for a class of uncertain linear systems[J]. IEEE Transactions on Automatic Control, 1985, 30(9): 904-907.

[101] Cao Y, Lam J. Computation of robust stability bounds for time-delay systems with nonlinear time-varying perturbations[J]. International Journal of Systems Science, 2000, 31(3): 359-365.

[102] Solo V. On the stability of slowly time-varying linear systems[J]. Mathematics of Control, Signals, and Systems, 1994, 7(4): 331-350.

[103] Zhou B, Zhao T. On asymptotic stability of discrete-time linear time-varying systems[J]. IEEE Transactions on Automatic Control, 2017, 62(8): 4274-4281.

[104] Tan F, Zhou B, Duan G R. Finite-time stabilization of linear time-varying systems by piecewise constant feedback[J]. Automatica, 2016, 68: 277-285.

[105] Alaviani S S. Delay dependent stabilization of linear time-varying system with time delay[J]. Asian Journal of Control, 2009, 11(5): 557-563.

[106] Wu J W, Hong K S. Delay-independent exponential stability criteria for time-varying discrete delay systems[J]. IEEE Transactions on Automatic Control, 1994, 39(4): 811-814.

[107] Xu S, Lam J, Zou Y, et al. Robust admissibility of time-varying singular systems with commensurate time delays[J]. Automatica, 2009, 45(11): 2714-2717.

[108] Peixoto M L C, Braga M F, Palhares R M. Gain-scheduled control for discrete-time non-linear parameter-varying systems with time-varying delays[J]. IET Control Theory & Applications, 2020, 14(19): 3217-3229.

[109] Mazenc F, Malisoff M. Stabilization and robustness analysis for time-varying systems with time-varying delays using a sequential subpredictors approach[J]. Automatica, 2017, 82: 118-127.

[110] Naifar O, Ben Makhlouf A, Hammami M A, et al. State feedback control law for a class of nonlinear time-varying system under unknown time-varying delay[J]. Nonlinear Dynamics, 2015, 82(1-2): 349-355.

[111] Zhou J, Li S. Global exponential stability of impulsive BAM neural networks with distributed delays[J]. Neurocomputing, 2009, 72(7-9): 1688-1693.

[112] Kang W, Zhong S, Shi K, et al. Finite-time stability for discrete-time system with time-varying delay and nonlinear perturbations[J]. ISA Transactions, 2016, 60: 67-73.

[113] Elmadssia S, Saadaoui K, Benrejeb M. New stability conditions for nonlinear time varying delay systems[J]. International Journal of Systems Science, 2016, 47(9): 2009-2021.

[114] Zhang Q, Lu J, Lu J, et al. Adaptive feedback synchronization of a general complex dynamical network with delayed nodes[J]. IEEE Transactions on Circuits and Systems II: Express Briefs, 2008, 55(2): 183-187.

[115] Wang Z, Wang Y, Liu Y. Global synchronization for discrete-time stochastic complex networks with randomly occurred nonlinearities and mixed time delays[J]. IEEE Transactions on Neural Networks, 2010, 21(1): 11-25.

[116] Guan Z, Hill D J, Shen X. On hybrid impulsive and switching systems and application to nonlinear control[J]. IEEE Transactions on Automatic Control, 2005, 50(7): 1058-1062.

[117] Zhu Q, Song S, Shi P. Effect of noise on the solutions of non-linear delay systems[J]. IET Control Theory & Applications, 2018, 12(13): 1822-1829.

[118] Liu L, Shen Y. The asymptotic stability and exponential stability of nonlinear stochastic differential systems with Markovian switching and with polynomial growth[J]. Journal of Mathematical Analysis and Applications, 2012, 391(1): 323-334.

[119] Li X, Zhang X, Song S. Effect of delayed impulses on input-to-state stability of nonlinear systems[J]. Automatica, 2017, 76: 378-382.

[120] Wang C, Wang M, Liu T, et al. Learning from ISS-modular adaptive NN control of nonlinear strict-feedback systems[J]. IEEE Transactions on Neural Networks and Learning Systems, 2012, 23(10): 1539-1550.

[121] 曾珂, 张乃尧, 徐文立. 线性 T-S 模糊系统作为通用逼近器的充分条件[J]. 自动化学报, 2001, 27(5): 606-612.

[122] Jiao X, Shen T. Adaptive feedback control of nonlinear time-delay systems: The LaSalle-Razumikhin-based approach[J]. IEEE Transactions on Automatic Control, 2005, 50(11): 1909-1913.

[123] Teel A R. Connections between Razumikhin-type theorems and the ISS nonlinear small gain theorem[J]. IEEE Transactions on Automatic Control, 1998, 43(7): 960-964.

[124] Wen L, Yu Y, Wang W. Generalized Halanay inequalities for dissipativity of volterra functional differential equations[J]. Journal of Mathematical Analysis and Applications, 2008, 347(1): 169-178.

[125] Liu B, Lu W, Chen T. Generalized Halanay inequalities and their applications to neural networks with unbounded time-varying delays[J]. IEEE Transactions on Neural Networks, 2011, 22(9): 1508-1513.

[126] Song Q, Wang Z. A delay-dependent LMI approach to dynamics analysis of discrete-time recurrent neural networks with time-varying delays[J]. Physics Letters A, 2007, 368(1-2): 134-145.

[127] He Y, Liu G P, Rees D, et al. Improved delay-dependent stability criteria for systems with nonlinear perturbations[J]. European Journal of Control, 2007, 13(4): 356-365.

[128] 戴浩晖, 陈树中, 汪志鸣. 非线性离散时间系统稳定性的李雅普诺夫方法[C]. 中国控制会议, 2005: 1-5.

[129] Elmadssia S, Saadaoui K. New stability conditions for a class of nonlinear discrete-time systems with time-varying delay[J]. Mathematics, 2020, 8(9): 1531.

[130] Medina R. Aizerman's problem for nonlinear discrete-time control systems[J]. Journal of Difference Equations and Applications, 2011, 17(3): 299-308.

[131] Niamsup P, Phat V N. Asymptotic stability of nonlinear control systems described by difference equations with multiple delays[J]. Electronic Journal of Differential Equations, 2000, (11): 1-17.

[132] Liz E, Ferreiro J B. A note on the global stability of generalized difference equations[J]. Applied Mathematics Letters, 2002, 15(6): 655-659.

[133] Liz E, Ivanov A, Ferreiro J B. Discrete Halanay-type inequalities and applications[J]. Nonlinear Analysis: Theory, Methods & Applications, 2003, 55(6): 669-678.

[134] Tkachenko V, Trofimchuk S. Global stability in difference equations satisfying the generalized Yorke condition[J]. Journal of Mathematical Analysis and Applications, 2005, 303(1): 173-187.

[135] Udpin S, Niamsup P. New discrete type inequalities and global stability of nonlinear difference equations[J]. Applied Mathematics Letters, 2009, 22(6): 856-859.

[136] Agarwal R, Kim Y H, Sen S. Advanced discrete Halanay-type inequalities: Stability of difference equations[J]. Journal of Inequalities and Applications, 2009, (1): 535-849.

[137] Iričanin B D. Global stability of some classes of higher-order nonlinear difference equations[J]. Applied Mathematics and Computation, 2010, 216(4): 1325-1328.

[138] Udpin S, Niamsup P. Global exponential stability of discrete-time neural networks with time-varying delays[J]. Discrete Dynamics in Nature and Society, 2013: 1-4.

[139] Hien L V. A novel approach to exponential stability of nonlinear non-autonomous difference equations with variable delays[J]. Applied Mathematics Letters, 2014, 38: 7-13.

[140] Zhao X, Deng F. Moment stability of nonlinear discrete stochastic systems with time-delays based on *h*-representation technique[J]. Automatica, 2014, 50(2): 530-536.

[141] Zhang C, He Y, Jiang L, et al. Stability analysis of discrete-time neural networks with time-varying delay via an extended reciprocally convex matrix inequality[J]. IEEE Transactions on Cybernetics, 2017, 47(10): 3040-3049.

[142] 张鸿亮. 具区间系数的线性时变离散系统的鲁棒稳定性[J]. 仲恺农业技术学院学报, 1993, 6: 26-31.

[143] 张鸿亮. 具有区间系数的时滞离散系统的鲁棒稳定性问题[J]. 仲恺农业技术学院学报, 1994, 7: 32-37.

[144] 张彩虹. 时滞离散系统的稳定性分析与镇定[D]. 青岛: 中国海洋大学, 2007.

[145] Busłowicz M, Kaczorek T. Robust stability of positive discrete-time interval systems with time-delays[J]. Bulletin of the Polish Academy of Sciences Technical Sciences, 2004, 52(2): 99-102.

[146] Busłowicz M. Simple conditions for robust stability of positive discrete-time linear systems with delays[J]. Control and Cybernetics, 2010, 39(4): 1160-1171.

[147] 陈景良, 陈向晖. 特殊矩阵[M]. 北京: 清华大学出版社, 2001.
[148] 程云鹏, 张凯院, 等. 矩阵论[M]. 西安: 西北工业大学出版社, 1989.
[149] 廖晓昕, 等. 现代数学手册——经典数学卷[M]. 武汉: 华中科技大学出版社, 2000.
[150] 须田信英, 等. 自动控制中的矩阵理论[M]. 曹长修, 译. 北京: 科学出版社, 1979.
[151] 王松桂, 贾忠贞. 矩阵论中的不等式[M]. 合肥: 安徽教育出版社, 1994.
[152] 黄琳. 稳定性与鲁棒性的理论基础[M]. 北京: 科学出版社, 2003.
[153] 胡寿松. 自动控制原理[M]. 北京: 科学出版社, 2001.
[154] 樊恽, 钱吉林. 代数学辞典[M]. 武汉: 华中师范大学出版社, 1994.
[155]《数学手册》编写组. 数学手册[M]. 北京: 高等教育出版社, 1979.
[156] Chen C. Linear System Theory and Design[M]. Oxford: Oxford University Press, 1999.
[157] Bernstein D S. Matrix Mathematics: Theory, Facts, and Formulas[M]. Princeton: Princeton University Press, 2009.
[158] Macgregor P, Shores T S. Applied Linear Algebra and Matrix Analysis[M]. Berlin: Springer, 2007.
[159] Strang G. Introduction to Linear Algebra[M]. Cambridge: Wellesley-Cambridge Press, 2016.
[160] Strang G. Linear Algebra and Learning from Data[M]. Cambridge: Wellesley-Cambridge Press, 2019.
[161] Lasalle J P. The Stability and Control of Discrete Processes[M]. Berlin: Springer, 1986.
[162] Berman A, Plemmons R J. Nonnegative Matrices in the Mathematical Sciences[M]. New York: Academic Press, 1994.
[163] Liu Y, Feng Z. Stability, Stabilization and Control of Delay Large Scale Systems[M]. Beijing: Science Press, 1996.
[164] Gu K, Kharitonov V L, Chen J. Stability of Time-Delay Systems[M]. Boston: Birkhäuser Boston, 2003.